上海财经大学富国ESG系列教材

上海财经大学富国ESG系列教材

“财·富杯”ESG案例分析大赛精选

（第一辑）

范子英　孙俊秀　郭　峰◎编

图书在版编目(CIP)数据

“财・富杯”ESG案例分析大赛精选.第一辑 / 范子英,孙俊秀,郭峰编. -- 上海：上海财经大学出版社,2025. 3. --(上海财经大学富国ESG系列教材).
ISBN 978-7-5642-4608-2

Ⅰ.X322.2
中国国家版本馆CIP数据核字第20258S6C62号

□ 责任编辑　顾丹凤
□ 封面设计　李　敏

“财・富杯”ESG案例分析大赛精选
（第一辑）
范子英　孙俊秀　郭　峰　编

上海财经大学出版社出版发行
（上海市中山北一路369号　邮编200083）
网　址：http://www.sufep.com
电子邮箱：webmaster@sufep.com
全国新华书店经销
上海锦佳印刷有限公司印刷装订
2025年3月第1版　2025年3月第1次印刷

787mm×1092mm　1/16　14.75印张(插页:2)　313千字
定价:78.00元

总　序

ESG，即环境(Environmental)、社会(Social)和公司治理(Governance)，代表了一种以企业环境、社会、治理绩效为关注重点的投资理念和企业评价标准。ESG 的提出具有革命性意义，它要求企业和资本不仅关注传统盈利性，更需关注环境、社会责任和治理体系。ESG 的里程碑意义在于它通过资本市场的定价功能，描绘了企业在与社会长期友好共存的基础上追求价值的轨迹。

关于 ESG 理念的革命性意义，从经济学说史的角度，它解决了个体道德和宏观向善之间的关系，使得微观个体在“看不见的手”引导下也能够实现宏观的善。因此，市场经济的伦理基础与传统中实际整体社会的伦理基础发生了革命性的变化。这种变化引发了“斯密之问”，即市场经济是否需要一个传统意义上的道德基础。马克斯·韦伯在《新教伦理与资本主义精神》中企图解决这一冲突，认为现代市场经济，尤其是资本主义市场经济，它很重要的伦理基础来源于新教。但它依然存在着未解之谜：如何协调整体社会目标与个体经济目标之间的冲突。

ESG 之所以具有如此深刻的影响，关键在于价值体系的重塑。与传统的企业社会责任不同，ESG 将企业的可持续发展与其价值实现有机结合起来，不再是简单呼吁企业履行社会责任，而是充分发挥了企业的价值驱动，从而实现了企业和社会的“双赢”。资本市场在此过程中发挥了核心作用，将 ESG 引入资产定价模型，综合评估企业的长期价值，既对可持续发展的企业给予了合理回报，更引导了其他企业积极践行可持续发展理念。资本市场的“用脚投票”展现长期主义，使资本向善与宏观资源配置最优相一致，彻底解决了伦理、社会与经济价值之间的根本冲突。

然而，推进 ESG 理论需要解决多个问题。在协调长期主义方面，需要从经济学基础原理构建一致的 ESG 理论体系，但目前进展仍不理想。经济的全球化与各种制度、伦理、文化的全球化发生剧烈的碰撞，由此导致不同市场、不同文化、不同发展阶段对于 ESG 的标准产生了各自不同的理解。但事实上，资本是最具有全球主义的要素，是所有要素里面流通性最大的一种要素，它所谋求的全球性与文化的区域性和环境的公共属性之间产生了剧烈的冲突。这种冲突导致 ESG 在南美、欧洲、亚太产生了一系列差异。与传统经济标准、经济制度中的冲突相比，这种问题还要更深层次一些。

在 2024 年上半年，以中国特色为底蕴构建 ESG 的中国标准取得了长足进步，财政部和三大证券交易所都发布了各自的可持续披露标准，引起了全球各国的重点关注，在政策和实践快速发展和迭代的同时，ESG 的理论研究还相对较为缓慢。我们需要坚持高质量的学术研究，才能从最基本的一些规律中引申出我们在应对和解决全球冲突中最为坚实的理论基础。所以，在目前全球 ESG 大行其道之时，研究 ESG 毫无疑问是要推进 ESG 理论的进步，推进我们原来所讲的资本向善与宏观资源配置之间的弥合。当然，从政治经济学的角度讲，我们也确实需要使我们这个市场、我们这样一个文化共同体所倡导的制度体系能够得到世界的承认。

考虑到 ESG 理念的重要性、实践中的问题以及人才培养的需求，为了更好地推动 ESG 相关领域的学术和政策研究，同时培养更多的 ESG 人才，2022 年 11 月上海财经大学和富国基金联合发起成立了“上海财经大学富国 ESG 研究院”。这是一个跨学科的研究平台，通过汇聚各方研究力量，共同推动 ESG 相关领域的理论研究、规则制定和实践应用，为全球绿色、低碳、可持续发展贡献力量，积极服务于中国的“双碳”战略。我们的目标是成为 ESG 领域“产、学、研”合作的重要基地，通过一流的学科建设和学术研究，产出顶尖成果，促进实践转化，支持一流人才的培养和社会服务。在短短一年多时间里，研究院在科学研究、人才培养和平台建设等方面都取得了突破进展，开设 ESG 系列课程和新设了 ESG 培养方向，组织了系列课题研究攻关，举办了一系列学术会议、论坛和讲座，在国内外产生了广泛的影响。

特别是从 2023 年 9 月开始，研究院协调全校师资力量，开设了多门 ESG 课程，并组建 ESG 奖学金班，探索跨学科人才培养的新模式。为更好发挥 ESG 人才培养的溢出效应，研究院总结 ESG 人才培养和课程教学中的经验做法，推出了这套“上海财经大学富国 ESG 系列教材”。该系列教材都是研究院课程教学、案例大赛、系列讲座等相关内容转化而来的。通过这一系列教材，我们期望为全国 ESG 人才培养贡献绵薄之力。

刘元春

2024 年 7 月 15 日

前　言

ESG 这一概念自 2004 年联合国企业可持续发展倡议计划（Global Compact）在《在乎者赢》（Who Cares Wins）报告中首次提出以来，逐渐演变为全球企业可持续发展和社会责任履行的核心议题之一。随着全球气候变化、环境恶化及社会问题的日益严峻，ESG 的重要性愈发凸显，不仅成为企业战略的关键组成部分，还在投资决策中发挥着越来越重要的作用。事实上，越来越多的企业意识到，良好的 ESG 表现不仅能够提升其品牌形象，还能增强其市场竞争力，吸引更多的投资者和消费者。在 2006 年，联合国责任投资原则组织（UN PRI）再次强调了 ESG 在投资评估中的重要性，推动了其在全球范围内的广泛应用。该组织的倡导促使投资者在做投资决策时，越来越注重企业在环境保护、社会责任和公司治理方面的表现。这种趋势不仅反映了投资者对可持续发展的关注，也推动了企业在这些领域采取更为积极的行动，以应对日益复杂的全球挑战。经过 20 年的实践，ESG 的理念已经渗透到各个行业，成为推动可持续发展和社会进步的重要力量。

为了更好地开展 ESG 科学研究和人才培养工作，2022 年 11 月，在上海财经大学成立 105 周年之际，上海财经大学与富国基金管理有限公司共同发起并成立了上海财经大学富国 ESG 研究院。研究院作为校级研究机构，致力于汇聚研究力量，推动 ESG 相关领域的理论研究、规则制定与实践应用。研究院不仅为全球绿色、低碳、可持续发展贡献力量，还为中国的“双碳”战略提供支持，而且，依托上海财经大学的人才培养优势，研究院也积极为 ESG 市场培养专业人才。目前，研究院在校方指导下，联合校内多个部门，统筹推进科学研究、人才培养及社会服务，构建了“科学研究体系”“学术论坛体系”“课程教学体系”“人才培养体系”四大品牌项目，力争在 ESG 领域贡献一流成果、平台、教材与人才。

2024 年被视为 ESG 发展的元年，三大交易所和财政部相继发布了 ESG 信息披露指引与基本准则，标志着中国 ESG 进入了全新的发展阶段。在这一关键时刻，如何将 ESG 理念有效融入企业日常运营，以及在投资决策中充分展现其价值，成为社会各界关注的焦点。为顺应这一趋势并推动 ESG 教育的深入发展，上海财经大学富国 ESG 研究院于 2024 年 7 月举办了首届“财・富杯”ESG 案例分析大赛。本次大赛由研究院主办，富国基金管理有限公司协办，并得到了中欧国际工商学院、妙盈科技、第一财经等机构的支持。大赛为学生提供了实践平台，帮助他们深入理解并应用 ESG 理念，提升团队合作和案例分析的能力。全国共有 51 支队伍参赛，展示了当代学生对 ESG 议题的深入思考与创新应用。经过严格的线上通信初赛,共有16支队伍进入线下现场决赛,最终评选出一等奖案例1个、二等奖案例2个、三等奖案例5个。

在案例大赛中,来自全国各地数十个师生团队充分展示了他们对ESG实践案例的思考。同时,为了更好地将这些宝贵的案例成果融入教学,并推动ESG理念的普及,我们从参加决赛的16个案例中,精选了8个优秀案例,编撰成这本《"财·富杯"ESG案例分析大赛精选集(第一辑)》。

本书所精选的8个案例,覆盖了不同行业的企业实践,展现了在ESG理念推动下,这些企业如何面对挑战并探索可持续发展的可行道路。其中,丽珠集团作为医药行业的代表,其ESG表现从2019年MSCI的B级跃升至2023年的AAA级,背后的驱动力究竟是什么?是否存在策略性选择?来自上海财经大学的师生团队通过分析MSCI、Wind、妙盈、华证和商道融绿五家机构的评级发现,尽管各机构的ESG评级存在分歧,但总体呈上升趋势。这一现象与集团在废弃物管理和应对气候变化等方面的实质性改进密切相关。此外,丽珠集团的ESG评级提升展现出偏向性,尤其在MSCI评级方面尤为突出,体现在其ESG披露与实践的提升上。通过财务指标(如人力资本回报率),该案例进一步探讨了丽珠集团如何通过提升ESG表现,增强其财务状况和可持续发展能力。

SHEIN公司作为中国跨境电商的领军企业,凭借快时尚模式和高效供应链迅速占领全球市场,但在赴美上市过程中遭遇了诸多ESG挑战,最终导致上市失败。来自中国人民大学、同济大学、纽约大学、暨南大学的跨院校师生团队通过案例研究指出,SHEIN的"小单快返"供应链虽然带来高效响应能力,但复杂的供应链管理成为其瓶颈。随着业务扩张,供应商管理不善导致产品质量和供应链稳定性下降,影响了可持续发展。SHEIN在劳工权益、供应链管理及环保方面表现也存在不足,特别是在劳工权益保护和供应链管理上引发广泛质疑。其环保行动被批评为"漂绿",实际行动与宣传不符。相比其他出海品牌如TEMU和SHOPEE,SHEIN的ESG管理短板尤为明显。该案例研究团队建议SHEIN公司加强ESG管理,重建社会信任,并为中国快消行业的可持续发展提供借鉴。

在"双碳"背景下,作为中国碳排放重要来源的水泥行业,其碳排放量占全国总量的显著比例,并占全球水泥行业碳排放总量的一半以上。水泥行业如何从"灰色"迈向"绿色",来自江汉大学的师生团队对海螺水泥的分析为我们提供了宝贵的借鉴。该案例分析表明,海螺水泥通过节能降碳、本土采购、责任供应和环境管理体系的建设,提升了环境绩效和市场竞争力,确保了企业的健康稳定发展。该案例分析了海螺水泥在研发、生产、销售和废弃物处理环节的绿色转型,并展示了技术创新和数字化技术的应用如何降低运营成本、提高生产效率,实现经济、社会和环境效益的共赢。基于此成功经验,建议水泥行业通过节能降碳、绿色供应链建设和数字化转型,推动可持续发展,同时加强环境信息披露和环保管理制度。

作为智能电动汽车的领军企业,小米公司在2021—2023年的ESG报告中展现了显著进步，但在某些关键领域，与华硕、联想、深圳传音、纬颖科技和浪潮电子等公司相比，小米公司也存在不小的提升空间。造车神话的背后，小米的 ESG 表现、瓶颈与未来发展方向值得我们深入思考，来自上海财经大学、德国慕尼黑大学、中国香港理工大学的师生团队详细评估了小米公司在环境、社会和公司治理方面的表现，并分析了其 ESG 实践对公司绩效的影响。案例分析表明，小米在碳排放、能源管理以及电子废弃物回收方面，与同业相比表现较弱。尽管小米实施了碳排放减少措施，但在使用可再生能源和废弃物管理方面与同行相比还有差距。此外，小米的供应链劳工标准管理和数据安全问题也需要进一步完善，特别是在劳工条件较差的地区。公司治理方面，小米董事会多样性不足，联合创始人拥有过多投票权，影响决策独立性和有效性。

格力电器作为中国家电行业的龙头企业，为什么其在连续 17 年披露社会责任与 ESG 报告的情况下，ESG 实践水平却仍处于行业的尾部？这是否反映了其在 ESG 信息披露方面的“表面功夫”，并让投资者对其长期投资价值产生质疑？来自西南财经大学的师生团队通过案例分析发现，格力电器存在“文字游戏”和“ESG 沉默”问题。因此，案例研究团队建议加强从自愿披露向强制披露的过渡，确保企业准确披露 ESG 数据，并鼓励企业积极参与行业标准和国际 ESG 体系的建设，提升 ESG 管理水平。

贵州茅台作为中国白酒行业的龙头企业，尽管在全球享有盛誉，但其 ESG 实践历程充满不少挑战。来自上海财经大学的师生团队对贵州茅台进行了深入的探究，结果表明，在环境方面，赤水河的污染问题影响了茅台酒的生产质量，损害了公司形象；在社会责任方面，营销策略因忽视公众健康而受到批评，高层腐败事件也削弱了公众信任。为应对这些问题，贵州茅台采取了多项改革措施，包括优化 ESG 治理结构、纳入绩效考核、改革供应链管理等，以提升环境保护、社会贡献及公司治理水平。该案例通过对白酒行业 ESG 发展现状及贵州茅台的 ESG 表现进行分析，指出尽管茅台在环境与社会责任方面有所成就，但在公司治理上仍需进一步提升，以匹配其行业领军地位。

新能源汽车行业凭借绿色能源属性，在 ESG 领域表现突出，但这是否意味着该行业天生得高分？低碳“优等生”特斯拉的成功为我们提供了更为全面的分析视角。来自上海财经大学的师生团队通过该案例分析了全球新能源汽车行业领导者特斯拉在 ESG 评估中的表现及其面临的挑战。他们认为虽然特斯拉在减少碳排放、绿色生产和循环经济等环境方面取得了显著成就，但在社会责任和公司治理上存在明显短板。这些问题导致其在 ESG 综合评分中未达市场预期，甚至被标准普尔 500 ESG 指数剔除。具体而言，特斯拉在劳工关系、工伤率、消费者隐私保护以及社区关系等方面表现不佳，同时董事会独立性不足、管理层监督不力等治理问题也拖累了其 ESG 评分。案例分析团队指出，特斯拉若要在 ESG 评估中取得高分，只有在社会责任和公司治理上采取更积极的措施，才能实现长期可持续发展的目标。

出海企业在全球扩展时，如何有效应对 ESG 合规风险，这是一个很多中国企业都必须面对的重大课题。来自首都经贸大学的师生团队以上海电力投资的胡努特鲁电厂为例,分析了该项目在土耳其顺利推进的原因。案例分析表明,该电厂满足了400多万土耳其人的用电需求,并创造了1 500多个就业岗位;采用中国先进的燃煤发电技术和环保措施,将烟气排放浓度降至全球标准的1/5以下;2023年,电厂一期21兆瓦光伏项目并网,标志着中国技术成功助力土耳其能源转型。电厂建设不仅促进了当地经济发展,还兼顾了环境保护,未对附近濒危物种绿海龟的栖息地造成影响,体现了“一带一路”倡议下国际合作的新模式。这一成功案例为出海企业提供了在复杂国际环境中应对ESG合规风险的宝贵经验,同时为全球能源转型带来了有益的启示。

入选这本案例集的8个ESG实践案例蕴含的深刻启示与实践经验值得细细品味。我们诚挚邀请您打开全文,深入了解各行业在ESG领域的创新与突破,感受企业在履行社会责任与实现商业价值平衡中的努力与成就。本书可以作为ESG相关课程的教辅材料,也可以单独阅读,希望本书不仅能为推动ESG理念的传播贡献力量,也能为ESG人才的培养提供一个实用的教材和宝贵的参考,助力更多学子与从业者深入了解这一重要领域,为推动可持续发展和社会责任的实现贡献一份力量。

目　录

一、评级驱动的 ESG 优化与可持续发展

——以丽珠集团为例[①]

内容提要 丽珠集团是集医药产品研发、生产、销售为一体的综合医药集团公司，基本业务涉及化学药、原料药等五大领域，并积极推进国际化布局，境外业务规模稳定提升，对自身 ESG 表现的提升需求也逐渐增强。目前，丽珠集团的 ESG 评级在医药行业处于领先水平，本案例选取 MSCI、Wind、妙盈、华证、商道融绿 5 家评级机构，发现不同评级机构对丽珠集团的 ESG 评级存在一定分歧，但均呈现上升趋势，并从实质性议题、权重、测算指标三方面探究了分歧的原因。进一步探究了丽珠集团 ESG 评级的提升与其可持续发展水平的联系，并从 ESG 披露层面和 ESG 实践层面验证。我们发现，丽珠集团 ESG 评级的良好发展态势，不仅仅是为了“走出去”的表面工作，而是通过提升在“废弃物管理”“应对气候变化”等的 ESG 表现，推动企业的可持续发展。此外，本案例发现丽珠集团的 ESG 评级提升呈现一定的偏向性，偏向于提升 MSCI 的 ESG 评级，分别在 ESG 披露层面和 ESG 实践层面均有所体现。最后，本案例从财务重要性角度出发，以人力资本回报率等财务指标为例，探究了丽珠集团的 ESG 表现如何影响其财务状况和可持续发展能力。

案例介绍

(一)引言

从无到有，从铁皮屋的小作坊到千亿级产业集群，历经近四十年的发展，小小一片药见证着生物医药产业成为珠海产业发展的重要一极。在这波澜壮阔的历程中，丽珠医药集团股份有限公司(以下简称“丽珠集团”)不仅是开创者、亲历者，更是建设者、推动者。

生物医药产业是 21 世纪创新最活跃、影响最深远的战略性新兴产业之一。作为行业龙头企业，丽珠集团产品线十分丰富，形成了比较完善的产品集群。2009 年，丽珠集团成

---

① 指导教师：葛润(上海财经大学)；学生作者：刘文瑄(上海财经大学)、张心媛(上海财经大学)。

功研发并产业化上市了中国第一个缓释微球制剂，打破了缓释微球被欧美药企长期垄断和技术封锁的局面。2020 年起，受新冠疫情影响，国内外市场均受到不同程度的冲击。在挑战与机遇并存的行业大背景下，丽珠集团在新“危”中找先“机”，启动了“重组新型冠状病毒融合蛋白疫苗”(“丽康 V-01”)项目的研发，并在 2022 年 9 月获批使用。2023 年 1 月，丽珠生物的托珠单抗注射液获得国内上市批准，为新冠重症患者提供了有效的药物治疗方案。

丽珠集团在专注产品研发与创新的同时，也注重企业的可持续发展。丽珠已连续发布 7 年 ESG 报告，截至 2023 年 12 月 4 日，丽珠集团的标准普尔 ESG 评分由 2022 年的 42 分提升至 65 分，同比增长 55%，并实现了连续 2 年分数的跃升。2023 年，丽珠集团亦获评 MSCI ESG AAA 级、Wind ESG AA 级及“2023 中国医药上市公司 ESG 竞争力 TOP20”“2023 年度 Wind 中国上市公司 ESG 最佳实践 100 强”等诸多荣誉。其中，MSCI 对丽珠集团的 ESG 评级自 2018 年逐年提升，从行业落后水平的 B 级提升至最高等级 AAA 级。

虽然丽珠集团的 ESG 评级展现出良好的发展态势，但这是否代表着丽珠集团真的提升了自身可持续发展水平？还是仅仅为了企业“走出去”，而不得不完成的表面工作？丽珠集团在哪些方面进行了 ESG 努力，是否存在偏向性提升？除 MSCI 以外，其他评级机构对丽珠集团的 ESG 评级是否同样逐年提升？带着这些疑问，我们一起开启丽珠集团可持续发展的探索之旅。

(二)丽珠集团基本情况

1. 企业简介

丽珠医药集团股份有限公司创建于 1985 年 1 月，是集医药产品研发、生产、销售为一体的综合医药集团公司，为“A＋H 股”上市公司。公司建立了覆盖国内市场的营销网络，与商业主渠道和数千家医院建立了稳定、良好的业务关系。随着质量体系的持续完善和提高、销售的快速增长、产能的不断扩大，丽珠集团已经跻身中国上市企业投资 10 强，最佳上市企业治理 10 强、广东省高新技术企业、广东省医药行业杰出贡献企业、中国制药工业(销售)百强企业第 46 名、广东省医药工业综合实力 50 强。2023 年度，公司营业收入 124.3 亿元，净利润 19.54 亿元，研发投入 12.35 亿元，占营业收入的 9.94%。[①] 公司视研发创新为可持续发展的基石，持续关注全球新药研发领域新分子和前沿技术，基于临床价值、差异化前瞻布局创新药及高壁垒复杂制剂，聚焦消化道、辅助生殖、精神、肿瘤免疫等领域，形成了完善的产品集群以及覆盖研发全周期的差异化产品管线。丽珠集团的发展历程如图 1—1 所示。

① 数据来源：《丽珠医药集团股份有限公司 2023 年度报告》，2024 年，第 38 页。

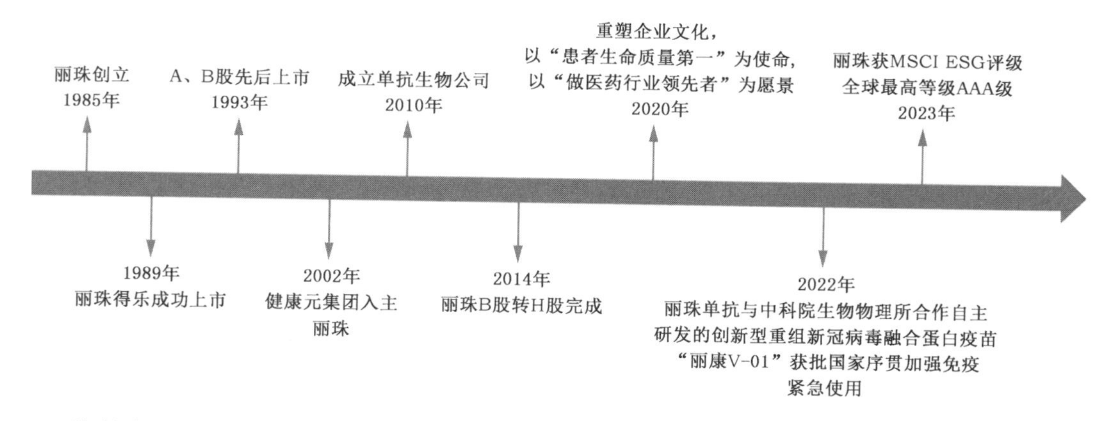

资料来源：丽珠集团官网丽珠医药集团股份有限公司(livzon.com.cn)。

图1—1　丽珠集团发展历程

2.竞争优势

丽珠集团坚持“人才战略、产品战略、市场战略”三大战略方针，核心竞争力主要体现在以下几个方面：

(1)强大的研发能力与国际化的研发理念

丽珠集团在化学制剂、中药制剂、生物制品、原料药及中间体、诊断试剂及设备等领域均有较强的研发能力及国际化的研发理念，建立了缓释微球研发平台和生物制品研发平台等特色技术平台，并拥有了核心研发领军人才。通过积极引进国内外资深专家和创新型人才、不断加大研发投入、发展海外战略联盟等举措，围绕辅助生殖、消化、精神及神经、肿瘤免疫等领域布局，丽珠集团形成了清晰丰富的产品研发管线，进而增强了研发竞争力。

(2)多元化的产品结构和业务布局

丽珠集团产品涵盖制剂产品、原料药和中间体、诊断试剂及设备等多个医药细分领域，并在辅助生殖、消化道、精神、神经及肿瘤免疫等多个治疗领域方面形成了一定的市场优势。现阶段公司进一步聚焦创新药及高壁垒复杂制剂，在一致性评价及带量采购的政策下，丽珠集团拥有独特的原料药优势，将不断加强原料—制剂一体化。

(3)完善的营销体系与专业化的营销团队

丽珠集团对营销工作实行精细化管理，不断完善营销体系建设，优化激励考核机制，不断强化证据营销和学术营销的终端推广策略，通过优化资源配置，逐步构建了制剂产品(含处方药及非处方药)、诊断试剂及原料药等业务领域的专业化营销团队，形成较为完善的营销体系；集团各个领域营销管理团队及为本集团提供专业销售服务人员近万人，营销网络覆盖全国各地乃至境外相关国家和地区，包括主要的医疗机构、连锁药店、疾控中心、卫生部门及制药企业等终端。

(4)成熟的质量管理体系

丽珠集团建立了涵盖产品生产、科研、销售等业务流程的立体化质量管理体系,持续提升质量管理水平,生产和经营质量管理总体运行状况良好,质量管理体系的健康运行,使集团各领域产品的安全性和稳定性得到了有效保障,进一步增强集团产品的市场竞争力。

3. 基本业务情况

目前,丽珠集团的基本业务主要涉及化学药领域、原料药领域、中药领域、生物药领域以及体外诊断试剂领域。2023 年丽珠集团营业收入构成如图 1—2 所示,化学制剂占比最高,超过 50%,其次是原料药,约占 1/4。

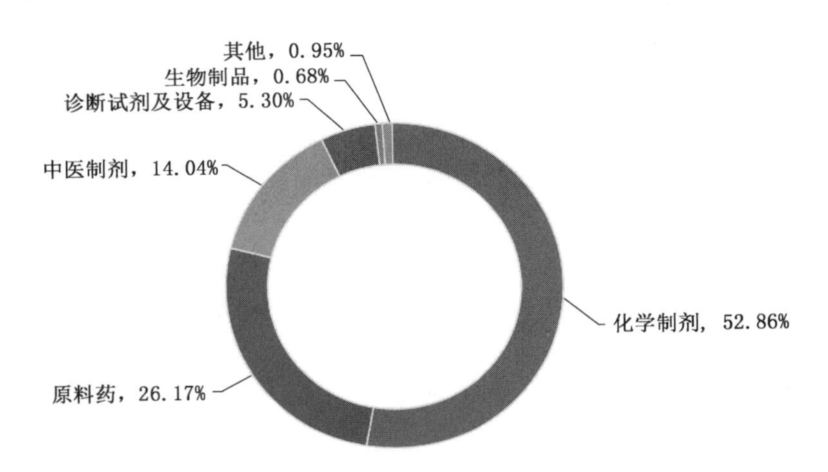

数据来源:《丽珠医药集团股份有限公司 2023 年度报告》,2024 年,第 9 页。

图 1—2　丽珠集团 2023 年营业收入构成

在化学药领域,创新药+高壁垒复杂制剂驱动发展。消化道领域重磅产品突出,继丽珠得乐后,自主研发出 PPI 中唯一国产创新药艾普拉唑系列产品,具有剂量小、起效快、维持时间长等独特优点,临床应用超 10 年,市场覆盖广且有良好的口碑。消化道另外一个重磅产品钾离子竞争性酸阻滞剂(P-CAB)创新药即将申报临床。同时作为国内微球制剂头部企业,丽珠已掌握了较高技术壁垒的微球制剂生产工艺,并建成长效微球技术国家地方联合工程研究中心,所开发的注射用醋酸亮丙瑞林微球是最早实现微球国产化的产品之一,打破了国外长期垄断的局面。还有多项微球、植入剂、透皮贴剂、口溶膜和口服缓控释等高端复杂制剂产品分布在研发的各个阶段。

在原料药领域,聚焦高端特色原料药,产品在规模、质量等方面具有显著竞争优势,多个原料药及中间体产品在全球市场占有率领先;积极推进海外认证工作及国际市场开拓布局,加速国际化进程,日益成为全球医药界头部企业(如辉瑞、梯瓦等)的长期战略合作伙伴。

在中药领域,目前已搭建国家中药现代化工程技术研究中心和 4 个省级研发中心,并在山西浑源、甘肃陇西等地建设大规模中药材 GAP 种植基地,从研发、种植、生产、销售多维度进行中药全产业链布局。现有独家品种 21 个,其中旗舰产品参芪扶正注射液和抗病毒颗粒增长强劲,另有荆肤止痒、八正胶囊、小儿肺热等独家产品覆盖各中医治疗优势领域。

在生物药领域,围绕自身免疫疾病、肿瘤及辅助生殖等领域,聚焦新分子、新靶点及差异化的分子设计,已建成广东省抗体药物产业化典型示范基地,建成从抗体筛选与评价、细胞株筛选、规模化细胞培养、纯化、制剂、分析检测和质量控制一体化的技术平台。生物类似药注射用重组人绒促性素和托珠单抗注射液分别于 2021 年 4 月和 2023 年 1 月在国内获批上市,创新药重组新型冠状病毒融合蛋白疫苗(CHO 细胞)于 2022 年 6 月获批国家紧急使用。并有多个研发项目处在临床研究的不同阶段。

在体外诊断试剂领域,围绕战略病种领域与科室的布局深耕,依托成熟产品线,平行开展多病种检测试剂的开发,目前拥有多重液相芯片、化学发光、分子诊断、原材料与基础研究、自动化设备等多个技术平台,在呼吸道传染病、重大传染病、药物浓度监测等领域市场占有率处于国内领先地位。

(三)丽珠集团 ESG 发展动因

丽珠集团在不断加强自主创新的同时,关注前沿技术,加强外部合作,在全球市场积极开展创新业务合作模式,推进国际化布局。丽珠集团境外业务规模稳定增加,从 2017 年的 1 032 765 597 元逐步扩大至 2023 年的 1 571 352 658 元。2023 年丽珠集团境外业务占比 12.64%,同比增加 0.14%,具体如图 1—3 所示。

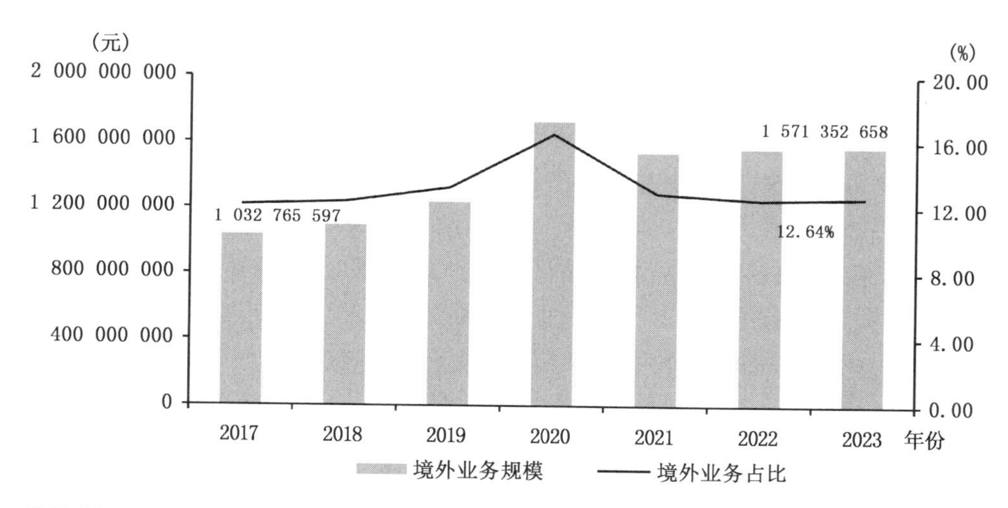

数据来源:《丽珠医药集团股份有限公司 2023 年度报告》,2024 年,第 38 页。

图 1—3 丽珠集团境外业务情况

丽珠集团出口业务有高端抗生素、宠物驱虫药以及中间体产品三大板块,持续深耕细分市场,多个产品持续保持全球市场占有率前列:(1)高端抗生素产品达托霉素等,受益于下游制剂放量而保持较好增长;(2)宠物驱虫药系列产品莫昔克丁、多拉菌素和国际知名动保公司强强联合,市场占有率逐步上升;(3)中间体霉酚酸出口深化客户合作,头孢曲松产业链上下联动,均实现稳定增长。

为了适应境外业务的不断拓展,丽珠集团需要提升自身的 ESG 表现。这不仅是为了满足日益严格的国际标准和法规,而且有利于丽珠集团吸引海外投资,提高在全球供应链中的地位和影响力,从而在全球市场中占据更有利的竞争优势。

首先,拓展境外业务需要遵循国外 ESG 相关要求,而相比国内,国外 ESG 体系更加完善,相关要求也更加严格。在国外,许多国家和地区颁布了严格的环境保护法律和法规,例如欧盟的《欧盟绿色协议》,这些法规对企业在减少碳排放、节能减排、资源利用等方面提出了严格要求。此外,许多国家针对企业社会责任的法规,例如美国的《道德供应链法》和欧盟的《企业社会责任指令》等,要求企业关注员工福利、劳工权益、供应链透明度等方面。国外许多国家的治理法规也更加严格,例如美国的《萨班斯一奥克斯利法案》(Sarbanes-Oxley Act)要求企业加强内部控制和财务透明度,防止财务造假和不当行为。此外,国际上 ESG 方面的标准和指南,如联合国的《全球契约》和国际劳工组织的《社会责任指南》等,对于全球范围内的企业同样具有指导作用。尽管中国也参与了一些国际标准的制定和推广,但在实际执行中与国际标准仍存在一定差距。因此,丽珠集团需要提升自身 ESG 表现,以满足日益严格的国际标准和法规。

其次,海外投资者越来越重视企业的 ESG 评级。ESG 评级已经成为国际资本市场的重要参考指标,许多投资基金、保险公司和养老基金等机构投资者在做投资决策时,都会优先考虑那些在 ESG 方面表现优秀的企业。丽珠集团提升自身的 ESG 水平,不仅有助于满足这些投资者的需求,还能够提升公司的国际形象,增强企业的品牌价值,从而更容易吸引来自全球的优质资本。这对于丽珠集团未来的发展,无疑是至关重要的。

最后,供应商的 ESG 表现也是评价企业 ESG 水平的重要部分。丽珠集团作为供应商在开拓海外市场时,同样需要提升自身的 ESG 评级。国际大企业在选择供应商时,往往会对供应商的 ESG 表现进行严格审查。提升自身的 ESG 评级,不仅可以增强丽珠集团作为供应商的竞争力,还能提高企业在全球供应链中的地位和影响力。这有助于丽珠集团与国际知名企业建立更加紧密的合作关系,从而拓展更广阔的市场。

案例分析

(一)丽珠集团的 ESG 评级

1. 横向对比:行业 ESG 评级

在最新的 ESG 评级中,丽珠集团的 ESG 评级处于行业领先水平。截至 2023 年年底,沪深交易所上市公司中，MSCI 覆盖 ESG 评级的共 645 家，其中评级为 AAA 的仅有丽珠集团，占比 0.16%。港交所上市公司中，MSCI ESG 评级中获 AAA 评级的上市公司共有 10 家，其中同为制药行业的公司仅有药明生物。在 Wind ESG 评级体系中，截至 2024 年 6 月，丽珠集团综合得分行业排名第二，如图 1—4 所示，在环境、社会、治理三大维度的评分均高于制药行业平均得分。在妙盈 ESG 评级体系中，截至 2024 年 3 月底，丽珠集团的 ESG 评级在医疗健康一级行业中的排名第七，在制药二级行业中排名第三，仅次于药明生物技术有限公司和上海复星医药(集团)股份有限公司。丽珠集团及同业 ESG 评级如表 1—1 所示，自上而下各评级机构的截止时间分别为 2024 年 6 月、4 月、5 月、3 月、3 月。由表 1—1 可知，综合 5 家评级机构对各企业的 ESG 评级，药明生物的 ESG 评级位列行业第一，其次为丽珠集团，而海辰药业、长药控股的 ESG 评级相对较低。根据以上分析，丽珠集团不论在国内 ESG 评级机构还是国外的评级机构中，ESG 评级均位于行业前列。

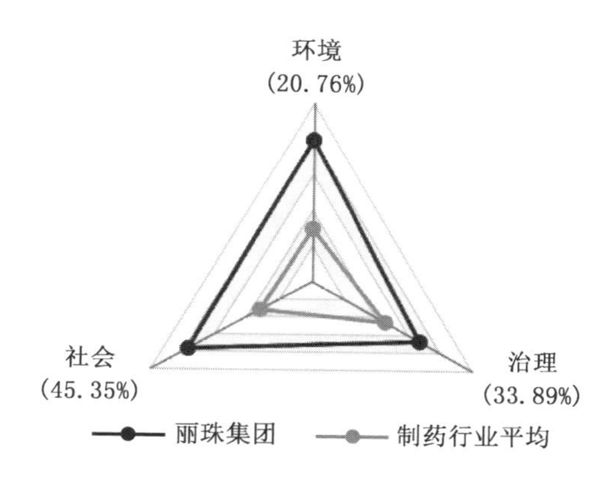

数据来源：Wind 数据库。

图 1—4 丽珠集团与制药行业 Wind ESG 得分

表 1—1 **丽珠集团及同业 ESG 评级**

	药明生物	丽珠集团	中国生物制药	复星医药	华润三九	天士力	新华制药	海正药业	海辰药业	长药控股
MSCI (截至 2024 年 6 月)	AAA	AAA	A	A	BB	—	BBB	—	—	—
华证 (截至 2024 年 4 月)	AA	A	BBB	BBB	AA	A	BBB	BB	B	C
Wind (截至 2024 年 5 月)	AA	AA	AA	A	A	A	BBB	BBB	BBB	BB
妙盈 (截至 2024 年 3 月)	AA	A	A	A	A	BB	B	B	C	C
商道融绿 (截至 2024 年 3 月)	A—	A—	A—	A—	A	B+	A—	B+	B	B—

2. 纵向对比:评级变化趋势

由于每个评级机构的评级层数不同,按照各评级机构对评级是否为“领先”“中等”“落后”分别区分,具体如图 1—5 所示。由图 1—5 可知,各评级机构对丽珠集团的 ESG 评级缺乏良好的一致性。MSCI 对丽珠集团的评级逐年稳步提升,从处于行业落后水平的 B 级提升至最高等级 AAA 级。华证对丽珠集团的评级在 2020—2022 年逐年提升,从行业中等水平的 BB 级提升至行业领先水平的 A 级。Wind 对丽珠集团的评级在 2019—2022 年稳定在行业领先水平的 A 级,2023 年提升至 AA 级。妙盈和商道融绿对丽珠集团的评级趋势类似,均在 2021 年提升了丽珠集团的 ESG 评级,从行业中等水平提升至行业领先水平,其他年份保持稳定。虽然不同评级机构存在一定的分歧,但是对丽珠集团的 ESG 评级均呈现上升趋势。

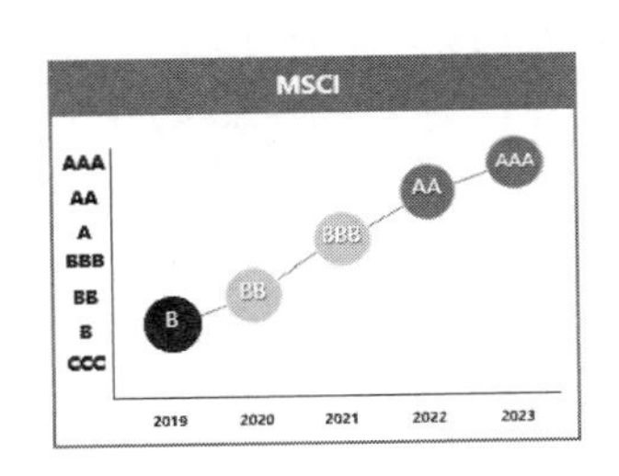

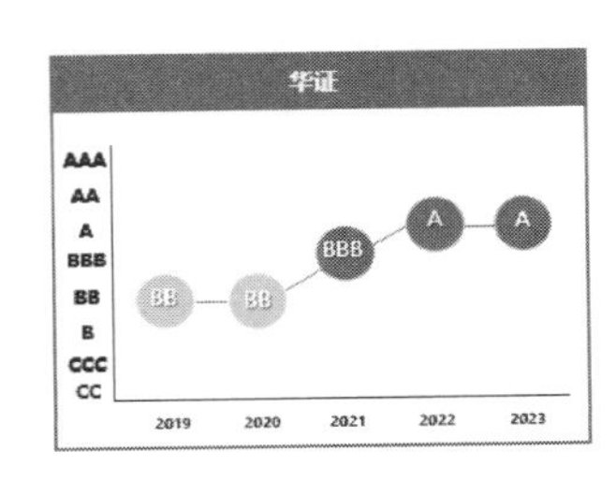

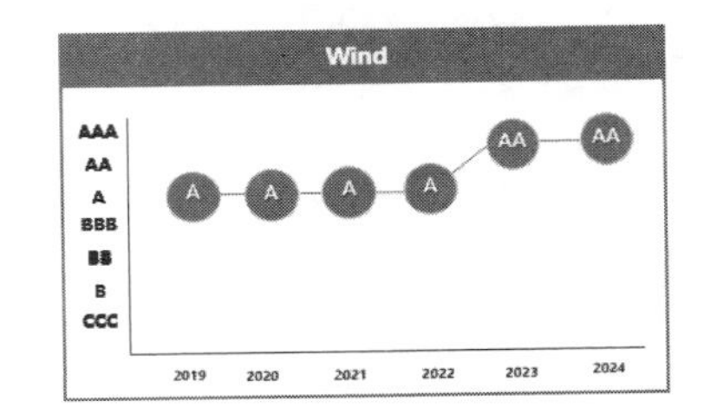

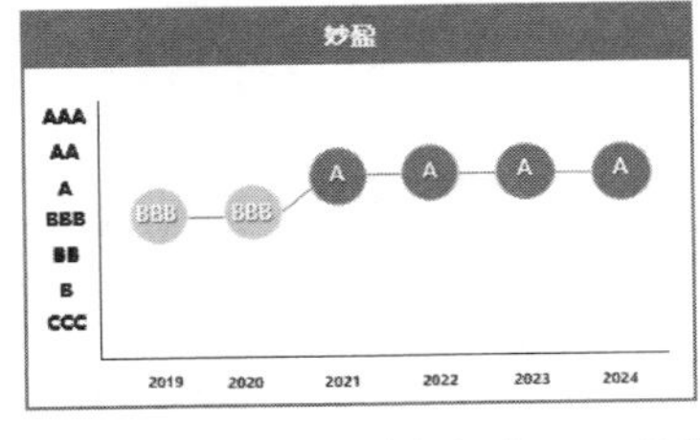

● 行业领先水平 ● 行业中等水平 ● 行业落后水平

数据来源:根据各评级机构数据库手动整理。

图 1—5 丽珠集团在各评级机构中的评级趋势

3. 评级分歧原因

导致不同评级机构存在评级分歧的原因主要有三方面,分别为实质性议题不同、实质性议题的权重不同、指标测算方式不同。各评级机构的实质性议题、权重以及测算指标具体如表 1—2 至表 1—6 所示。

表 1—2 **MSCI ESG 评级体系的实质性议题及权重**

三大维度	实质性议题(12 个)	权重
环境	有毒排放与废弃物	9.0%
	水资源短缺	0.2%
社会	产品安全与质量	27.2%
	人力资本开发	18.2%
	医疗保健服务可得性	12.0%
	化学安全性	0.1%
治理	商业道德	33.4%
	税务透明度	
	会计	
	董事会	
	所有权和控制权	
	薪酬	

资料来源:《MSCI ESG 评级方法论》,2024 年,第 6 页。

表 1—3 **妙盈 ESG 评级体系的实质性议题、权重及测算指标**

三大维度	实质性议题(18 个)	权重	测算指标(274 个)
环境	环境管理	6.40%	环保总投入,两年环境处罚次数等
	污染物	3.20%	污染治理政策,氮氧化物排放量等
	废弃物	3.20%	废弃物管理政策,有害废弃物总量等
	物料消耗	0.64%	物料使用管理政策、物料消耗量等
	水资源	3.20%	水使用管理政策、取水量等
	能源消耗	6.40%	能源使用管理政策、天然气消耗量等
	温室气体排放	3.20%	温室气体排放管理政策、温室气体总排放量等
	气候变化	3.20%	气候变化管理架构、两年自然灾害事故舆情事件等
社会	员工参与度多样性	9.60%	员工多样性、招聘歧视次数等
	产品责任	9.60%	客户满意度管理、研发投入等
	劳工管理	4.80%	陪产假、员工薪酬等
	社区影响	4.80%	社区投资总额、公益项目参与时长等
	供应商管理	4.80%	供应商环境政策、两年供应商环境处罚次数
	职业健康与安全	0.96%	安全健康管理政策、因公死亡人数等

续表

三大维度	实质性议题(18个)	权重	测算指标(274个)
治理	商业道德	14.40%	匿名举报制度、腐败与贿赂事件等
	风险管理	7.20%	风险管理体系、ESG风险管理等
	ESG治理	7.20%	董事会是否监管ESG问题、ESG报告内容索引等
	公司治理信息	7.20%	女性董事占比、高管学历结构等

资料来源:妙盈ESG数据库(https://www.miotech.com/ami/home)。

表1—4　　Wind ESG评级体系的实质性议题、权重及测算指标

三大维度	实质性议题(17个)	权重	测算指标(129个)
环境	废弃物	8.35%	废弃物管理体系与制度、产生的无害废弃物总量(吨)等
	废水	4.77%	废水管理体系与制度、氨氮排放量(吨)等
	废气	4.30%	废气管理体系与制度、减少废气排放措施等
	气候变化	3.34%	气候变化管理体系与制度、温室气体排放总量等
社会	产品与服务	9.31%	产品质量管理体系与制度、产品召回比例(%)等
	医疗可及性	9.31%	扩大产品覆盖范围、降低医疗成本等
	客户	8.83%	提升客户满意度、客户投诉数量(次)等
	研发与创新	6.68%	研发与创新管理体系与制度、每百万营收有效专利数(件/CNY)等
	雇佣	5.73%	反歧视与多元化管理体系与制度、每百万营收有效专利数(件/CNY)等
	发展与培训	5.49%	发展与培训管理体系与制度、人均培训时长(小时)等
治理	反贪污腐败	6.44%	反贪污腐败管理体系与制度、举报与投诉等
	审计	5.97%	标准无保留意见、会计师事务所变更等
	董监高	5.73%	董事会成员平均任期(年)、独立董事比例(%)等
	股权及股东	5.01%	高管持股比例(%)、股票质押比例(%)
	反垄断与公平竞争	4.77%	反垄断与公平竞争管理体系与制度
	ESG治理	3.10%	ESG治理架构、ESG风险管理、ESG表现与高管薪酬挂钩
	税务	2.86%	

资料来源:《Wind ESG评级方法论》,2024年,第9页。

表 1—5　　华证 ESG 评级体系的实质性议题及关键评价指标

三大维度	实质性议题(14 个)	关键评价指标(40 个)
环境	气候变化	温室气体排放、碳减排路线、应对气候变化、海绵城市、绿色金融
	资源利用	土地利用及生物多样性、水资源消耗、材料消耗
	环境污染	工业排放、有害垃圾、电子垃圾
	环境管理与处罚	可持续认证、供应链管理-E、环保处罚
社会	人力资本	员工健康与安全、员工激励和发展、员工关系
	产品责任	品质认证、召回、投诉
	供应链	供应商风险和管理、供应链关系
	社会贡献	普惠、社区投资、就业、科技创新
治理	股东权益	股东权益保护
	治理结构	ESG 治理、风险控制、董事会结构、管理层稳定性
	信披质量	ESG 外部鉴证、信息披露可信度
	治理风险	大股东行为、偿债能力、法律诉讼、税收透明度
	外部处分	外部处分
	商业道德	商业道德、反贪污和贿赂

资料来源:《华证 ESG 评级方法论》,2022 年,第 5 页。

表 1—6　　商道融绿 ESG 评级体系的实质性议题及测算指标

三大维度	实质性议题(12 个)	测算指标(98 个)
环境	环境政策	环境管理体系认证、环境管理政策等
	能源与资源消耗	可再生能源使用量、循环用水量占比等
	污染物排放	污染物排放管理措施、废气排放强度等
	应对气候变化	温室气体排放量和减排量、碳强度等
社会	员工发展	是否遵守《国际劳工组织公约》、员工离职率等
	供应链管理	负责任采购政策、负责任的供应链管理实践等
	客户权益	客户关系管理、客户可持续消费管理等
	产品管理	产品和服务质量管理、质量管理体系认证
	社区	公司支持乡村振兴的资金投入、捐赠等
治理	治理结构	ESG 信息披露、审计独立性等
	商业道德	反腐败和贿赂政策、知识产权保护政策等
	合规管理	合规管理、风险管理

资料来源:商道融绿 ESG 评级方法论商道融绿 SynTao Green Finance (syntaogf. com)。

(1)实质性议题。实质性议题不同是评级机构存在分歧的首要原因。在医药行业,MSCI ESG评级体系包含有毒排放与废弃物、人力资本开发、税务透明度等12项实质性议题;华证ESG评级体系包含气候变化、供应链、治理结构等14项实质性议题;Wind ESG评级体系包含废弃物、产品与服务、ESG治理等17项实质性议题;妙盈ESG评级体系包含环境管理、员工参与度多样性、商业道德等18项实质性议题;商道融绿ESG评级体系包含环境政策、员工发展、合规管理等12项实质性议题。可以看到,不同评级机构对同一行业的实质性议题存在较大差异,涉及的议题数量和每个维度的全面性均不相同。

(2)实质性议题的权重。在不同的ESG评级体系中,即使存在相同或者类似的实质性议题,议题的重要性和所占权重也不相同。例如,Wind ESG评级体系和妙盈ESG评级体系的治理维度均包含ESG治理议题,但是在Wind ESG评级体系中ESG治理议题所占权重为3.10%,在妙盈ESG评级体系中ESG治理议题所占权重为7.20%,是Wind ESG评级体系中权重的2倍多。再如,Wind ESG评级体系和妙盈ESG评级体系的环境维度均包含气候变化议题,但是在Wind ESG评级体系中气候变化议题所占权重为3.34%,在妙盈ESG评级体系中气候变化议题所占权重为3.20%。

(3)指标测算方式。即使不同ESG评级体系的实质性议题与所占权重均相同,对议题的底层测算指标也存在较大的灵活性。对ESG治理议题的测算,妙盈ESG评级体系通过董事会是否监管ESG问题、董事会ESG委员会的设置、重要性评估(评估过程、评估结果、董事会参与)、针对ESG问题的利益相关方沟通、ESG报告内容索引、ESG合规情况(环境、劳工、腐败、产品责任)、社会责任奖项及荣誉、ESG报告参考标准、是否披露ESG报告共9项指标进行测算,而Wind ESG评级体系仅通过ESG治理架构、ESG风险管理、ESG表现与高管薪酬挂钩3项指标进行测算。对于气候变化议题的测算,妙盈ESG评级体系通过气候变化风险与机遇识别、气候变化风险与机遇应对、CDP表现、董事会监管气候变化风险与机遇、气候变化管理架构、气候变化情景分析、响应气候变化相关的公共政策、两年自然灾害事故舆情事件共8项指标进行测算,而Wind ESG评级体系通过气候变化管理体系与制度、气候变化管理目标与规划、识别与应对气候变化风险和机遇、气候变化风险量化分析、直接(范围一)温室气体排放(吨二氧化碳当量)、间接(范围二)温室气体排放(吨二氧化碳当量)、温室气体排放总量(范围一和范围二)(吨二氧化碳当量)、每百万元营收温室气体排放总量(范围一和范围二)(吨二氧化碳当量/CNY)8项指标进行测算。

(二)丽珠集团的ESG表现

1. ESG披露的变化

丽珠集团连续8年披露《环境、社会及管治报告》(以下简称为“ESG报告”),旨在披露丽珠集团每个年度ESG方面最新表现情况。企业所披露的ESG报告是评级机构重要的数据来源,评级机构对企业进行评级时,将参考企业ESG报告的披露情况,因此,本节旨在探究企业ESG披露的变化与评级结果之间的联系。

(1)实质性议题层面的篇幅。首先本节讨论了不同评级机构实质性议题层面的篇幅变化,基于丽珠集团ESG报告中的二级标题和三级标题对字数进行统计,不包括"关于本报告""董事长致辞""中国香港交易所《环境、社会与管治报告》内容索引"这三个章节的内容。根据评级机构实质性议题的细化指标点,将ESG报告中的标题与评级机构实质性议题对应,不同评级机构间相似实质性议题所包含的指标点不同,因此可能出现相似实质性议题的披露篇幅结果不同的情况。2021年,丽珠集团ESG报告中涉及议题层面的字数总和为101 011字①;2022年,丽珠集团ESG报告中涉及议题层面的字数总和为108 896字②;2023年,丽珠集团ESG报告中涉及议题层面的字数总和为168 667字③。整体披露的篇幅呈现上升趋势。

①MSCI实质性议题层面。MSCI ESG评级体系共包含12个实质性议题,如表1—7所示,总体而言,MSCI实质性议题层面的篇幅逐年上升,2023年较2022年的所有实质性议题的披露篇幅都有较大程度的上升,2022年较2021年除"有毒排放与废弃物"和"产品安全与质量"议题的篇幅有所下降,其他议题也均有较大程度的上升,具体如下:

● 有毒排放与废弃物:相比于2021年,2022年的篇幅有所下降;2023年较2022年的篇幅有较大的提升。

● 水资源短缺:整体篇幅呈现上升趋势。

● 产品安全与质量:相比于2021年,2022年的篇幅有所下降;2023年较2022年的篇幅有较大的提升。

● 人力资本开发:整体篇幅呈现上升趋势。

● 医疗保健服务可得性:整体篇幅呈现较为明显的上升趋势。

● 化学安全性:ESG报告中未披露化学安全性相关的章节。

● 治理维度:MSCI的"治理"维度包括"所有权和控制权""董事会""薪酬""会计""商业道德"和"税务透明度"6个主题的关键指标,权重设置是在支柱层面进行的且该支柱与所有企业都相关,因此此处也做合并处理。整体篇幅呈现上升的趋势,但上升趋势较缓。

表1—7　　丽珠集团在MSCI实质性议题层面的篇幅

实质性议题	权重	2021年		2022年		2023年	
		字数	增长率	字数	增长率	字数	增长率
有毒排放与废弃物	9.0%	4 226	—	3 114	−26.31%	4 965	59.44%
水资源短缺	0.2%	1 928	—	2 515	30.45%	3 742	48.79%

① 数据来源:根据《丽珠医药集团股份有限公司环境、社会及管治报告2021》手动整理。
② 数据来源:根据《丽珠医药集团股份有限公司环境、社会及管治报告2022》手动整理。
③ 数据来源:根据《丽珠医药集团股份有限公司环境、社会及管治报告2023》手动整理。

续表

实质性议题	权重	2021 年		2022 年		2023 年	
		字数	增长率	字数	增长率	字数	增长率
产品安全与质量	27.2%	15 023	—	11 999	−20.13%	15 971	33.10%
人力资本开发	18.2%	9 731	—	13 733	41.13%	20 120	46.51%
医疗保健服务可得性	12.0%	7 270	—	10 437	43.56%	18 022	72.67%
化学安全性	0.1%	0	—	0	0.00%	0	0.00%
治理	33.4%	13 915	—	15 784	13.43%	19 778	25.30%

②其他机构的实质性议题层面。妙盈 ESG 评级体系共包含 18 个实质性议题，如表 1—8 所示，在"水资源""气候变化""员工参与度多样性""劳工管理""商业道德"和"ESG 治理"这 6 个实质性议题上，披露的篇幅呈现持续上升的现象，其中，"水资源""气候变化""员工参与度多样性"和"劳工管理"议题披露篇幅的上升趋势较为明显；其余 12 个实质性议题都呈现不同程度的波动。总体而言，2023 年较 2022 年除"环境管理"的议题外披露篇幅都有所提升，而 2022 年较 2021 年半数实质性议题的披露篇幅有所下降。

表 1—8　　丽珠集团在妙盈实质性议题层面的篇幅

实质性议题	权重	2021 年		2022 年		2023 年	
		字数	增长率	字数	增长率	字数	增长率
环境管理	6.40%	3 290	—	3 576	8.69%	1 080	−69.80%
污染物	3.20%	3 261	—	2 194	−32.72%	3 659	66.77%
废弃物	3.20%	965	—	920	−4.66%	1 306	41.96%
物料消耗	0.64%	644	—	484	−24.84%	723	49.38%
水资源	3.20%	1 928	—	2 515	30.45%	3 742	48.79%
能源消耗	6.40%	4 181	—	1 428	−65.85%	4 815	237.18%
温室气体排放	3.20%	/	—	/	/	/	/
气候变化	3.20%	3 155	—	8 625	173.38%	16 087	86.52%
员工参与度多样性	9.60%	9 185	—	13 821	50.47%	20 086	45.33%
产品责任	9.60%	32 158	—	29 538	−8.15%	49 191	66.53%
劳工管理	4.80%	3 926	—	6 056	54.25%	9 198	51.88%
社区影响	4.80%	3 310	—	3 187	−3.72%	4 614	44.78%
供应商管理	4.80%	11 186	—	9 745	−12.88%	15 295	56.95%
职业健康与安全	0.96%	8 292	—	4 428	−46.60%	6 474	46.21%
商业道德	14.40%	6 213	—	9 240	48.72%	10 975	18.78%

续表

实质性议题	权重	2021年		2022年		2023年	
		字数	增长率	字数	增长率	字数	增长率
风险管理	7.20%	966	—	945	−2.17%	2 891	205.93%
ESG治理	7.20%	3 294	—	3 611	9.62%	3 811	5.54%
公司治理信息	7.20%	709	—	705	−0.56%	737	4.54%

注：温室气体排放议题仅在ESG报告附录中披露了指标数据。

Wind ESG评级体系共包含17个实质性议题，如表1—9所示，在“气候变化”“医疗可及性”“客户”“雇用”和“发展与培训”这5个实质性议题上披露的篇幅呈现持续上升的现象；“审计”“反垄断与公平竞争”和“税务”在ESG报告中未披露相关章节；“股权与股东”仅在2021年的ESG报告中有相关披露，2022年和2023年的ESG报告中未披露相关章节；其余8个实质性议题都呈现不同程度的波动。总体而言，2023年较2022年大多实质性议题的披露篇幅都有所提升，而2022年较2021年少部分实质性议题的披露篇幅有所下降。

表1—9　　丽珠集团在Wind实质性议题层面的篇幅

实质性议题	权重	2021年		2022年		2023年	
		字数	增长率	字数	增长率	字数	增长率
废弃物	8.35%	965	—	920	−4.66%	1 306	41.96%
废水	4.77%	1 003	—	842	−16.05%	2 031	141.21%
废气	4.30%	1 967	—	1 039	−47.18%	1 339	28.87%
气候变化	3.34%	3 155	—	8 625	173.38%	16 087	86.52%
产品与服务	9.31%	15 023	—	11 999	−20.13%	15 971	33.10%
医疗可及性	9.31%	7 270	—	10 437	43.56%	18 022	72.67%
客户	8.83%	2 028	—	2 914	43.69%	4 561	56.52%
研发与创新	6.68%	9 233	—	7 754	−16.02%	14 829	91.24%
雇用	5.73%	10 292	—	13 961	35.65%	21 744	55.75%
发展与培训	5.49%	2 819	—	5 916	109.86%	7 540	27.45%
反贪污腐败	6.44%	3 581	—	4 805	34.18%	4 547	−5.37%
审计	5.97%	0	—	0	0.00%	0	0.00%
董监高	5.73%	709	—	705	−0.56%	737	4.54%
股权及股东	5.01%	1 457	—	0	−100.00%	0	0.00%
反垄断与公平竞争	4.77%	0	—	0	0.00%	0	0.00%
ESG治理	3.10%	3 133	—	3 886	24.03%	3 551	−8.62%
税务	2.86%	0	—	0	0.00%	0	0.00%

华证 ESG 评级体系共包含 14 个实质性议题,如表 1—10 所示,在“气候变化”“资源利用”“人力资本”“社会贡献”“治理结构”和“商业道德”这 6 个实质性议题上披露的篇幅呈现持续上升的现象;“信披质量”“治理风险”和“外部处分”在 ESG 报告中未披露相关章节;“股东权益”仅在 2021 年的 ESG 报告中有相关披露,2022 年和 2023 年的 ESG 报告中未披露相关章节;其余 4 个实质性议题都呈现不同程度的波动。总体而言,2023 年较 2022 年除“环境管理与处罚”的议题外披露篇幅都有所提升,而 2022 年较 2021 年少数实质性议题的披露篇幅有所下降。

表 1—10　　丽珠集团在华证实质性议题层面的篇幅

实质性议题	2021 年		2022 年		2023 年	
	字数	增长率	字数	增长率	字数	增长率
气候变化	3 155	—	8 625	173.38%	16 087	86.52%
资源利用	4 079	—	4 784	17.28%	9 551	99.64%
环境污染	4 681	—	3 532	−24.55%	5 879	66.45%
环境管理与处罚	3 290	—	3 576	8.69%	1 080	−69.80%
人力资本	21 403	—	24 305	13.56%	35 758	47.12%
产品责任	15 023	—	11 999	−20.13%	15 971	33.10%
供应链	11 186	—	9 745	−12.88%	15 295	56.95%
社会贡献	17 428	—	18 551	6.44%	34 086	83.74%
股东权益	1 457	—	0	−100.00%	0	0.00%
治理结构	3 842	—	4 591	19.50%	6 226	35.61%
信披质量	0	—	0	0.00%	0	0.00%
治理风险	0	—	0	0.00%	0	0.00%
外部处分	0	—	0	0.00%	0	0.00%
商业道德	6 213	—	9 240	48.72%	10 975	18.78%

商道融绿 ESG 评级体系共包含 12 个实质性议题,如表 1—11 所示,在“应对气候变化”“员工发展”“社区”和“商业道德”这 4 个实质性议题上披露的篇幅呈现持续上升的现象;“客户权益”和“合规管理”在 ESG 报告中未披露相关章节;其余 6 个实质性议题都呈现不同程度的波动。总体而言,2023 年较 2022 年大多数实质性议题的披露篇幅都有所提升,而 2022 年较 2021 年接近半数实质性议题的披露篇幅有所下降。

表 1—11　　丽珠集团在商道融绿实质性议题层面的篇幅

实质性议题	2021 年		2022 年		2023 年	
	字数	增长率	字数	增长率	字数	增长率
环境政策	3 290	—	3 576	8.69%	1 080	−69.80%

续表

实质性议题	2021年		2022年		2023年	
	字数	增长率	字数	增长率	字数	增长率
能源与资源消耗	6 109	—	3 943	−35.46%	8 557	117.02%
污染物排放	4 226	—	3 114	−26.31%	4 965	59.44%
应对气候变化	3 155	—	8 625	173.38%	16 087	86.52%
员工发展	21 403	—	24 305	13.56%	35 758	47.12%
供应链管理	11 186	—	9 745	−12.88%	15 295	56.95%
客户权益	0	—	0	0.00%	0	0.00%
产品管理	15 023	—	11 999	−20.13%	15 971	33.10%
社区	3 583	—	4 370	21.96%	6 187	41.58%
治理结构	5 299	—	4 591	−13.36%	4 288	−6.60%
商业道德	7 539	—	10 128	34.34%	13 511	33.40%
合规管理	0	—	0	0.00%	0	0.00%

(2)量化披露

目前,上海证券交易所、深圳证券交易所和北京证券交易所分别发布了《可持续发展报告指引(试行)》(征求意见稿)(下称《指引》),在《指引》中均含"量化"原则,即在报告中披露量化的绩效指标。在此将讨论不同评级机构实质性议题层面量化披露的变化,统计口径与前述一致,此处定量数据的统计均根据丽珠集团ESG报告手动整理。2021年,丽珠集团ESG报告中涉及议题层面的定量数据为729个;2022年,丽珠集团ESG报告中涉及议题层面的定量数据为457个;2023年,丽珠集团ESG报告中涉及议题层面的定量数据为674个。2022年披露的定量数据较2021年有较大的下降篇幅,2023年披露的定量数据较2022年有所回升。

①MSCI实质性议题层面

如表1—12所示,MSCI的实质性议题中,"人力资本开发""医疗保险服务可得性"和"治理维度"议题的定量数据逐年增加,其中"人力资本开发"和"医疗保险服务可得性"议题2023年的定量数据较2022年有显著的提升;"产品质量与安全"和"治理维度"议题的定量数据近年保持平稳;"有毒排放与废弃物"和"水资源短缺"议题的定量数据逐年减少,2022年的定量数据较2021年有显著的降低,2022年和2023年的定量数据趋于平稳。ESG报告中未披露"化学安全性"相关的章节。

表 1—12　　丽珠集团在 MSCI 实质性议题层面的量化披露

实质性议题	权重	2021年		2022年		2023年	
		定量数据	定量数据/字数	定量数据	定量数据/字数	定量数据	定量数据/字数
有毒排放与废弃物	9.0%	113	7.54%	34	2.06%	33	2.04%
水资源短缺	0.2%	42	1.40%	26	0.44%	29	0.37%
产品安全与质量	27.2%	109	7.12%	115	8.51%	113	7.21%
人力资本开发	18.2%	67	2.26%	82	2.34%	133	3.14%
医疗保健服务可得性	12.0%	33	1.36%	37	1.02%	108	1.94%
化学安全性	0.1%	0	0.00%	0	0.00%	0	0.00%
治理维度	33.4%	22	2.10%	26	1.70%	28	1.94%

②其他机构的实质性议题层面

其他机构实质性议题层面的量化披露的情况与 MSCI 类似,部分实质性议题的定量数据逐年增加,部分实质性议题的定量数据逐年减少,大多呈现不规律的波动,并未发现明显的偏向。其他机构实质性议题层面的量化披露具体如附录表 A.1 至表 A.4 所示。

(3)媒体管理

丽珠集团在公司媒体(如官网与公众号、新浪等媒体平台、公众口碑三方面)进行关于可持续发展的媒体管理。

首先,在公司媒体方面,丽珠集团 2023 年在公司官网开设专门的“可持续发展”板块,如图 1—6 所示,从环境、社会及管治报告,人力发展,商业道德,供应商,环境、职业健康与安全,公益慈善,ESG 评级及荣誉共 7 方面对企业可持续发展情况进行详细介绍;并在“投资者关系”板块披露了公司治理章程以及 ESG 报告等。此外,丽珠集团设置“丽珠医药”公众号,不定期发布在 ESG 方面的努力与最新动态。例如,2024 年 5 月 8 日,对丽珠集团获中国红十字会总会“特殊贡献奖”和“中国红十字博爱奖章”进行宣传;在世界地球日,丽珠集团组织参与“地球一小时”活动等。

图 1—6　丽珠集团官网可持续发展页面

其次，在新浪等媒体平台方面，新浪财经发布《中国ESG 500强医药生物企业榜单》，并介绍丽珠集团位列前五，还开展“ESG赋能中国好公司”系列活动，走进丽珠集团进行走访宣传。此外，《证券市场周刊》曾转载丽珠集团2022年ESG报告，并指出丽珠集团为行业发展做出了积极贡献。

最后，在公众口碑方面，由于丽珠集团并不直接面向消费者，对丽珠集团的评价多集中在财务表现与投资回报，有个体投资者将丽珠集团评价为优秀的大型综合医药公司。此外，有自媒体博主2021年、2022年连续两次通过参与股东大会调研丽珠集团，并指出丽珠集团的分红规模已经远超上市以来的融资规模，对丽珠集团给予好评。

2. ESG表现的变化

(1)ESG表现提升重点

2021年至2023年，丽珠集团整体ESG表现逐年提升，重点提升了“废弃物管理”“应对气候变化”“产品责任”“普惠健康”和“雇用”方面的表现，“ESG管治”“合规经营”“供应链”“社会贡献”等方面已有中等偏上的表现，这三年提升的幅度并不大。

①废弃物管理

有害废弃物处置是废弃物管理实践的重点之一，2021年和2022年丽珠集团没有披露相关有害废弃物的处置措施，在2023年的ESG报告中披露了为确保危险废弃物得到合法合规处置的相关措施。

废弃物管理的相关绩效也呈现逐年提升的现象，如表1－13所示。每百万元营收产生的有害废弃物总量逐年减少；每百万元营收废弃物回收利用总量在2021年没有披露，2023年较2022年大幅度提升；回收再利用的废弃物占比在2021年也没有披露，2023年较2022年大幅度提升，从9.88％提升至44.9％，提升了354％。

表1－13　　丽珠集团废弃物管理相关绩效

指标名称	指标单位	2021年	2022年	2023年
有害废弃物强度	吨/百万元营收	0.25	0.25	0.19
废弃物回收利用总量	吨/百万元营收	未披露	0.92	3.84
回收再利用的废弃物占比	％	未披露	9.88	44.9

数据来源：Wind数据库。

企业优化废弃物管理能够提高资源利用率，降低成本。丽珠集团逐年加强废弃物的回收与再利用，降低废弃物处理成本，同时更多利用再生资源，减少对原始资源的需求，也降低了原材料采购成本；此外，规范的废弃物处置可以减少环境污染和健康相关风险，从而降低相关的社会治理成本，有助于企业的可持续发展，也有助于保护环境和促进社会经济的健康发展。

②应对气候变化

2021年，丽珠集团按照气候相关财务信息披露工作组(TCFD)的建议进行气候变化影响的管理和披露。TCFD建议围绕气候相关风险和机遇对财务影响展开指引，并从治理、战略、风险管理、指标和目标四个模块提出了披露建议。但在2021年的ESG报告中,丽珠集团只考虑了气候变化的风险及其措施,并未识别气候变化的机遇和相关措施;此外,在对风险影响进行分析时,也没有重视气候风险的潜在财务影响。

在2022年与2023年,丽珠集团全面评估了自身业务所面临的气候变化风险和机遇,并具体分析了实体风险和转型风险潜在的财务影响,在此基础上制定并执行了应对实体气候风险和转型气候风险的具体行动方案。具体而言,实体风险可能会导致营业成本的增加,如电力等能源价格上涨,极端高温引致的电力短缺,高温天气带来的能耗上升,环保合规成本上升等;转型风险可能会使得销量或产出降低从而导致收入减少,如政府限电导致生产延误,台风及洪水等自然灾害导致运输受阻或停产,气温上升影响员工健康从而导致生产效率下降,无法获取生产所需的自然资源,气候变化导致生产的必要资源变成稀缺资源等。

丽珠集团识别其中财务风险并制定其应对措施,能够最大限度减少损失,对机遇的识别和应对也能增加未来在市场中获利的可能性,促进企业的可持续发展。目前,丽珠集团使用的能源仍为碳排放的主要来源。面对"能源替代"的新机遇,丽珠集团在各生产企业开展光伏发电项目建设,同时积极探索其他适用可行的清洁能源,更好地促进本集团达成减排目标;同时,在中国积极推进能源转型、构建新能源占比逐渐提高的新型电力系统的背景下,以及随着可再生能源的运营成本越来越有竞争力,丽珠集团建立清洁生产的激励机制,保障清洁生产持续有效,减少温室气体排放以增加未来在碳交易市场中获利的可能性。丽珠集团也积极关注市场上消费者偏好趋势,聚焦绿色低碳产品的开发,建设绿色制造体系,不仅能够满足消费者日益增长的环保需求、增强市场竞争力,还能开拓新的收入渠道,提升品牌形象。这种对环境友好的创新不仅有助于丽珠集团树立作为可持续发展和负责任企业的形象、吸引更多消费者和投资者的关注,还可以通过优化能源和资源的使用,来降低运营成本、提高效率和盈利能力。

此外,丽珠集团在2023年的气候风险管理中还开展了气候相关情景分析,以评估公司价值链各方面对气候情景的适应能力、气候相关风险和机遇的重要性以及向低碳未来过渡的潜在风险和机遇对公司的影响。

从2022年起,丽珠集团通过CDP气候变化问卷进行更为详细的对于"应对气候变化"的披露。CDP气候问卷受关注度较高,由16个模块组成,包括定性指标(治理、战略、风险和机遇)、定量指标(碳排放计算、碳排放核证、碳定价等)和不评分指标(供应链模块)组成。按照当年度CDP Climate Change评价等级赋值,满分为10分,2022年丽珠集团CDP表现为7分,2023年丽珠集团CDP表现为8分。[①]

③产品责任

近年来,丽珠集团持续关注产品注册和质量管理体系认证情况。如表1-14、表1-15

---

① 数据来源:妙盈数据库。

和表 1—16 所示，在丽珠集团制剂工作情况方面，产品国际注册的项目逐年增加，相对而言，国内注册的项目则逐年减少，国际认证情况与生产线 GMP（药品生产质量管理规范）符合性情况不断提高；在丽珠集团原料药工作情况方面，产品国际注册的项目逐年增加，国内注册的项目和国际认证情况基本保持不变，生产线 GMP 符合性情况则是不断提高；在丽珠体外诊断试剂工作情况方面，产品国际注册项目有所减少，而国内注册项目有所增加，国际认证情况不断提高，生产线 GMP 符合性情况保持不变。总体来说，丽珠集团非常重视产品注册、国家认证及 GMP 符合性情况，产品注册情况会因业务在国内或国外发展而有所侧重性调整，而国际认证情况和 GMP 符合性情况普遍呈现提升的趋势。

表 1—14　　丽珠集团制剂产品注册、国家认证及 GMP 符合性情况

项目		2021 年	2022 年	2023 年
国际注册		13	35	39
国内注册		440	146	152
国际认证	国际认证品种	1	1	3
	国际认证证书	2	2	3
生产线 GMP 符合性情况		39	43	52

数据来源：《丽珠医药集团股份有限公司环境、社会及管治报告 2021》，2022 年，第 80—81 页。

表 1—15　　丽珠集团原料药产品注册、国家认证及 GMP 符合性情况

项目		2021 年	2022 年	2023 年
国际注册		104	133	167
国内注册		59	56	58
国际认证	国际认证品种	17	14	14
	国际认证证书	49	21	27
生产线 GMP 符合性情况		42	54	74

数据来源：《丽珠医药集团股份有限公司环境、社会及管治报告 2022》，2023 年，第 90—91 页。

表 1—16　　丽珠集团体外诊断试剂产品注册、国家认证及 GMP 符合性情况

项目		2021 年	2022 年	2023 年
国际注册		37	23	27
国内注册		98	121	147
国际认证	国际认证品种	6	8	10
	国际认证证书	1	1	5
生产线 GMP 符合性情况		2	2	2

数据来源：《丽珠医药集团股份有限公司环境、社会及管治报告 2023》，2024 年，第 127—128 页。

此外,2023年,经过与日本富士瑞必欧的深度战略合作的推进与落地,丽珠试剂正式成为其全部颗粒凝集法系列产品的全球独家生产商,并通过了MDSAP、ISO13485等体系认证,具备了制造产品并向美国、日本、东南亚等国家和区域供应的资质要求。①

产品注册、国家认证及GMP符合性情况方面的提升,有助于企业提高产品和服务的质量水平,确保产品和服务符合市场需求和用户期望,从而增加用户的满意度和忠诚度;此外,高质量的产品和服务是企业赢得市场认可和客户信任的基础,能够显著增强企业的市场竞争力,在全球化商业背景下,质量认证成为企业拓展海外市场、参与国际竞争的重要通行证。

强化产品责任意识也同样要求企业加强内部管理,改进生产流程,优化资源利用效率。通过合理的资源配置和利用,企业能够最大化地减少资源浪费和能源消耗,实现资源的循环利用和最大化价值。

④普惠健康

在产品可及性方面,丽珠产品涵盖制剂、原料药和中间体以及诊断试剂及设备,覆盖了消化道、辅助生殖、精神及抗肿瘤等众多治疗领域,现已形成比较完善且多元化的产品集群。秉持将更多安全有效的产品惠及全球患者的理念,丽珠集团加速推进集团国际化发展,在境外新兴市场及发展中国家积极布局疫苗、专利药、仿制药及诊断试剂及设备等多类型产品的注册及销售。丽珠集团通过直接运营、授权合作、股权投资等方式拓展中国境外市场,业务现已遍及中国、欧美、拉美、澳大利亚、东南亚、东亚、中亚、西亚、南亚、中东及非洲等全球主要医药市场及新兴市场。

2023年,在拓展海外市场的同时,丽珠集团亦重点关注产品在弱势群体及特殊人群中的可及性,如妇女、儿童、老年人等。丽珠的现有产品覆盖肿瘤、自身免疫、生殖、传染病预防等领域,其中已上市产品注射用重组人绒促性素及在研产品重组人促卵泡激素注射液都属于辅助生殖产品,为女性不孕症患者带来了福音。此外,丽珠集团在新冠疫苗(包括二价疫苗)的临床研究中,尤其关注老年人等高风险人群的临床用药需求,并在试验设计中针对性地纳入相关群体,以获得更夯实的试验数据,证明产品的安全有效性,为高风险人群的疫苗接种提供更多的选择。

在产品可负担性方面,丽珠集团持续提升其产品在全球市场的可负担性,针对国家间和国内的市场分别制定公平定价政策。丽珠集团积极参与国内各层级开展的药品集中带量采购项目,2023年,累计15个品规中选,价格平均降幅为45.71%。公司积极响应国家医改政策,在药品招采准入过程中进一步降低药品价格,减轻患者经济负担和医保基金压力。

考虑到新兴市场和发展中国家的人民通常用药成本负担相对较高,丽珠集团在境外欠发达国家和地区进行产品推广时,会根据当地发展水平及市场情况制定合理、优惠的价格,并积极参与当地的政府投标,努力降低当地患者的用药负担。2021年,丽珠集团原料药和

① 《丽珠医药集团股份有限公司环境、社会及管治报告2023》,2024年,第94页。

制剂共有 16 款产品在南亚、东南亚、南美及非洲地区的销售过程中采用了与当地收入水平匹配的公平定价政策，于 2022 年增加至 25 款产品，2023 年增加至 27 款产品。

⑤雇用

从 2022 年起，丽珠集团开始重点关注困难员工帮扶，在员工工作生活的各方面给员工送温暖。同时在 2022 年和 2023 年，丽珠集团逐步并进一步重视集体谈判权、应对工作场所欺凌及骚扰的措施、劳工风险评估、生育福利等方面。此外，丽珠集团注重员工培训与发展，以"丽珠商学院"为核心平台，建设全方位和多元化的员工培训体系。并在 2022 年加大管理和领导力培训，培训总时长达 74 105 小时，100％覆盖全体员工，在参加管理和领导力发展培训的员工中，共有 507 位员工获得晋升（占全体员工的 6％）。

（2）机构实质性议题层面分析

①MSCI 实质性议题层面

MSCI 在"社会"和"环境"维度所关注的 6 个实质性议题中，有 4 个实质性议题与丽珠集团 ESG 表现提升重点相对应且权重较高，分别为"有毒排放与废弃物"，权重为 9.0％；"产品安全与质量"，权重为 27.2％；"人力资本开发"，权重为 18.2％；"医疗保健服务可得性"，权重为 12.0％，共计 66.4％。而未与之对应的实质性议题"水资源短缺"和"化学安全性"的权重仅为 0.2％和 0.1％。

②其他机构实质性议题层面

妙盈所关注的 15 个实质性议题中，与丽珠集团 ESG 表现提升重点相对应的议题有"废弃物""气候变化""员工参与度多样性"和"产品责任"，权重共计 25.60％，远低于 MSCI 所关注的议题权重（66.4％）；而未与之对应的在"社会"和"环境"维度的议题权重总和为 38.40％，远高于未与 MSCI 对应的议题权重（0.3％）。在 Wind 所关注的实质性议题中，与丽珠集团 ESG 表现提升重点相对应的议题有"废弃物""气候变化""产品与服务""医疗可及性"和"雇用"，权重共计 36.04％，同样远低于 MSCI 所关注的议题权重（66.4％）；而未与之对应的在"社会"和"环境"维度的议题权重总和为 30.07％，远高于未与 MSCI 对应的议题权重（0.3％）。华证和商道融绿所关注的实质性议题也有类似的情况。

3.策略性 ESG 表现提升

在前文的研究中，我们发现，丽珠集团的 ESG 评级似乎存在针对 MSCI 的偏向性提升，即丽珠集团重点针对 MSCI 所关注的实质性议题进行 ESG 方面的提升，而对于其他机构关注的其他实质性议题则并没有明显提升。MSCI 的评级结果对全球资本市场具有重要影响，海外企业，尤其是那些寻求国际融资或希望在国际市场上获得更高认可度的企业，更倾向于获得 MSCI 的评级，有助于提升其在国际投资者中的知名度和信誉。相比之下，妙盈、商道融绿等国内评级机构的评级覆盖范围主要集中在国内企业上，在海外市场的知名度和影响力仍有待提高。因此，丽珠集团为了应对境外业务的不断拓展，需要提升其在 MSCI 的评级结果，相对而言，国内其他评级机构的评级结果提升就会相对弱化。为了验证这一猜想,我们以 MSCI、妙盈和商道融绿为例分析。

MSCI 所不关注的 21 项实质性议题中,"电子废弃物""产品碳足迹"等半数实质性议题丽珠集团都未进行相关的 ESG 披露(完整表格见附录表 A.5),只有"气候变化脆弱性""生物多样性和土地利用""原材料采购"和"劳工管理"这 4 个议题的定量数据的披露篇幅呈现持续上升的趋势,其余议题都有不同程度的波动。此外,在 ESG 表现方面,2021 年至 2023 年丽珠集团 ESG 表现提升重点中,仅"应对气候变化"这一实质性议题为 MSCI 所不关注的实质性议题,其余半数 MSCI 不关注的议题丽珠集团 ESG 报告中都未披露,并且披露的部分议题,如"原材料采购""社区关系"等在这三年中 ESG 表现提升的幅度并不大。

MSCI 所不关注的 21 项实质性议题中,表 1—17 所列的 9 项议题是妙盈所关注的丽珠集团的实质性议题。在 ESG 披露层面,只有"气候变化脆弱性"和"劳工管理"的披露篇幅呈现持续上升的趋势;在 ESG 表现层面,也只有"气候变化脆弱性"和"包装材料和废弃物"这两个议题的内容是 2021 年至 2023 年丽珠集团 ESG 表现的提升重点。我们可以明显看出,丽珠集团并未重点注意妙盈关注但 MSCI 所不关注的议题,在这些议题中,无论是 ESG 披露层面,还是 ESG 表现方面都没有重点提升。

表 1—17　　MSCI 不关注但妙盈关注的实质性议题

其他实质性议题	2021 年		2022 年		2023 年	
	定量数据	字数	定量数据	字数	定量数据	字数
碳排放	4	/	4	/	4	/
气候变化脆弱性	0	3 155	0	8 625	0	16 087
原材料采购	21	11 186	23	9 745	56	15 295
包装材料和废弃物	16	644	6	484	4	723
可再生能源机遇	133	4 181	27	1 428	59	4 815
健康与安全	48	8 292	13	4 428	16	6 474
劳工管理	27	3 380	20	6 144	35	9 164
隐私与数据安全	1	1 236	0	869	2	2 236
社区关系	50	2 855	34	2 769	51	3 700

表 1—18 所列的 8 项议题是商道融绿所关注的丽珠集团的实质性议题,与表 1—17 不同的是,商道融绿也未关注"隐私与数据安全"这一议题,其余均保持一致。因此,在 ESG 披露层面,同样只有"气候变化脆弱性"和"劳工管理"的披露篇幅呈现持续上升的趋势;在 ESG 表现层面,也只有"气候变化脆弱性"和"包装材料和废弃物"这两个议题的内容是 2021 年至 2023 年丽珠集团 ESG 表现的提升重点。丽珠集团对于 MSCI 所关注的议题大多进行了重点关注及提升,而对于 MSCI 不关注但其他国内评级机构重点关注的实质性议题则并未有所侧重。因而我们推断,丽珠集团的 ESG 评级存在针对 MSCI 的偏向性提升。

表 1—18 MSCI 不关注但商道融绿关注的实质性议题

其他实质性议题	2021 年		2022 年		2023 年	
	定量数据	字数	定量数据	字数	定量数据	字数
碳排放	4	/	4	/	4	/
气候变化脆弱性	0	3 155	0	8 625	0	16 087
原材料采购	21	11 186	23	9 745	56	15 295
包装材料和废弃物	16	644	6	484	4	723
可再生能源机遇	133	4 181	27	1 428	59	4 815
健康与安全	48	8 292	13	4 428	16	6 474
劳工管理	27	3 380	20	6 144	35	9 164
社区关系	50	2 855	34	2 769	51	3 700

(三)财务视角下丽珠集团的可持续发展

1. 财务重要性

重要性评估是确定可持续发展报告中应披露的议题以及与这些议题相关的影响、风险与机遇的起点，对 ESG 评级中实质性议题的设置同样具有重要意义。虽然当前不同司法管辖区(如欧盟、美国、中国)发布的可持续发展信息披露监管要求，以及国际上普遍采用的 GRI 标准、ISSB 标准采取的重要性原则存在一定差异，但均强调财务重要性原则，具体如表 1—19 所示。财务重要性是指与企业有关的可持续议题引发或合理预期会对企业产生重大的财务影响，如某项可持续议题产生的风险或机遇，会在短期、中期或长期对企业发展、财务状况、现金流、融资能力等有重大影响或可能产生重大影响，则该议题将被认为具有财务重要性。

表 1—19 不同组织对重要性原则的界定

时间	组织	标准	重要性原则
2019 年	欧盟	《气候相关信息报告指南》《公司可持续发展报告指令》(CSRD)	财务重要性和影响重要性
2021 年	GRI	《双重重要性：概念、应用与议题》《GRI 可持续发展报告标准》(2021 版)	财务重要性和影响重要性
2023 年	ISSB	《国际财务报告可持续披露准则第 1 号——可持续相关财务信息披露一般要求》	财务重要性
2024 年	上交所、深交所、北交所	《可持续发展报告指引(试行)》(征求意见稿)	财务重要性和影响重要性
2024 年	美国证券交易委员会	《气候信息披露最终规则》	财务重要性

2019 年，欧盟在《气候相关信息披露补充》文件中提出了双重实质性(Double Materiality)的概念。一方面,气候变化对企业产生影响,因此影响财务绩效,具有财务的实质性;另一方面,企业活动也会影响气候,所以具有环境和社会的实质性。2023年欧盟实施的《企业可持续发展报告指令》(CSRD)同样纳入了双重实质性的概念。

2021年5月31日,全球报告倡议组织(Global Reporting Initiative,GRI)在官网发布了《双重重要性:概念、应用与议题》,引入了"双重重要性"的概念,并在《GRI可持续发展报告标准》(2021版)中对其进行了明确。GRI用一个经典的矩阵图来解析双重实质性,如图1—7所示,横坐标是某议题(即图中的圆点)对经济、环境和社会的影响大小,纵坐标是某议题对利益相关方评估和决策的影响大小。越靠右上角,议题就越具有实质性。企业可以运用这个矩阵图识别实质性议题,纳入可持续发展报告。

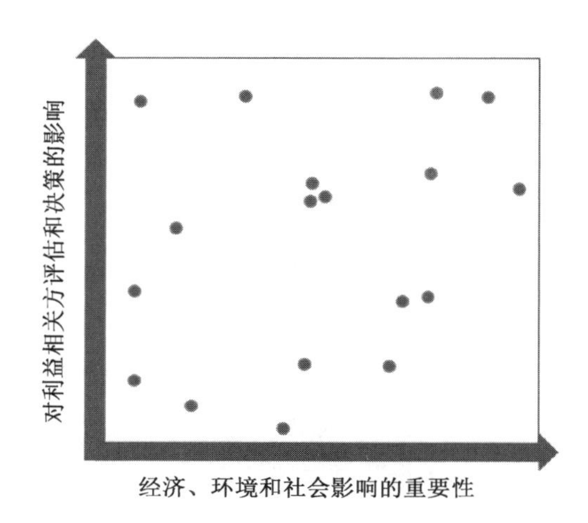

图1—7 GRI对议题实质性的解析

2024年2月,沪、深、北三大交易所同步发布了《可持续发展报告指引(试行)》(征求意见稿),明确提出了双重重要性原则。《可持续发展报告指引(试行)》(征求意见稿)指出:披露主体应当结合自身所处行业和经营业务的特点,在本指引设置的议题中识别每个议题是否对企业价值产生较大影响(简称"财务重要性"),以及企业在相应议题的表现是否会对经济、社会和环境产生重大影响(以下简称"影响重要性"),并说明分析议题重要性的过程。

与双重实质性原则相对的是单重实质性,即仅考虑财务重要性。2023年6月26日,国际可持续准则理事会(ISSB)正式发布了首批两份国际财务报告可持续披露准则的终稿。ISSB准则主要强调财务重要性原则,将"财务"与"可持续"进行了关联。ISSB准则S1(《国际财务报告可持续披露准则第1号——可持续相关财务信息披露一般要求》)对可持续相关财务信息进行了定义,即一种特殊形式的通用目的财务报告提供的有关报告实体的可持续相关风险和机遇的信息,可以合理地预期影响实体的现金流,短期、中期或长期获得融资或资本成本,包括实体对这些风险和机遇的相关治理、战略和风险管理以及指标和目标的信息。ISSB认为报告的使用者是财务报告主要使用者,具体来讲,是投资者和分析师根据报告信息评估企业价值。因此，可持续发展的相关信息需要有助于财务报告主要使用者评估企业价值和做出是否向主体提供资源的决策。

2024 年 3 月，美国证券交易委员会（SEC）发布《气候信息披露最终规则》，同样考虑财务重要性原则，要求上市公司披露已经或者很可能对上市公司业务战略、经营业绩和财务状况产生重大影响的气候相关风险，包括短期（12 个月内）和长期（超过 12 个月）。

ESG 的财务重要性描述的是对企业价值创造具有重要性意义的 ESG 因素，其信息可以帮助投资者等资本提供者提高投资能力。ESG 财务重要性特征是连接 ESG 底层数据与 ESG 评级应用场景的重要桥梁，是 ESG 评级服务于投资研究的重要理论基础。评级机构需要以 ESG 财务重要性特征为核心框架，对 ESG 底层指标数据进行筛选，基于具有重要财务影响的 ESG 数据集合来衡量被评主体的 ESG 表现。财务信息与具有财务重要性的 ESG 信息组合，可以帮助投资者更全面地评估资产价值。ESG 财务重要性特征在评级活动中的应用也可以减少被评主体通过过度披露非重要 ESG 信息进行"漂绿"的影响，因为重要性判断过程只关注对财务有重大影响的 ESG 信息。① 本文将从财务重要性的角度出发，以财务指标为例，探究丽珠集团的 ESG 表现如何影响其财务状况。

2. ESG 与财务表现对可持续发展的影响

由前文可知，丽珠集团提升了自身的 ESG 评级，但这是否代表丽珠集团提升了可持续发展水平？接下来，将从企业财务状况出发，对这一问题进行分析。

资产收益率是净利润与股东权益之比，反映了股东权益的收益水平，同时也是衡量公司盈利能力和经营成果的重要指标。由图 1—8 可知，丽珠集团自 2019 年至 2023 年的资产收益率（ROE）呈现稳定上升趋势，从 2019 年的 11.0%增加至 2023 年的 13.5%，与 ESG 评级的变化趋势一致。此外，丽珠集团在制药行业的 ESG 评级处于行业领先水平，在 MSCI 评级体系中与药明生物同为最高 AAA 级，在 Wind 与妙盈评级体系中排名均为行业前列，而丽珠集团的资产收益率同样远高于行业平均水平，与 ESG 评级的行业排名相吻合。并且，资产收益率的稳步提升，反映了企业良好的经营状况，有利于促进丽珠集团可持续发展。

在"普惠健康"实质性议题方面，2022 年丽珠集团扩大了产品覆盖范围、满足特定人群需要。扩大产品覆盖范围、满足特定人群需要有助于拓展公司业务板块，实现公司业务的多元化发展。根据 2023 年度财务报告，丽珠集团主营业务除了化学制剂产品、中药制剂产品、原料药及中间体产品、生物制品、诊断试剂及设备产品五大主要板块之外，新增其他业务。如图 1—9 所示，2022 年其他业务板块创收 107 185 890.58 元，2023 年增长至 118 120 224.43 元，增长率达 10.2%。由此可知，随着 ESG 评级的提升，丽珠集团增加了其他业务板块的规模，扩大了产品覆盖范围，提升企业多元化发展的能力，有利于企业的可持续发展。

---

① 资料来源：《中金 ESG 评级：总览》（https://mp.weixin.qq.com/s/wPvD4V_tEpfJS1AWzdIu9Q）。

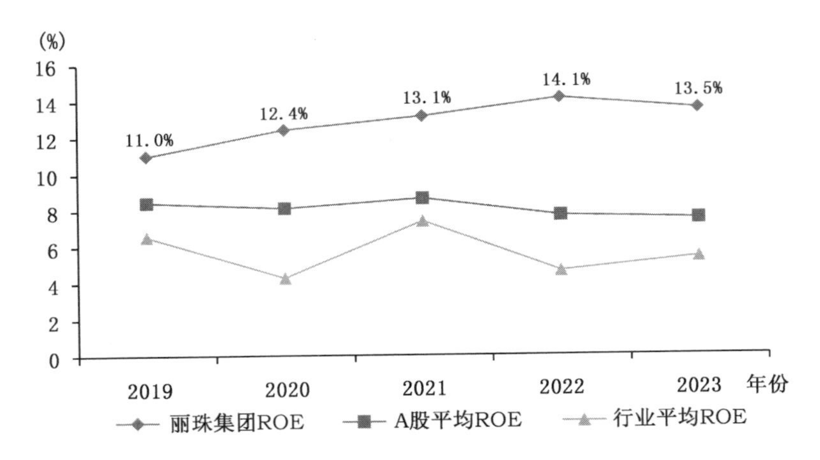

数据来源:Wind 数据库。

图 1—8 2019—2023 年丽珠集团及行业平均 ROE

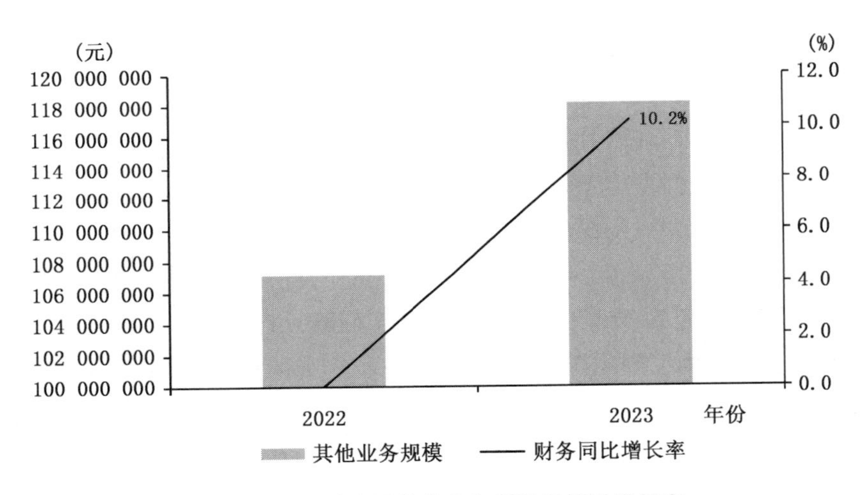

图 1—9 丽珠集团其他业务板块规模及增长率

在“雇用”实质性议题方面,丽珠集团为员工提供了全方位多维度的培训,包括通用类培训(比如商业道德、负责任营销、数据安全和隐私保护、多元化、管理类、领导力等),针对具体岗位的专业技能培训(比如生产、研发、EHS 等岗位),以及针对不同级别员工的培训(比如应届毕业生、新员工、初级管理层、中级管理层及高级管理层等),为研发人员提供了包括项目重大技术及研发思路、药物研发的理论和原理、科研的思维方式、项目计划制定等培训内容。丽珠集团支持所有全职员工在工作之余考取岗位相关的学位及专业资质,并协助员工申报相关特定资质或国家职称认定,同时亦鼓励兼职员工及合约人员提升学历与资质。一系列的员工培训,有助于增强丽珠集团员工的工作能力,提高工作效率,从而助力公司绩效提升。

但是由图 1—10 可知，丽珠集团的人力资本回报率自 2020 年至 2022 年呈现下降趋势，在 2023 年有所回升。主要是因为 2020 年新冠疫情，丽珠集团的营业收入得到较大提升，因此人力资本回报率提升较多，随着疫情红利的消失，丽珠集团的营业收入增幅减弱，人力资本回报率同样呈现下降趋势。此外，随着近几年丽珠集团更加注重员工发展，在员工培训方面投入的成本增加，从而导致人力成本上升，然而员工培训的利好影响具有一定的滞后性，很难在当年直接反映在公司营收上。综合以上两方面的因素，丽珠集团的人力资本回报率在 2020 年至 2022 年逐年下降，然而 2023 年在丽珠集团营收下降的情况下，人力资本回报率仍有所提升，可能由于前期员工发展与培训的利好影响逐渐显现。综合以上分析，丽珠集团注重员工培训与发展，并付诸了实际行动，但是由于疫情等其他因素以及利好影响的滞后性，并没有完全体现在财务指标中，随着疫情影响的减弱以及利好影响的显现，丽珠集团的人力资本回报率有所回升。

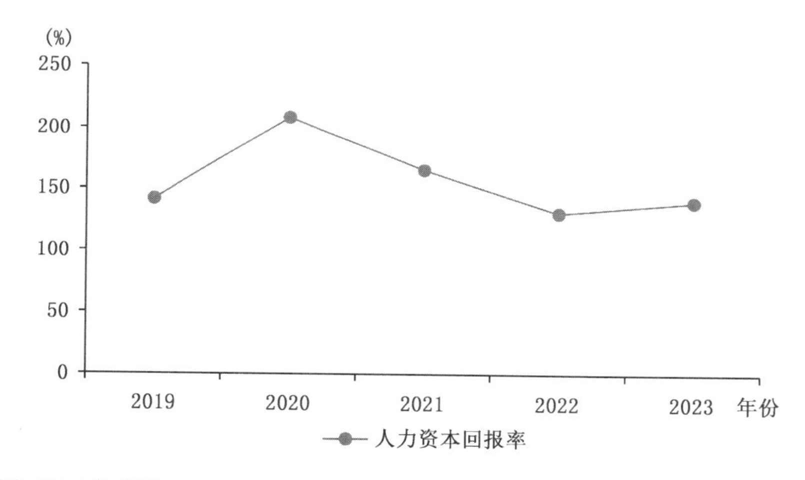

数据来源：Wind 数据库。

图 1—10　2019—2023 年丽珠集团人力资本回报率

对于“废弃物管理”和“产品责任”实质性议题，一方面，企业优化废弃物管理能够提高资源利用率，降低产品的成本；另一方面，企业产品质量认证增加能够提升产品质量，从而增加丽珠集团的销售收入。综合以上两方面的影响，有利于丽珠集团降低成本、增加销售额，从而提升销售的毛利率。但是，如图 1—11 所示，丽珠集团的销售毛利率于 2020 年有所提升，但是自 2020 年至 2023 年呈下降趋势，在 2024 年一季度有所回升，与 ESG 评级提升的预期影响存在不一致。仅从“废弃物管理”和“产品责任”议题来看，并没有很好地提升丽珠集团的可持续发展能力，这可能同样由新冠疫情影响所导致。随着疫情影响的消失，未来此议题对丽珠集团可持续发展的影响仍有待探究。

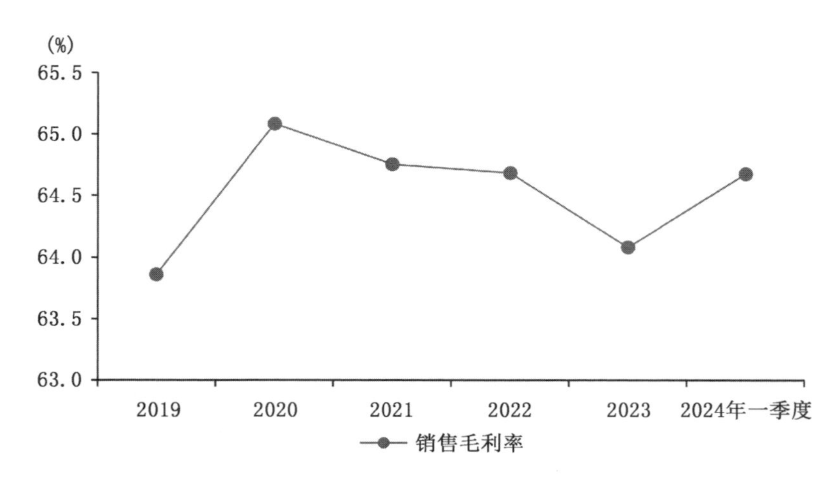

数据来源:Wind数据。

图1—11 2019—2024年丽珠集团销售毛利率

(四)结论

作为A股上市公司中唯一一家MSCI评分“AAA”级企业,制药行业ESG的“领头羊”,同时又是MSCI评级的“进步之星”,丽珠集团开展的ESG行动布局不仅仅是为了企业“走出去”而特意量身定做的表面工作,而是充分理解借鉴国内外上市公司具体议题的最佳实践案例,真正实现内部ESG表现的全方面升级,从而助力公司长期可持续发展;不仅仅局限于如何完成企业的ESG报告,而是通过具体的ESG实践,切实助力公司自身整体价值和长期市场竞争力的提升。

同时,在研究中我们也发现,丽珠集团积极参与国际化、具有代表性的国际权威指数公司MSCI的ESG评级,偏向性提升MSCI的ESG评级。具体表现为,在ESG披露层面偏向于提升MSCI所关注实质性议题的篇幅,但披露量化数据并未有显著提升;而丽珠集团并未偏向于提升其他机构所关注的实质性议题的篇幅和量化数据。丽珠集团在ESG实践层面,重点提升了MSCI所关注实质性议题的表现,而对于大多数其他机构关注的其他实质性议题和MSCI未关注的实质性议题的ESG表现则没有明显侧重性提升。

尽管丽珠集团的ESG评级呈现一定的偏向性,但企业越来越重视公司长期的可持续发展。在2021年至2023年这三年间,丽珠集团具体对“废弃物管理”“应对气候变化”“产品责任”“普惠健康”和“雇用”方面都进行了很大程度的提升。从财务角度来看,丽珠集团的资产收益率高于行业平均水平并稳步提升,反映了企业良好的经营状况。“普惠健康”增加了其他业务板块的规模,扩大了产品覆盖范围,提升企业多元化发展的能力。但“雇用”“废弃物管理”“产品责任”方面的努力目前并没有很好地体现在财务指标中,可能由新冠疫情以及影响的滞后性所导致,有待后续进一步探究。

MSCI 作为国际机构的评级，具体参考了国际的数据指标，与国内具体实践层面上存在一定的差异。未来，丽珠集团 ESG 下一步的改善方向，将可能深入融合国内 ESG 所涉及的特色议题，例如，在共同富裕的角度上，让员工享受多层次的激励政策，不断完善内部管理和长期激励体系。我们也期待看到丽珠集团 ESG 的进一步发展。

思考题

1. 丽珠集团为何要提升自身 ESG 评级？企业提升 ESG 评级还可能出于什么原因？

2. 丽珠集团如何提升 ESG 评级？是实质性提升还是表面工作？如果只是“表面功夫”的 ESG 评级提升会带来什么问题？

3. 丽珠集团是否存在偏向性提升？请说明你的观点和理由。

4. 丽珠集团提升 ESG 评级带来了什么影响？是否真的提升了可持续发展水平？还可以从哪些角度判断 ESG 评级提升对可持续发展水平的影响？

参考文献

[1]白瑞瑛. 长虹美菱股份有限公司盈利管理研究[J]. 老字号品牌营销，2024(10)：103－105.

[2]胡智韬. 基于员工长期发展的企业培训模式研究[J]. 人才资源开发，2015(2)：162－163.

[3]黄恩，徐晋，李梦影，等. 多元化发展对企业财务风险影响的实证研究[J]. 现代商业，2024(5)：173－176.

[4]张可扬. 上市企业盈利能力研究——以老凤祥为例[J]. 商场现代化，2022(7)：186－188.

[5]张鹏. 培训体系如何助力绩效提升[J]. 人力资源，2020(10)：82－83.

[6]朱佳. 企业成本结构对毛利率的影响研究[J]. 环渤海经济瞭望，2024(2)：164－166.

附录

表 A.1　　丽珠集团在妙盈实质性议题层面的量化披露

实质性议题	权重	2021年		2022年		2023年	
		定量数据	定量数据/字数	定量数据	定量数据/字数	定量数据	定量数据/字数
环境管理	6.40%	35	3.79%	41	4.82%	34	7.34%
污染物	3.20%	75	4.43%	18	1.19%	19	1.58%
废弃物	3.20%	38	3.11%	16	0.87%	14	0.46%
物料消耗	0.64%	19	2.48%	9	1.24%	7	0.55%
水资源	3.20%	42	1.40%	26	0.44%	29	0.37%
能源消耗	6.40%	137	3.18%	31	1.89%	63	1.23%
温室气体排放	3.20%	4	/	4	/	4	/
气候变化	3.20%	0	0.00%	0	0.00%	0	0.00%
员工参与度多样性	9.60%	78	2.24%	82	1.19%	138	2.20%
产品责任	9.60%	212	11.36%	180	10.45%	244	9.57%
劳工管理	4.80%	16	1.58%	20	1.65%	30	1.53%
社区影响	4.80%	62	2.85%	42	1.47%	59	1.49%
供应商管理	4.80%	30	0.82%	32	1.83%	65	2.57%
职业健康与安全	0.96%	51	0.58%	16	0.29%	19	0.25%
商业道德	14.40%	13	1.16%	21	1.03%	22	1.19%
风险管理	7.20%	1	0.10%	1	0.11%	2	0.21%
ESG治理	7.20%	0	0.00%	0	0.00%	0	0.00%
公司治理信息	7.20%	4	0.56%	4	0.57%	4	0.54%

注:温室气体排放议题仅在ESG报告附录中披露了指标数据。

表 A.2　　丽珠集团在 Wind 实质性议题层面的量化披露

实质性议题	权重	2021年		2022年		2023年	
		定量数据	定量数据/字数	定量数据	定量数据/字数	定量数据	定量数据/字数
废弃物	8.35%	38	3.11%	16	0.87%	14	0.46%
废水	4.77%	20	1.99%	6	0.71%	5	0.46%
废气	4.30%	55	2.44%	12	0.48%	11	0.30%
气候变化	3.34%	4	0.00%	4	0.00%	4	0.00%
产品与服务	9.31%	104	7.12%	110	8.51%	108	7.21%

续表

实质性议题	权重	2021 年		2022 年		2023 年	
		定量数据	定量数据/字数	定量数据	定量数据/字数	定量数据	定量数据/字数
医疗可及性	9.31%	33	1.36%	37	1.02%	108	1.94%
客户	8.83%	3	0.05%	9	0.24%	7	0.11%
研发与创新	6.68%	72	2.80%	31	0.91%	24	0.33%
雇用	5.73%	66	3.33%	68	2.50%	109	3.13%
发展与培训	5.49%	28	0.50%	34	0.34%	59	0.60%
反贪污腐败	6.44%	12	1.11%	14	0.79%	17	1.08%
审计	5.97%	0	0.00%	0	0.00%	0	0.00%
董监高	5.73%	4	0.56%	4	0.57%	4	0.54%
股权及股东	5.01%	4	0.27%	0	0.00%	0	0.00%
反垄断与公平竞争	4.77%	0	0.00%	0	0.00%	0	0.00%
ESG 治理	3.10%	1	0.10%	1	0.11%	2	0.21%
税务	2.86%	0	0.00%	0	0.00%	0	0.00%

表 A.3　　丽珠集团在华证实质性议题层面的量化披露

实质性议题	2021 年		2022 年		2023 年	
	定量数据	定量数据/字数	定量数据	定量数据/字数	定量数据	定量数据/字数
气候变化	4	0.00%	4	0.00%	4	0.00%
资源利用	62	3.95%	38	1.85%	47	1.14%
环境污染	118	8.64%	35	2.30%	34	2.15%
环境管理与处罚	35	3.79%	41	4.82%	34	7.34%
人力资本	145	4.41%	118	3.13%	187	3.97%
产品责任	106	7.12%	112	8.51%	110	7.21%
供应链	30	0.82%	32	1.83%	65	2.57%
社会贡献	138	4.10%	109	3.16%	190	3.65%
股东权益	4	0.27%	0	0.00%	0	0.00%
治理结构	5	0.67%	5	0.67%	6	0.75%
信披质量	0	0.00%	0	0.00%	0	0.00%
治理风险	0	0.00%	0	0.00%	0	0.00%
外部处分	0	0.00%	0	0.00%	0	0.00%
商业道德	13	1.16%	21	1.03%	22	1.19%

表 A.4　　丽珠集团在商道融绿实质性议题层面的量化披露

实质性议题	2021年		2022年		2023年	
	定量数据	定量数据/字数	定量数据	定量数据/字数	定量数据	定量数据/字数
环境政策	39	3.79%	45	4.82%	38	7.34%
能源与资源消耗	179	4.58%	57	2.33%	92	1.60%
污染物排放	113	7.54%	34	2.06%	33	2.04%
应对气候变化	0	0.00%	0	0.00%	0	0.00%
员工发展	145	4.41%	118	3.13%	187	3.97%
供应链管理	30	0.82%	32	1.83%	65	2.57%
客户权益	0	0.00%	0	0.00%	0	0.00%
产品管理	106	7.12%	112	8.51%	110	7.21%
社区	57	1.75%	41	1.23%	65	1.66%
治理结构	9	0.94%	5	0.67%	6	0.75%
商业道德	37	2.97%	21	1.03%	22	1.19%
合规管理	0	0.00%	0	0.00%	0	0.00%

表 A.5　　MSCI 其他实质性议题的 ESG 披露

其他实质性议题	2021年		2022年		2023年	
	定量数据	字数	定量数据	字数	定量数据	字数
碳排放	4	/	4	/	4	/
气候变化脆弱性	0	3 155	0	8 625	0	16 087
影响环境的融资	0	0	0	0	0	0
产品碳足迹	0	0	0	0	0	0
生物多样性和土地利用	1	1 507	3	1 785	11	5 086
原材料采购	21	11 186	23	9 745	56	15 295
电子废弃物	0	0	0	0	0	0
包装材料和废弃物	16	644	6	484	4	723
清洁技术机遇	0	0	0	0	0	0
绿色建筑机遇	0	0	0	0	0	0
可再生能源机遇	133	4 181	27	1 428	59	4 815
健康与安全	48	8 292	13	4 428	16	6 474
劳工管理	27	3 380	20	6 144	35	9 164

续表

其他实质性议题	2021 年		2022 年		2023 年	
	定量数据	字数	定量数据	字数	定量数据	字数
供应链劳工标准	0	0	0	0	0	0
消费者金融保护	0	0	0	0	0	0
隐私与数据安全	1	1 236	0	869	2	2 236
负责任投资	0	0	0	0	0	0
社区关系	50	2 855	34	2 769	51	3 700
争议性采购	0	0	0	0	0	0
融资可得性	0	0	0	0	0	0
营养和健康领域的机会	0	0	0	0	0	0

二、从“大音希声”到“上市梦碎”

——SHEIN 赴美上市失败原因分析及发展规划[①]

内容提要 SHEIN，作为中国跨境电商的佼佼者，以快时尚模式和高效供应链迅速占领全球市场。然而，其在赴美上市过程中遭遇了 ESG(环境、社会和治理)方面的严峻挑战，最终导致上市失败。

具体而言，SHEIN 的“小单快返”柔性供应链模式，虽然带来了极致的快速响应能力和高性价比产品，但这种模式也隐藏着巨大的风险。供应链的复杂性增加了 SHEIN 的管理难度。随着业务规模的扩大，SHEIN 需要管理数以千计的供应商，而这些供应商分布在不同的地区和行业，其管理水平和生产能力参差不齐。SHEIN 在供应链管理上的不足，使得其难以保证产品质量和供应链的稳定性，进而影响了企业的可持续发展能力。

案例分析表明，SHEIN 在 ESG 管理方面存在显著不足，主要体现在劳工权益保护、供应链管理和环保问题上。劳工方面，SHEIN 部分工厂存在超负荷工作、无劳动合同及社会保险等问题，严重违反劳动法，引发社会质疑。供应链上，SHEIN 宣称的高效协同系统并未完全落实，违规供应商比例超过三成，暴露出供应链管理不善。环保方面，SHEIN 的“绿色营销”被指为“漂绿”，实际环保行动与宣传不符，如新品废弃库存处理不透明，回收计划应用狭窄等。

与行业对比中，SHEIN 在快时尚出海领域虽有一定优势，但在 ESG 管理上的短板明显。相比之下，其他出海品牌(如 TEMU、SHOPEE 等)在 ESG 实践中或有更完善的机制。SHEIN 的失败案例揭示了快时尚行业在 ESG 管理上的普遍问题，即理解薄弱、行动力不足。

案例建议 SHEIN 加强 ESG 管理，提升劳工权益保护，优化供应链管理，加大环保投入，以重建投资者和社会信任。同时，为中国服装快消行业和国际金融的绿色可持续发展提供了警示和借鉴。

---

① 指导教师：胡波(中国人民大学)；学生作者：钟文博(同济大学)、刘汀滢(纽约大学)、朱诺亚(同济大学)、钟遨楠(暨南大学)、刘晋楷(暨南大学)。

案例介绍

进入21世纪，中国加入世界贸易组织（WTO）后，开始更多地融入全球经济体系，环境信息披露标准逐步与国际接轨。2003年，中国证监会明确了上市公司环境保护信息披露的具体要求。随着可持续发展和企业社会责任（CSR）理念的普及，ESG成为评价企业表现的重要指标。2012年，中国证监会发布了《上市公司社会责任报告编报指引》，鼓励上市公司披露社会责任报告，其中重点提及了环保信息。无论是2016年开始的“十三五”规划，还是2021年提出的“双碳”目标，都要求企业加速环保信息的披露（见图2—1）。[①]

2001 加入WTO后，环保信息披露标准与国际接轨
2003 证监会明确上市公司环保信息披露要求
2012 鼓励上市公司披露社会责任报告
2016 “十三五”规划期间，政府要求强化环保信息披露要求
2021 提出“双碳”目标，加速环保信息披露

图2—1 中国ESG概念发展时间轴

随着经济全球化的发展，中国企业越来越多地参考全球报告倡议组织（GRI）、气候相关财务信息披露工作组（TCFD）等国际组织的标准进行环保信息披露，企业有无ESG相关报告逐渐成为判断其是否具有社会责任与可持续发展潜力的重要指标。

为了营造良好的社会形象从而吸引更多投资，国内外不少企业都出现了“漂绿”的现象，具体表现为在年报与社会责任报告中只披露正面信息且出现与自身ESG披露相违背的行为。“漂绿”（Greenwashing）一词源于“绿色”（green，象征环保）和“漂白”（whitewash）的合成，是指企业为了提升自身的环保形象，通过虚假宣传、误导性的信息披露或夸大其环保行为和成果，而实际上并未采取足够或有效的环保措施的行为。这种行为可能会误导消费者、投资者和监管机构，对企业的社会责任和可持续发展目标产生负面影响。[②] 这实质上是一种虚假的环保宣传，旨在误导公众对其环保形象的认知。《南方周末》杂志于2009年开始发布“中国漂绿榜”，标志着“漂绿”概念正式进入中国大众视野，我国有志于上市的企业开始重视社会责任报告与环保相关信息的披露。

SHEIN是一家成立于2008年的中国跨境电子商务企业，主要从事服装、饰品、箱包等线上零售快时尚服务。在全球疫情推动下，SHEIN业务迅速扩张，覆盖超过220个国家或地区，2021年营业收入超过1 000亿元人民币。然而，在赴美上市过程中，SHEIN遭遇了ESG方面的质疑。报告显示，SHEIN的劳工权益保护不足，供应链中存在违规现象，且环保措施的实际

① Chen, S., Han, X., et al. ESG Investment in China: Doing Well by Doing good. Pac-Basin Financ, 2023: 77, p. 101907.

② 王晨. SHEIN：DTC快时尚品牌的海外营销之路[J]. 国际品牌观察，2024(Z2)：52—58.

效果与宣传不符。这些问题引起了社会的广泛关注和质疑,最终导致其上市失败。

SHEIN总部位于南京,其主要业务是为跨境C端消费者提供服装、饰品、箱包等线上零售快时尚服务。在欧美、中东、印度、东南亚等地区,SHEIN以其快时尚模式、高性价比的产品和敏捷的市场反应迅速占领市场。①② 2020年,由于全球疫情的影响,国内外线上购物需求大幅增加,SHEIN作为一家跨境电商平台迎来了发展的黄金期(见图2—2)。

资料来源:News Reports。

图2—2　SHEIN近十年的收入发展数据

SHEIN为了把握跨境电商的发展蓝海,筹集更多资金以提高企业盈利与竞争力,从2020年到2022年4月完成了F轮融资,其估值增长至大约1 000亿美元,获得了国际资本市场的高度评价。如此高速的估值膨胀使得SHEIN在全球独角兽初创公司排行榜中,仅次于字节跳动和SpaceX,位列第三,树立了极高的国际地位(见图2—3)。

披露日期	融资金额	融资轮次	投资方	估值	股权比例
2023-05-18	20亿美元	G+轮	红杉中国、泛大西洋投资、穆巴达拉	660亿美元	3.03%
2023-02-24	未披露	G轮	穆巴达拉、泛大西洋投资、Coatue Management、DST Global、红杉中国、老虎环球基金	/	/
2022-04-07	超10亿美元	F轮	泛大西洋投资、老虎环球基金、红杉中国、Coatue Management、博裕资本	1 000亿美元	/
2020-08-04	数亿美元	E轮	未披露	150亿美元	/
2019-05-02	5亿美元	D轮	红杉中国、老虎环球基金	50亿美元	10%
2018-07-03	数亿美元	C轮	红杉中国、顺为资本	25亿美元	/
2016-06-21	未披露	B+轮	嘉远资本	/	/
2015-06-05	3亿元人民币	B轮	IDG资本、景林投资	15亿元人民币	20%
2013-09-04	500万美元	A轮	集富亚洲	/	/

资料来源:《上海证券报》。

图2—3　SHEIN近十年的融资估值发展

① SHEIN. 2021年可持续性与社会影响力报告[R]. 2022.

② 叶萍,安琪. 中国快时尚服饰品牌跨境电商供应链管理分析及优化策略——以SHEIN为例[J]. 西部皮革,2023,45(10):15—17,75.

(一)SHEIN ESG 的成果

SHEIN 在可持续发展方面也取得了一系列成果。SHEIN 的三个战略支柱:PEOPLE(公平赋权)、PLANET(集体复原力)和 PROCESS(无浪费创新)。

1. PEOPLE(公平赋权)板块

(1)女性员工比例:55%

(2)高级管理层中的女性比例:40%

(3)全球范围内的员工数量:超过 11 000 名

(4)通过 SHEIN X 项目支持的设计师和艺术家数量:近 3 000 名,来自 20 多个国家

2. PLANET(集体复原力)板块

(1)加入 Textile Exchange 和 CanopyStyle 承诺,目标在 2025 年之前停止使用关键森林的纤维和纸张包装

(2)发布 evoluSHEIN by Design 产品计划,使用负责任来源的材料和制造工艺

(3)通过 Or Foundation 支持缓解和修复纺织废物影响的社区

(4)实施小批量、按需生产模式,以减少未售出库存的生产

(5)通过数字转移印刷技术(DTP)减少水的使用,与传统丝网印刷相比节约了水资源

(6)推出 SHEIN Exchange,一个点对点的转售市场,鼓励顾客参与循环经济

3. 治理板块

(1)完成了基于影响的材料性评估

(2)强化了 ESG 政策,并在公司网站上公开了更多政策

4. 资源效率板块

通过 DTP 技术转换超过 50%的直接采购印花面料,减少水消耗

5. 循环系统板块

(1)通过 Queen of Raw 合作,使用回收的死库存面料制作新产品

(2)发布 SHEIN Exchange,促进顾客购买和销售二手 SHEIN 服装

6. 创新板块

(1)成立创新中心,专注于研究和开发新的节省浪费和优化效率技术

(2)与 Queen of Raw 合作,利用 Materia MX 软件识别其他品牌和设计师的过剩库存面料

7. 关于可持续发展目标的指标总结

(1)SDG 5:性别平等

女性创始人比例:SHEIN 的四位创始人中有两位是女性。

高级管理层中的女性比例:在 2022 年,直接向 CEO 汇报的高级管理层中有 40%是女性。

全球员工中的女性比例:在 SHEIN 最大的就业国家中,55%的员工是女性。

(2)SDG 6:清洁水和卫生

数字热转印(DTP)技术:到2022年年底,DTP已经取代了50%的传统丝网印刷,这一技术在材料生产过程中节约了水资源。

(3)SDG 7:可负担的清洁能源

可再生能源合作:SHEIN与Apparel Impact Institute(Aii)和Brookfield Renewables合作,致力于提高能源效率和在供应商屋顶上进行太阳能发电项目。

(4)SDG 8:可持续经济增长

负责任采购计划:SHEIN扩大了负责任采购计划,增加了供应商合规培训和审计的能力,以及必要时的补救管理。

(5)SDG 12:可持续消费和生产模式

小批量按需生产模式:旨在最小化未售出库存的生产,利用技术减少整个价值链对原始资源的消耗。

使用回收材料:2022年,SHEIN增加了回收材料的使用,并与Queen of Raw合作,将死库存面料用于新产品。

(6)SDG 13:气候变化

减排目标:SHEIN设定了基于科学的减排目标,并披露了范围一、二和三的温室气体排放数据。

气候风险研究:进行了气候风险研究,并致力于提高整个运营的气候韧性。

(7)SDG 15:陆地生态系统的可持续管理

Canopy承诺:SHEIN承诺到2025年采购避免使用关键和濒危森林的基于木材的产品,并推广较低影响的下一代纤维替代品。

(8)SDG 17:全球合作伙伴关系

与民间社会、政府间组织和与SDG相关的行业论坛的合作:SHEIN与这些组织合作,推广创新和积极影响。

(二)挑战与不足

原以为SHEIN的赴美上市之路将会一帆风顺,可却遇到了ESG方面的“漂绿”危机。2022年年初,SHEIN发布了《可持续性与社会影响力报告》,这是公司自主发布的第一份关于ESG的披露报告,旨在树立与品牌地位相匹配的优秀社会责任形象,是SHEIN为上市的奋力一搏。但这对于超快时尚品牌SHEIN来说,受到了社会上的许多质疑,他们提出的问题主要集中在劳工权益问题、供应链管理问题与环保问题。

1.劳工权益上的“漂绿”行为

员工是企业长效发展的基石,劳工权益的满足是所有企业应尽的义务,能否为员工打造平等包容、健康安全的工作环境是ESG评价体系中的重要一环。在目前就业市场上普遍存在性别歧视的大环境下,SHEIN为女性提供了大量就业机会,根据企业自身披露的报告可得女性员工占比为58%，高于男性。

但是，表面上的平等无法掩盖事实的真相，“漂绿”的行为将会带来恶果。2021年11月，劳工观察组织Public Eye的一份调查报告显示，SHEIN使用的部分工厂并不符合ESG标准，其中有不少供应商的工人每周都要进行75小时以上的超负荷工作，并且大部分工人不仅没签订劳动合同，还没有社会保险，无法在法律的保护之下维护自身的劳工权益。这不仅与其自身宣传的平等安全的工作环境相悖，更重要的是严重违反了我国的劳动法，但是没有得到应有的处罚，这促使制衣间劳工被压榨现象更加泛滥。其次，快时尚行业生产车间存在通风不良、过度拥挤等问题，SHEIN相关ESG监管部门是否进行车间环境检查与升级并未在相关报告中披露，员工的健康安全也无法得到保障。

2. 供应链管理上的“漂绿”行为

SHEIN作为生产型企业，践行可持续性供应链管理并带动产业链的绿色发展，不仅是社会责任的重要表现，更是优秀ESG评级的要求。SHEIN的服装供应商集中在国内珠三角地区，这里的轻工业深耕多年，用工状况相对成熟。作为一家主打“超快时尚”的公司，为了追求供应链的高速运转，其代工厂大多在公司供应链总部（广州市）开车3小时可及的范围内。SHEIN宣称这些供应商使用同一个数字化供应链管理系统，能够实现统一监督与高效协同。

但是，SHEIN在2022年发表的《可持续性与社会影响力报告》却打了自己的脸。报告指出，2021年公司对约700家服装加工或仓储供应商进行的合规性检查中，违规状况检出率超过30%，有三项检查指标违规率超过14%，这让我们对其ESG问责制度提出了质疑。[①] 具体数据如图2—4所示。

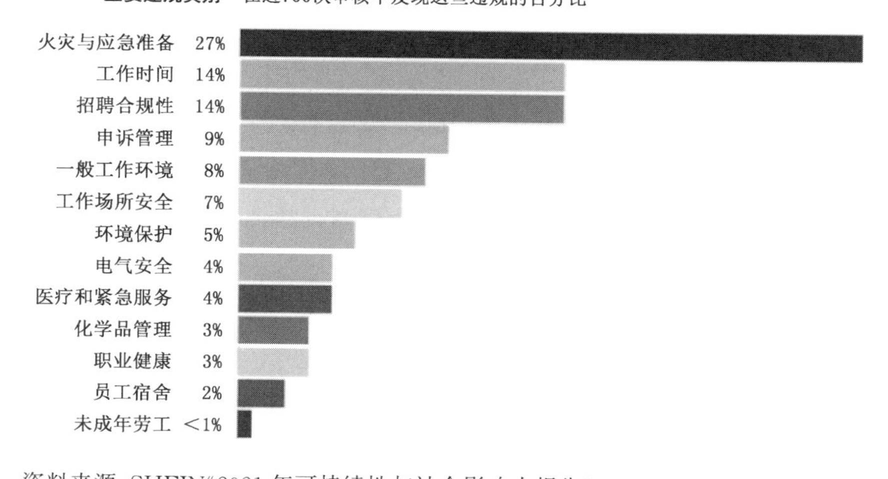

资料来源：SHEIN《2021年可持续性与社会影响力报告》。

图2—4 2021年SHEIN的检查指标违规

① 阿尔法工场. 希音：“超快时尚”的ESG原罪. 百家号，2022.

SHEIN 在供应商中发现的这些违规事项都是服装产业链中非常典型的,但是数据不容乐观。服装厂是火灾高发的场所,27%的消防违规检出率说明相关代工厂在衣物堆放、密集储存、合规培训与监管抽检上仍存在较大问题。据非营利组织 Public Eye 调查,许多代工厂存在违规存放易燃物、密集储存混乱无序的问题,部分厂家甚至没有相关安全证明的公示,这对 SHEIN 挑选代工厂的流程规范性提出了巨大质疑。其次,公司拥有超过 6 000 家供应商,而 2021 年只检查了约 700 家供应商,在不足 12%的调查覆盖率下仍有超过三成的代工厂被检出 ESG 相关问题,这说明 SHEIN 没有将日常监督工作落实到位,没有持续性的监管与审查来保证供应链的安全环保运转。再者,服装行业的供应链非常繁杂,不同层级之间的合规性检查标准需拾级而上,但 SHEIN 的 ESG 报告没有披露更上游的材料供应商合规信息,如此巨大的供货量是由信息不透明的材料堆砌而成的,这显然无法让投资者满意。因此,我们有理由质疑 SHEIN 的 ESG 问责制。

3. 环保问题上的漂绿行为

SHEIN 作为快速扩张的快时尚公司,其环保问题对全球环境的深远影响,资源消耗、废弃物产生和污染问题等都要求 SHEIN 采取可持续的生产和消费模式,以减少对地球生态系统的负担。2022 年 4 月,SHEIN 在网上商城推出“evoluSHEIN”,即使用负责任采购和回收的材料设计,产品线中的衣服都是由再生纤维制作,包装也采用再生材料。同年,SHEIN 与公益组织 Or Fundation 建立合作关系,约定在未来 3 年向组织提供 5 000 万美元资金,用于建设一个公正、可持续的服装循环经济模式。

但是,媒体报道的种种迹象都表明 SHEIN 只是把绿色当作一种营销手段,是一种明显的“漂绿”行为。美国《连线》杂志称,SHEIN 平均每天推出 3 000 种新品,生产的数量十分惊人,其推出新品的废弃库存如何得到处理并没有在相关文件中披露。对于“evoluSHEIN”标签,不同产品线具有较大差异,美国的一些产品在“Recycled Materials”(回收材料)标签处标注了所含环保材料的百分比,但在中国香港及内地的线上商店却没有披露相关环保材料比例。而且 SHEIN 目前的回收计划仅针对残次品而没有面向消费者,应用规模如此狭窄更不用谈建立循环经济模式了。根据 2019 年《华尔街日报》统计,美国快时尚消费者平均每人每年购买 68 件服饰,平均每件穿 7 次就扔掉(一部分甚至一次都没有被穿戴过)。SHEIN 作为把“快时尚”推向极致的品牌,其刺激的消费量普遍高于平均值,若不能披露相关数据,显然无法树立绿色环保的品牌形象。

案例分析

(一)SHEIN ESG 管理相关问题及行业对比

尽管 SHEIN 在 ESG 管理方面投入了更多的资源和努力,提升了企业可持续发展的实践水平，有了一定的进步成果。然而，随着全球对于 ESG 议题关注度的日益攀升和利益相关者对于企业社会责任的更高要求，SHEIN 在 ESG 管理方面仍然面临许多挑战，存在一些亟待解决的问题。

1. 行业数据对比

行业数据对比（见表 2—1、表 2—2、表 2—3）。

表 2—1　出海四巨头数据一览

	TEMU	SHOPEE	SHEIN	TIKTOK
上线时间	2022 年 9 月	2015 年	2012 年	2017 年 5 月
所属公司	拼多多	Sea Limited	Shein	字节跳动
商业模式	类自营模式	平台模式	以自营模式为主，今年 5 月启动平台模式	/
盈利来源	购销价差	平台佣金、广告费、物流等增值服务费用	以购销价差为主	以广告费为主
目标市场	北美站为首站	以东南亚、中国台湾、拉丁美洲为主	欧美、中东、东南亚	东南亚市场
目标客群	注重高性价比的人群	注重高性价比的人群	年轻女性	18～24 岁的年轻人群体
主要品类	以女装、日用品类为主	电子、快消、生活、时尚等品类	以时尚女装品类为主	美妆、时尚、食品、电子产品等
用户人数	截至 2023 年 4 月为 0.7 亿	截至 2023 年三季度为 2.2 亿	截至 2023 年 12 月为 0.9 亿	截至 2023 年三季度为 16 亿
供应商模式	类自营模式	无货源模式	小单快返	“全托管”模式

数据来源：data. ai《2021 年移动市场报告》。

表 2—2　2022 年快时尚品牌出海概况

名称	创立时间	定位特色	价格区间	主要地区
SHEIN	2008 年	时尚女装	10～30 美元	北美、欧洲
Temu	2022 年	时尚女装、家居	约 28 美元	北美、欧洲
AllyLikes	2021 年	时尚女装	20～40 美元	北美、欧洲
Halara	2020 年	运动休闲	20～40 美元	北美、欧洲
Cider	2020 年	时尚女装	15～50 美元	北美、欧洲
Urbanic	2019 年	服装/饰品/家居	约 17 美元	印度、巴西等新兴地区
Cupshe	2015 年	DTC 泳装	20～40 美元	北美
PatPat	2014 年	母婴童装	8～12 美元	北美
Zaful	2014 年	泳装/快时尚	45 美元	北美、欧洲
Lilysilk	2011 年	真丝服饰/家居	50～279 美元	北美、欧洲

数据来源：data. ai《2021 年移动市场报告》。

表 2—3　　全球时尚服装电商主要经营模式及代表

类型	头部品牌	国家	简介
独立站	SHEIN	中国	中国跨境电商 B2C 电商龙头,深耕女性快时尚
	Zaful	中国	环球易购旗下服装电商独立站,聚焦时尚服饰
	ASOS	英国	英国快时尚服饰、珠宝、美妆产品线上零售商,已于伦敦证券交易所上市
传统品牌	ZARA	西班牙	全球领先的快时尚品牌,全渠道布局,全球线下连锁店超 2 000 家
	H&M	瑞典	1947 年创立,主要经营销售服装和化妆品
第三方平台	子不语	中国	主要通过亚马逊、速卖通等平台向全球销售流行服饰

资料来源:罗兰贝格《2023 年全球时尚行业经营启示》。

2. 行业数据分析

(1)环境保护(Environmental)方面的优势和劣势

优势:

①SHEIN 通过数字化赋能供应商,建立高效的小单快返模式,缩短上新周期,减少库存压力,从而降低了资源浪费。公司采用按需生产的模式,减少了未销售库存,有效降低了库存成本和浪费。

②SHEIN 在仓储物流方面通过中心仓储推动运输流程简化,降低了供应商送货成本。致力于通过与当地商家合作提供订单自取服务,减少“最后一公里”的运输环境影响。

③采用数字印刷技术减少水的使用。能够节省高达 70.5%的用水量。

④开发创新解决方案,与合作伙伴一起开展服装回收计划,减少消费后废物。推出可持续服饰产品 evoluSHEIN by Design,至少采用 30%的环保面料。

⑤SHEIN 积极探索新能源应用,如在广州仓库安装了屋顶光伏发电系统,预期年发电总量将达到 2 400 万千瓦时(kWh),显著减少了仓库电力消耗产生的二氧化碳排放。

劣势:

SHEIN 可能面临快时尚行业普遍存在的环境影响问题,如原材料的可持续采购和服装生产过程中的环境影响。

(2)社会责任(Social)方面的优势和劣势

优势:

①SHEIN 通过 SHEIN X 孵化器项目支持新兴设计师和创作者,为他们提供市场、制造、运营和财务支持,帮助他们在全球范围内建立品牌。

②公司实施了包容性政策,提供广泛的尺码范围,反映顾客的多样性和创造力。

③SHEIN 通过各种慈善活动和捐赠项目,如 SHEIN Cares,积极支持社区发展和环境保护。

劣势：

作为全球性的在线零售商，SHEIN 需要持续确保其全球供应链中的劳工权益、工作条件和公平薪酬。

(3)公司治理(Governance)方面的优势和劣势

优势：

①SHEIN 的管理层结构扁平，技术背景扎实，这有助于快速决策和响应市场变化。SHEIN 的全球 ESG 负责人直接向 CEO 汇报，并领导由全职 ESG 专业人员和其他 SHEIN 部门的员工组成的团队。

②SHEIN 拥有强大的数据系统支持，能够不断创新迭代，提高运营效率。公司已完成 G+轮融资，估值达 660 亿美元，显示了投资者对其商业模式和治理结构的认可。

③SHEIN 遵守联合国全球契约(UNGC)，支持关注人权、劳工、环境和反腐败的十个原则。

④制定了三个支柱的可持续性和社会影响战略，包括保护我们的星球、支持社区和赋能创业者。

劣势：

随着公司规模的增长和全球业务的扩展，SHEIN 可能需要不断加强其治理结构，确保透明度和责任制。

(二)原因分析

1. 供应链问题

快时尚的行业赛道愈发拥挤，竞争压力的增加暴露出 SHEIN 供应链存在的问题。图 2—5 为 SHEIN 的供应链模式。SHEIN 的供应链管理模式分为三个阶段：较为固化传统的供应链管理、现代供应链转型、"小单快反"的柔性供应链模式。现阶段，SHEIN 采用"小单快反"的柔性供应链模式，即"快速反应供应链"，具体流程见图 2—6。SHEIN 通过数字化驱动管理客户资源、设计资源、生产资源、物流资源、物料资源，实现快速抓住时尚、快速设计、快速生产、快速交付，打造卓越的快时尚供应链竞争优势。SHEIN 主打高性价比产品，通过大数据核算，精准累积用户需求，同时，组织"快速反应"供应链模式，实现精准排期及快速生产，实现了女性服装从设计到上架销售，最短仅需 7 天的高效运转。SHEIN 保持着极快的上新速度，提供极高的性价比以及近乎完美的小批量、多频次的库存管理的生产模式，满足消费者对款式风格的消费要求，形成对消费者长期的吸引力，跑通低毛利下的盈利模型。ZARA、Boohoo 等老对手都在加码线上化业务，拼多多 Temu 更是强势入局跨境电商，多次将 SHEIN 挤下美国区域购物应用榜榜首，据 Bloomberg Second Measure 数据，2023 年以来，美国人在 Temu 的消费支出高出 SHEIN 近 20%，独立站访问量超出 SHEIN

10%以上。[①] 市场份额的巨大变化,加剧了市场竞争的激烈程度。为了应对市场竞争的加剧,SHEIN采取快返小订单的生产模式,试图提高供应链的灵活性和反应速度。然而,这种策略却导致利润的下降和成本的上升,削弱了公司的盈利能力。

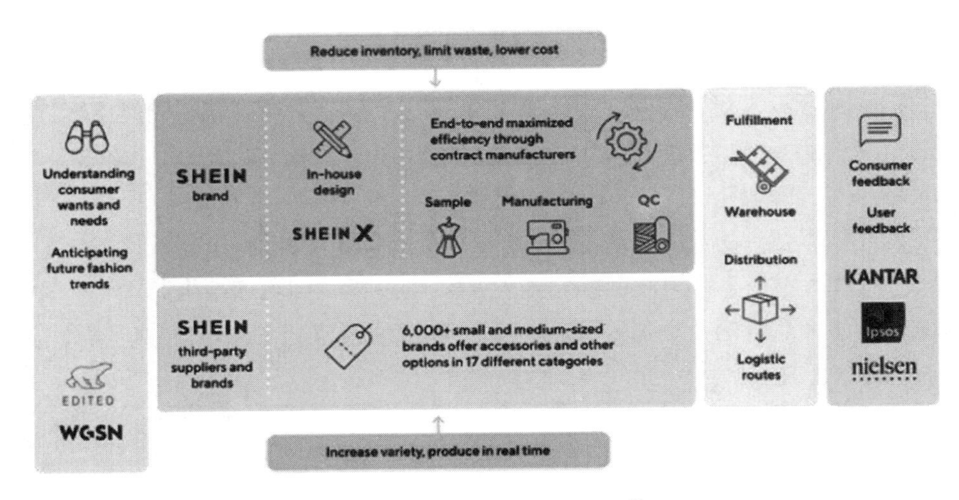

图 2—5 SHEIN 供应链模式[②]

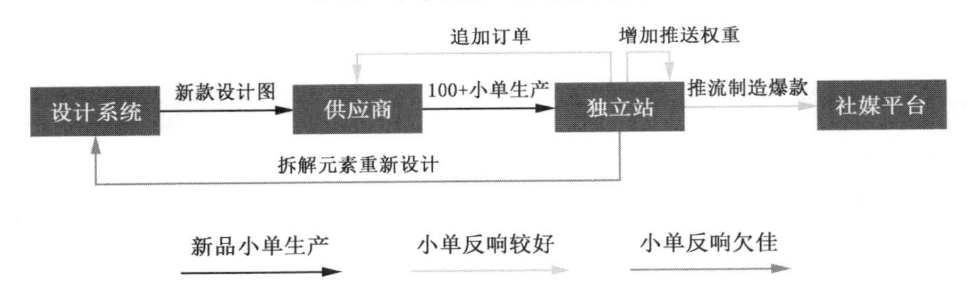

图 2—6 “小单快返”柔性供应模式

由于服饰生产过程涉及许多工序流程,SHEIN的供应商有着分类广、需求量大的特点。尽管SHEIN有庞大的订单量,但供应商未必有较大的利润空间。因而中小型供应商会在选择制衣原材料时不够严苛,甚至以次充好。供应商这一缩减成本的方式直接导致SHEIN失去良好口碑,对企业商誉有致命的打击。为了提高盈利,供应商还会违反劳动法压榨生产工人。2021年11月,劳工观察组织Public Eye的一份调查报告显示,SHEIN使用的部分工厂并不符合ESG标准,其中有不少供应商的工人每周都要超负荷工作75小时以上,并

① 黄溶冰,赵谦.演化视角下的企业漂绿问题研究:基于中国漂绿榜的案例分析[J].会计研究,2018(4):11—19.

② 黄世忠.ESG报告的“漂绿”与反“漂绿”[J].财会月刊,2022(1):3—11.DOI:10.19641/j.cnki.42-1290/f.2022.01.001.

且大部分工人都没签订劳动合同，更没有社会保险，这些都违反了中国劳动法。另外，SHEIN 公司虽然拥有庞大的供应商，但是对其的检查覆盖面很低，仍然存在很高的风险。2021 年，公司对约 700 家服装加工或仓储供应商进行了合规性检查，结果见图 2－4。可以看出供应商违规状况检查显露出较大的问题，比如消防违规的检出率为 27％。服装厂是火灾高发的场所，27％的违规率，意味着相当大的隐患。非营利组织 Public Eye 在调查了 SHEIN 的代工厂后，也指出这些工厂存在违规存放易燃物、工人超时加班等问题。SHEIN 的《2021 年可持续性与社会影响力报告》对这些数据的披露说明企业已经开始着手改善供应链治理，并且能够坦诚地披露相关数据。但是公司拥有超过 6 000 家供应商，而 2021 年只检查了约 700 家供应商，覆盖面显然不够。SHEIN 缺乏对合作供应商的用工、环保绩效等要素的检查和纰漏披露，距供应链的合规还有相当长的路要走。

2. 版权问题

相比传统服装品牌，快时尚的特点是价格低、追流行、SKU 多、上新快。在这几种特质中，SHEIN 作为第三代快时尚的代表品牌，选择将"快时尚"之"快"做到极致。从设计到上架一款新品，ZARA 等老牌快时尚需要一个月以上，Boohoo 通过整合供应链提速至 2～3 周，但 SHEIN 只需要短短 7 天。为了追求"快"，SHEIN 在"小单快反"模式中，每个款式的衣服首单可能只生产 100～200 件。如果销量好，就快速追加订单，依据市场反馈不断调整，提升整体的销售效率。SHEIN 的每一个订单流程紧密而高效。在这个周期中，设计的时间被高度挤压，知识产权合规就变得难以保证。SHEIN 与相当一部分服装供应商的合作，采用 ODM 模式（即"原厂委托设计生产"模式）。操作上，由供应商的设计师提交设计方案，经过与 SHEIN 的设计部门多轮快速打磨之后，将最终的方案拿到供应商自己的产线上生产。"小单快反"模式导向一种数据驱动的服装设计：什么样的款式容易火，由大数据说了算。大数据展现的流行趋势，被各方的设计人员当作"参考"，快速形成一个又一个设计方案。这种设计工作的节奏很快，程式性的操作远远多于艺术原创。如果过程中某个设计环节过多使用了外版的设计元素，就容易构成侵权。近年来，SHEIN 加强了 ODM 流程中的版权合规性管理和存证。公司要求设计师在提交方案的时候，一并提供版权合规性证明。这其实并没有从根源上消除问题，只是把保证知识产权合规的压力放在了供应商设计师身上。据彭博社的报道，单在 2021 年的美国，就至少发生了 40 起针对 SHEIN 侵权行为的诉讼。因此，SHEIN 需要进一步加强对设计过程的监管和版权合规性管理，以确保产品的知识产权不受侵犯，从而提升企业的可持续发展能力。

3. 外部原因

外部原因有两个方面，一是红利消失带来的资本退潮。疫情导致的线上生活为跨境电商创造了短暂的风口，但在后疫情时代，这种增长势头越来越难以为继，行业估值普遍下跌。据招商证券分析，2022 年整年获得融资的跨境电商只有寥寥个位数，资本市场对这一赛道的热情正在减退。二是政策与文化风险。中美贸易摩擦大背景下，SHEIN 等跨境电商品牌仍在面临可能上升的负税成本。此外,快时尚行业在劳动权益和知识产权保护领域久受诟病,SHEIN 近年愈发重视 ESG 建设。而先前由于 ESG 建设的不足,易形成刻板印象。刻板印象一旦形成,就很容易让出海企业在未来面临更多公众和当地监管机构的压力。现今,准备 IPO 的 SHEIN 在欧美面临大量质疑,“低廉”是其撕不掉的标签。SHEIN 的生产模式加重了碳排放、污染和服装质量等问题,增加了废弃物,这与消费者倡导的环保节约理念相悖,从而引发了抵制。[①]

尽管 SHEIN 在 ESG 管理方面投入了更多的资源和努力,提升了企业可持续发展的实践水平,有了一定的进步成果。然而,随着全球对于 ESG 议题关注度的日益攀升和利益相关者对于企业社会责任的更高要求,SHEIN 在 ESG 管理方面仍然面临许多挑战,存在一些亟待解决的问题。

4. 环境问题

由于快速的生产周期和全球分销,SHEIN 的快时尚模式本身就涉及高碳排放。据 SHEIN 官网介绍,该公司所有的衣服都是在中国制造的,这意味着大量的生产活动都集中在一个地区,虽然有助于提高效率和更好地控制成本,但是也增加了集中排放的可能性。而在 SHEIN 将衣物送达消费者手中的整个运输过程中,采用了飞机作为主要的运输方式,确保衣物能够快速地从中国运往海外,完成跨大陆运输,满足消费者对于产品时效性的追求。相较于其他运输方式,飞机的碳排放量本就相对较高,而采用飞机作为主要的运输方式且需要将衣服在快速的周转时间内由中国运向海外,则会大大增加企业的环境足迹。

在 SHEIN 发布的 2022 年可持续发展报告中,披露了其碳足迹。报告中阐述,在 2022 年 9 月,SHEIN 完成了对于 2021 年排放量的基线研究,并宣布承诺到 2030 年将整个价值链的温室气体(GHG)绝对排放量减少 25%。2021 年,该公司的生产产生了大约 604 万吨二氧化碳,这对于环境来说是巨大的负担。由于业务的强劲增长,2022 年 SHEIN 的产量增加了 57%,排放量增加了 52%,达到了 917 万吨。这说明在企业运营时 SHEIN 并没能很好地兼顾公司发展与环境保护,给环境带来了更重的负担。可持续报告中 SHEIN 将排放量分成了三大类。第一类是直接排放;第二类是基于市场的排放量;第三类排放量主要产生于货物运输、供应链和生产产生的废物。

由图 2-7 中数据可以观察到,公司 99%以上的排放来自第三类,也就是说不到 1%的排放来自 SHEIN 的企业运营。按照分类数据观察,第一类直接排放量中增长最为显著的是化石燃料燃烧,增长率达到了惊人的 3 864%,可能说明企业生产活动对于化石燃料的依赖增加;其次就是二氧化碳在工业活动中的逸散,增长率为 508%;虽然甲烷的排放量增长率为 31%,但鉴于甲烷对全球气候变暖有着较大影响,SHEIN 在环境方面仍有较大的改进之处。第二类排放中基于市场的排放从 2021 年的 26 392 吨减少到 2022 年的 19 505 吨,这是由于 SHEIN 购买了可再生能源信用额度(RECs)而减少了 26%。然而,基于位置的第二

① 关媛媛. 以 SHEIN 为例,聚焦跨境电商企业 ESG 合规问题[J]. 营销界,2023(1):89-91.

类排放量(2022 年为 60 939 吨)表明,如果没有购买可再生能源信用额度(RECs),它们的排放量仍然很高。然而,从排放量的实际增长量来看,相较于第三类排放,第一类直接排放的增长并不算多。第三类排放的数据显示,产生排放量最多的活动主要来自产品供应链物流以及 SHEIN 向消费者运输货物,2021—2022 年上述两个活动的排放增长量分别为 184.7 吨和 114.9 万吨。产品供应链的排放量增加了 50%,表明与采购过程相关的碳足迹不断增加,而包装材料的排放量几乎翻了一倍,也凸显了可持续包装实践的低效。

类别	描述	2021年 以吨二氧化碳 当量计算	2022年 以吨二氧化碳 当量计算	百分比变化
范围一 直接排放	化石燃料燃烧	25	991	+3 864%
	甲烷泄漏排放	618	808	31%
	氢氟碳化物泄漏排放	3 085	198 2	+36%
	二氧化碳泄漏排放	0.04	0.24	+508%
范围二 我们的范围2排放量因购买可再生能源证书(RECs)而减少	基于市场的方法* *基于地点的方法的范围二排放量在2022年为60 939吨	26 392	19 505	-26%
范围三 温室气体协议类别	在某些情况下,我们能够进行更细化的测量(如下所示)			
上游运输	n/a	19 447	25 507	31%
下游运输与分销	从SHEIN运输到消费者	2 056 139	3 205 242	56%
	退货包裹的运输	14 194	3 790	-73%
业务类别 (商务旅行)	n/a	/	1 011	n/a
采购的商品和服务	产品供应链	3 728 248	5 575 068	50%
	包装材料	139 614	271 208	94%
	采购的数据服务	/	7 100	n/a
资本商品	n/a	53 107	60 924	15%
运营中产生的废物	n/a	/	352	n/a

图 2—7 SHEIN 各类生产线的碳排放数据

Stand earth 对于全球 11 家时尚品牌进行了打分，最新的打分是基于气候承诺、能源绩效、透明度和在制造业层面积极倡导增加可再生能源(见图 2—8)。衡量标准是制造商在其供应链中公开分享的数据，与到 2030 年公平淘汰化石燃料的目标。调查结果显示，这些品牌都没有在未来 6 年内完全淘汰化石燃料。SHEIN 得分仅为 2.5 分(满分 100 分)，不论是单纯从打分的角度来看还是从行业对比的角度来看，SHEIN 的分数都不高，说明在环境治理方面还有着很大的提升空间。而 2021—2022 年，SHEIN 的碳排放量增加了近 50%，超过了巴拉圭整个国家的碳排放量。

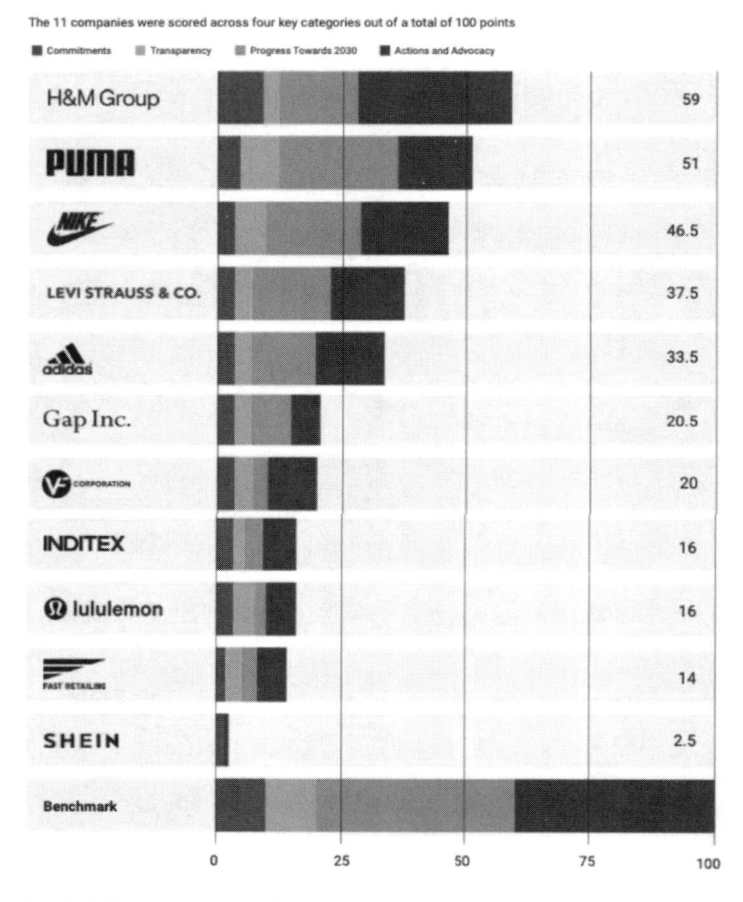

图 2—8 不同企业的可持续发展情况打分

5. 社会问题

此前，2021 年瑞士人权倡导组织 Public Eye 曝光，一些 SHEIN 供应商的工厂每周工作 75 小时，涉嫌对于劳工虐待行为。2022 年，英国第四频道播出了一部纪录片《不为人知：

SHEIN 内幕》(Untold:Inside the Shein Machine),指控 SHEIN 在中国的两家供应商存在劳动剥削现象,据称工厂员工每天工作 18 小时,每件产品只赚 0.27 元,有些员工甚至没有基本工资,也没有签订劳动合同。员工也会因为犯错误而被扣掉当天一半的工资,甚至周末没有休息,每月也只允许休息一天。对于 Public Eye 的指控,SHEIN 也出具了对供应商的审计报告并承诺解决供应链中工作时间过长的问题。然而在指控提出的两年后,Public Eye 针对 SHEIN 的劳工问题再次进行了采访,发现 SHEIN 仍然存在一些问题。

2023 年夏天,“公众之眼”采访了中国南方广州 6 家工厂的 13 名纺织工人。调查发现,这些员工平均每天工作 12 个小时,不包括午餐和晚餐休息时间,通常每周工作 6~7 天。据 Public Eye 报告,自 2021 年发布报告以来,工人的工资几乎没有变化,每人每月工资在 6 000 到 10 000 元之间波动。

以月薪 6 000 元的标准来看,在中国纺织业来说似乎已经是不低的工资了。然而,如果工人每周必须工作 75 小时,那么扣除加班费(正常工资 150%,休息日 200%)后的基本工资只有每月 2 400 元左右。2 400 元的基础工资远远低于亚洲最低工资联盟(Asia Minimum Wage Alliance)计算得出的中国最低生活工资 6 512 元,也仅仅是达到了广州的法定最低工资 2 300 元。

将目光转移到此前 SHEIN 为了回应劳工问题而出具的审计报告上。SHEIN 在 2023 年发布的供应商工厂工资调查审计表明,SHEIN 在中国南方的供应商支付的工资高于平均水平。报告数据看似表明 SHEIN 给劳工开出的薪酬高于最低水平与平均水平,然而报告中的表述有不够清楚的地方。在 SHEIN 公布的审计报告中只是比较了月工资,但是并没有提到工作时间,也没有正式回应关于工作时间的指控,如果不考虑工作时间,那么单纯比较月工资并不是十分合理。劳动法对于工作时长是有规定的,此前提到 SHEIN 的工人是按件计薪,只要劳动时间足够长、完成的产品足够多,自然就应该得到一定的工资回报(见图 2—9)。

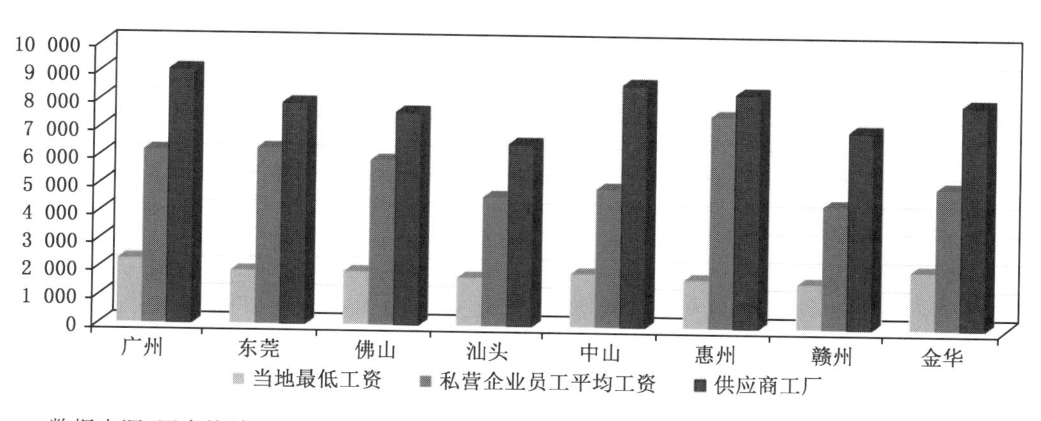

数据来源:国家统计局。

图 2—9 不同城市的月工资对比

SHEIN采取SRS项目对供应商设施进行绩效评估,以监测行为准则的遵守情况。2022年,SHEIN共进行了2 812次SRS审计。这包括2 425次审计,涵盖1 941家合作制造商。图2—10根据不同的分数区间划分了评估等级。A级是90分及以上,有小缺陷,建议继续改进;B级是75～90分,有一些一般的风险,建议继续改进;C级是60～75分,有1～3个主要风险,需要采取纠正措施;D级是低于60分,有3个以上的主要风险,需要采取纠正措施;ZTV则是检测到零容忍违反,需要立即采取纠正措施。审计结果表明,只有4%的供应商表现较好,近一半(47%)的供应商有1～3个主要风险,零容忍风险(ZTV)的供应商竟然也有11%。

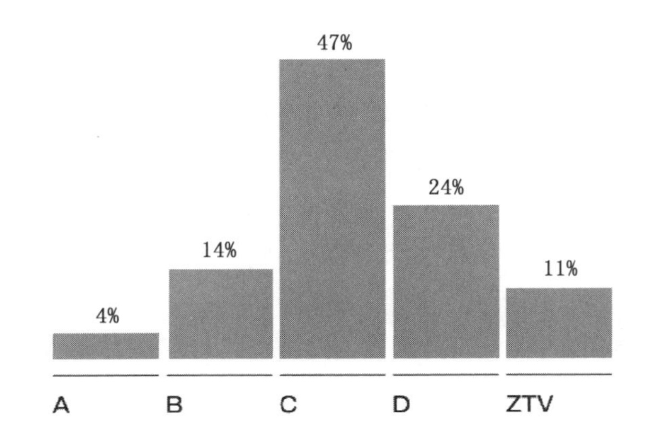

数据来源:英国《金融时报》。

图2—10 SHEIN的SRS审计结果

除了劳工工作时长和薪资问题外,我们注意到,由2022年SHEIN公布的ESG报告中的SRS审计数据发现,SHEIN供应商工厂中工人的工作条件有一定的安全隐患。观察ZTV中的违规项可以得知,共用生活/工作空间(宿舍与生产车间或仓库位于同一栋楼)、紧急出口违规(生产车间、仓库或宿舍没有足够的紧急出口)这两项违规项在2022年是占比前两名的,并且百分比相较上一年都有所上升,紧急出口违规项目发生率翻了一倍。一旦发生火灾或其他紧急状况,员工将面临着重大的安全风险(见图2—11)。

6.公司治理问题

SHEIN的董事会结构在透明度和独立性方面存在不足。董事会的独立性对于确保公司管理层的决策公正性和避免利益冲突至关重要。然而,有报道称SHEIN的董事会缺乏足够的独立董事,导致外界对其治理透明度和决策公正性提出质疑。SHEIN在150多个国家设有市场,拥有19个办事处,1.1万名员工,并与4 600名设计师和5 000多家供应商建立了合作关系。今年1月,SHEIN的公司市值已达450亿美元。

根据商业登记数据,SHEIN由Beauty of Fashion Investment持有,该公司在英属维尔京群岛注册,但目前还不清楚这家公司的所有者。此前,SHEIN在领英(Linked In)上标注

	2021年	2022年
总共进行的SRS审核数量	664	2 812
ZTV类别-占总SRS审核中识别出此ZTV的百分比		
共用生活/工作空间： 宿舍与生产车间或仓库位于同一栋楼	3.2	4.5
紧急出口违规： 生产车间、仓库或宿舍紧急出口不足	3.3	4.2
工资违规： 供应商支付的员工工资低于当地最低工资标准	2.0	2.3
在工作场所或宿舍明火：	1.5	2.2
紧急出口违规： 生产车间、仓库或宿舍没有足够的紧急出口	3.2	2.1
工作场所安全隐患： 建筑物有坠落风险、结构损坏或其他威胁工人安全的风险 在生产车间、仓库或宿舍内为电动车辆或电池充电	 3.8 -	 0.7 0.5
员工宿舍使用直燃或烟道式燃气热水器：	-	0.4
年龄违规： 工作场所中有16岁以下的工人或人员	1.8	0.3
供应商拒绝接受SRS审核：	0.3	0.2
强迫劳动：所有形式的胁迫： (如要求押金开始工作、拖延或扣留工资、没收工人文件等)	0	0.1
环境违规(在公共与环境事务研究所IPE平台披露)：	-	<0.1
企图行贿： 向评估人员提供贿赂，违反诚信原则	-	<0.1

注：“一”表示此类别未纳入2021年SKS审核的ZTV分类。

数据来源：SHEIN官网。

图2—11 SHEIN有关劳工工作条件的数据

的公司总部所在地为新加坡，许仰天任首席执行官。2023年3月，新加坡商业登记处公布的文件表明，许仰天已经从Roadget董事会辞职。然而，SHEIN并没有公开解释这样一个关键战略人物撤出的原因。SHEIN的董事会成员信息和决策过程缺乏透明公开，这使得外界难以监督其治理实践和了解其决策依据。透明度的缺失会影响投资者和利益相关者对公司的信任。

有效的内部控制和审计机制是防止财务舞弊和管理失误的重要手段。然而，SHEIN在这方面的机制不够健全。内部审计和控制机制的薄弱可能导致财务报告不准确，甚至掩盖管理层的不当行为。而SHEIN在全球扩展过程中涉及多个法律和合规问题。SHEIN曾被指控违反当地劳动法规和环保标准,部分问题到现在仍然没有得到明确的答复。这些问题不仅可能导致法律诉讼和罚款,还会损害公司的声誉和市场形象。

此外,SHEIN的商业行为和道德标准受到广泛质疑。2022年,SHEIN面临着50多起联邦诉讼,指控该公司侵犯了商标或版权。关于SHEIN抄袭设计的投诉来自时尚和服装行业的各个角落,从拉夫劳伦(Ralph Lauren)这样的知名品牌,到德国艺术家蒂娜·门泽尔(Tiina Menzel)这样的小设计师。门泽尔在接受《华尔街日报》采访时表示,她发现SHEIN在出售她在Instagram上发布的设计的T恤。例如,涉及知识产权和设计抄袭的问题反映了公司在商业道德方面的缺失。商业道德问题不仅影响公司的品牌形象,也可能引发法律风险和市场抵制。

此外,SHEIN的快速增长及其商业模式的性质引发了对其ESG工作的透明度和问责制的质疑。投资者和消费者越来越多地要求披露公司可持续发展实践的详细信息和可核实的数据。虽然SHEIN在透明度方面做了一些努力,例如公布其减排目标和供应链倡议,但仍然缺乏一些关键数据。2021年和2022年的排放数据存在许多缺失,2021年缺少上游运输、业务旅行和运营中产生的废物等类别的排放数据。这表明SHEIN在环境、社会和治理(ESG)数据的收集和报告方面存在不足,难以全面评估其表现。此外,供应链中的劳动条件数据(工时、工资、安全记录等),生产过程中的污染物排放数据,生产过程中用水用电数据,公司治理结构和机制数据,以及法律合规记录等数据的披露缺乏也说明SHEIN在透明度方面不够,更全面和定期的报告是建立信任和信誉的必要条件。

以同行业的快时尚集团INDITEX为例进行对比,SHEIN在透明度和信息披露方面有着更大的提升空间。在查找资料时,SHEIN公布的与ESG相关的最新报告更新至2022年,而INDITEX公布的报告已经至2023年,且对于供应链中的人权问题以及其他非财务信息的披露更加透明,对于劳动、公司治理等ESG问题关注的重点都出具了详细的报告,并披露了大量数据(见图2—12)。除信息披露外,从可持续性治理的具体架构以及运行程序上来看,SHEIN只是进行了简单的说明,架构设置也较为简单。SHEIN的ESG团队进行战略发展、目标设置、政策发展、项目管理、影响衡量等步骤,然后直接将ESG报告递交至管理层及CEO处,缺少对于负责各个流程的部门以及各个流程的描述。而INDITEX的可持续性管理架构更为透明,各机构部门之间的职责划分也更加清晰。INDITEX主要将结构划分为执行机构与咨询机构,这两个机构将信息上报给董事会等待批准。执行机构下设首席执行官、管理委员会、首席可持续发展主任以及可持续发展运作委员会,由首席执行官每季度上报董事会。咨询机构下设可持续发展委员会、审计及合规委员会、社会顾问委员会以及伦理委员会,首席可持续发展主任也会与可持续发展委员会进行沟通,充当执行机构和咨询机构的沟通桥梁(见图2—13、图2—14)。

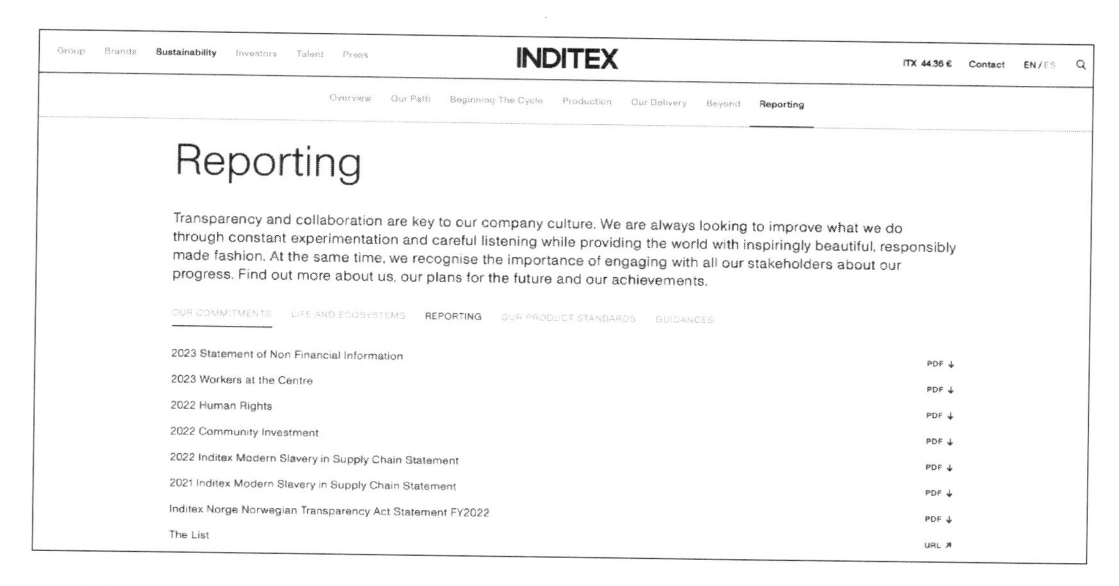

数据来源：INDITEX 官网。

图 2—12　INDITEX 的 ESG 相关报道

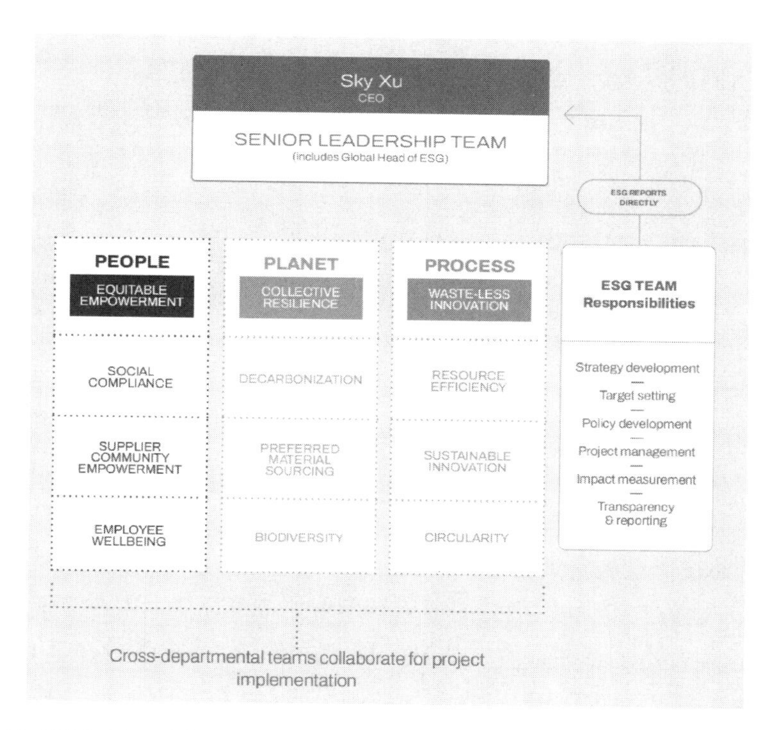

数据来源：INDITEX 官网。

图 2—13　INDITEX 企业 ESG 管理架构

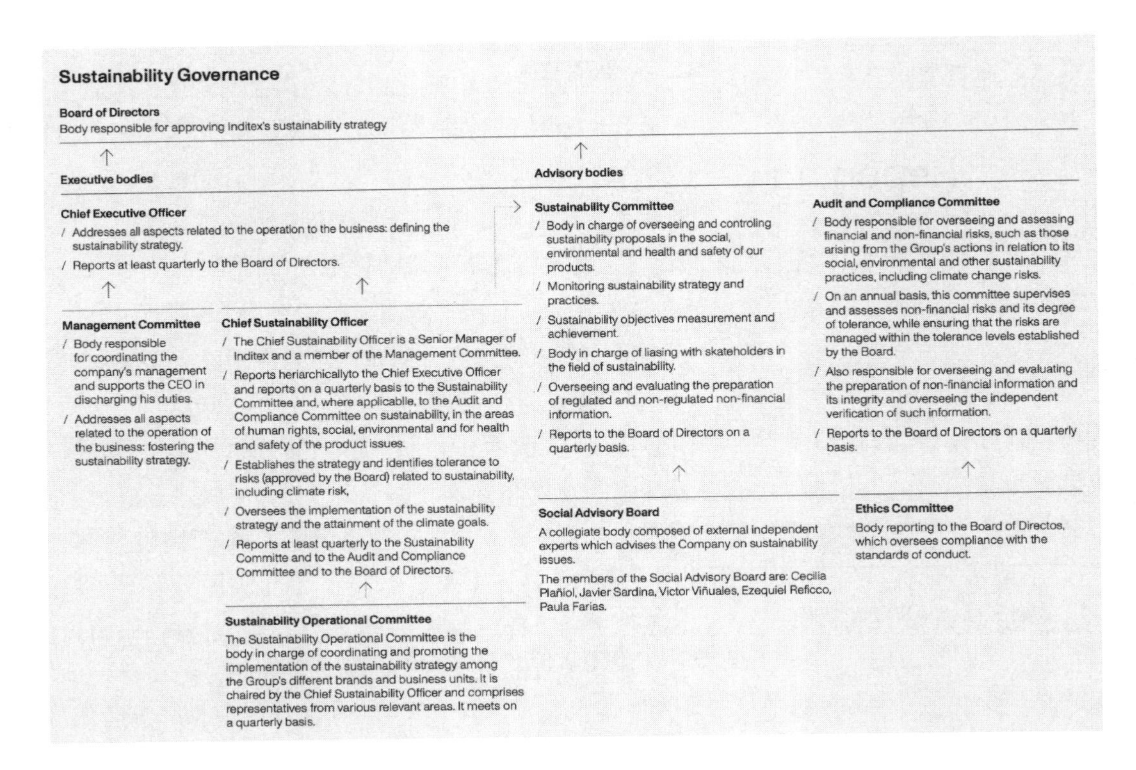

数据来源:INDITEX官网。

图2—14 INDITEX可持续发展管理情况

7.小结与展望

近年来,SHEIN发布了《可持续性与社会影响力报告》,展示了其在ESG方案的努力和成就,这是一个积极的信号。尽管目前SHEIN还未完全建立绿色可持续发展的供应链,但报告显示SHEIN进行了供应商合规性检查,并且正在逐步将ESG治理融入供应链数字化管理。面对劳工问题,报告中提到SHEIN对供应商进行了社会责任审计并且已开始着手改善,我们可以说这也是SHEIN积极响应可持续发展规划的重要举措。除此之外,SHEIN与公益组织合作,致力于建立可持续的服装循环经济模式,并推出了EvoluSHEIN产品线,使用再生材料,并且正在不断探索循环经济模式。SHEIN聘任了全球ESG主管,表现了自己将持续改进的态度以及破釜沉舟的决心。

虽然SHEIN赴美上市失败,但它的经历给所有上市以及待上市企业带来了以下启示:

(1)上市企业需要更加透明地披露其ESG实践和绩效,SHEIN不够透明的供应链报告以及过度隐瞒生产中的环境风险非常不利于长远发展;社会责任在ESG中占据重要地位。

(2)企业需要积极履行社会责任,关心员工福利、社区发展以及消费者利益。SHEIN在这方面存在极大漏洞——每周75小时的超负荷工作量以及没有劳动合同保障等,这些问题极大地影响了SHEIN的社会公信力和企业形象,进一步导致投资者对SHEIN的可持续发展状况存疑。

(3)环境可持续性是ESG的重要组成部分。企业需要采取措施减少碳排放、节约能源和资源,以及管理供应链的环境影响。如果企业未能有效应对环境问题,就可能会受到投资者和消费者的谴责。

(4)良好的公司治理结构是企业长期成功的关键。投资者倾向于投资那些治理结构健全、透明度高的企业。SHEIN可能在治理方面存在问题,这也可能成为其上市失败的原因之一。

针对以上问题,我们对SHEIN未来发展提出了一些建议和改进措施:①加强透明度和报告制度。SHEIN可以提高对其ESG做法的透明度,并通过公开报告向投资者和利益相关者展示其在环境、社会和治理方面的表现。这可以增加投资者对公司的信任和兴趣。②改善供应链和环境保护。SHEIN可以采取措施改善其供应链的可持续性,例如降低碳排放、减少废弃物和水资源利用效率等。这有助于降低公司对环境的负面影响,并提升其在ESG方面的表现。③加强社会责任。SHEIN可以加大社会责任方面的投入,例如通过支持社区项目、提高员工福利和关注劳工权益等方式来提升其社会形象。④提升公司治理水平。加强公司治理可以帮助SHEIN建立更健全的业务模式,减少潜在的风险和不当行为。这包括改善董事会结构、加强内部控制和遵守适用法律法规等方面。⑤积极响应投资者关注。SHEIN可以积极回应投资者对ESG问题的关注,与他们建立沟通渠道,并根据反馈调整其战略和实践。

相信在不久的将来,拥有完善ESG制度的SHEIN一定能充分展现其可持续发展的潜力和优势,从而在服装快消行业再次大放异彩。

思考题

1. 如何平衡快时尚模式与ESG管理之间的关系?企业在追求快速上新和高效生产的同时,应如何确保供应链的环境友好和社会责任?

2. 企业在ESG信息披露中如何避免“漂绿”现象?如何建立透明、有效的ESG管理机制,确保信息的真实性和可信度?

3. SHEIN的ESG管理挑战对整个服装快消行业有何启示?其他企业如何借鉴SHEIN的经验教训,提高自身的ESG管理水平?

参考文献

[1]Chen, S., Han, X., et al. ESG Investment in China: Doing Well by Doing good. Pac-Basin Financ, 2023:77, p. 101907.

[2]王晨. SHEIN:DTC快时尚品牌的海外营销之路[J]. 国际品牌观察,2024(Z2):52—58.

[3]SHEIN. 2021年可持续性与社会影响力报告[R]. 2022.

[4]叶萍,安琪. 中国快时尚服饰品牌跨境电商供应链管理分析及优化策略——以SHEIN为例[J]. 西

部皮革,2023,45(10):15—17,75.

[5]阿尔法工场.希音:"超快时尚"的ESG原罪.百家号,2022.

[6]黄溶冰,赵谦.演化视角下的企业漂绿问题研究:基于中国漂绿榜的案例分析[J].会计研究,2018(4):11—19.

[7]黄世忠.ESG报告的"漂绿"与反"漂绿"[J].财会月刊,2022(1):3—11.DOI:10.19641/j.cnki.42-1290/f.2022.01.001.

[8]关媛媛.以SHEIN为例,聚焦跨境电商企业ESG合规问题[J].营销界,2023(1):89—91.

三、破灰色阴霾，创绿色未来

——海螺水泥 ESG 实践助力企业可持续发展[①]

内容提要 安徽海螺水泥股份有限公司积极响应数智化和“双碳”时代的挑战与机遇，坚定走绿色创新之路，全面推进企业绿色转型。海螺水泥深入实践 ESG 理念，在环境、社会和公司治理三个维度上，通过节能降碳、本土采购、责任供应和优质服务，以及建立完善的环境管理体系等 ESG 实践，不仅提升了企业的环境绩效和市场竞争力，也保障了企业健康稳定发展。本案例分析了海螺水泥在研发、采购、生产、销售和废弃物处理等环节实现了绿色转型，同时运用技术创新和数字化技术降低了运营成本，提高了生产效率，实现了经济效益、社会效益和环境效益的共赢，促进企业可持续发展；总结了海螺水泥 ESG 实践促进经济、环境和社会价值创造机制。基于海螺水泥的成功经验，建议水泥企业应实施节能降碳行动，打造绿色供应链，运用数字赋能水泥制造，并加强环境信息披露和环保管理制度建设。

案例介绍

（一）案例背景

1.“双碳”政策要求企业低碳实践

工业革命以来，由于人类因素导致的二氧化碳等温室气体的排放造成了全球气候变暖和极端天气等全球环境问题。如何控制碳排放以实现经济的可持续发展成为全球性议题，全球主要国家都提出了碳达峰和碳中和（简称“双碳”）目标。改革开放以来，中国经济迈入高速发展阶段，国内存在的大气污染和温室效应仍存在改善空间。2020 年习近平主席在第七十五届联合国大会一般性辩论上正式提出了中国“力争在 2030 年前实现碳达峰，2060 年前实现碳中和”的目标。2021 年，“双碳”目标被写进《2021 年政府工作报告》。此后，各级政府将落实“双碳”目标作为经济社会发展全面绿色转型工作的重点。同时在国家发展改

---

① 指导教师：魏玉平（江汉大学）；学生作者：张漫漫（江汉大学）、季周慧（江汉大学）、熊梦瑶（江汉大学）、李想（江汉大学）、王巧（江汉大学）。

革委发布三批共24个行业的温室气体排放核算指南的基础上开展了碳排放配额管理，并在全国碳交易市场参与碳排放权交易。

2021年9月，中共中央、国务院发布了《关于完整准确全面贯彻新发展理念做好碳达峰碳中和工作的意见》，2021年10月，国务院发布了《2030年前碳达峰行动方案》，中共中央、国务院为“双碳”工作进行系统谋划、总体部署。2022年8月，科技部、国家发展改革委、工信部等9部委印发了《科技支撑碳达峰碳中和实施方案(2022—2030年)》，提出了支撑2030年前实现碳达峰目标的科技创新行动和保障举措，为2060年前实现碳中和目标做好技术研发储备。2023年4月1日，国家标准化管理委员会、国家发展和改革委员会等11部委印发了《碳达峰碳中和标准体系建设指南》，提出加快构建结构合理、层次分明、适应经济社会高质量发展的碳达峰碳中和标准体系。在国家政策驱动下，31个省、市、自治区和直辖市也制定了本地区碳达峰实施方案。在党中央的领导下，中国建立了“1+N”的“双碳”政策体系，为企业低碳发展指明了政策方向。为加快经济社会发展全面绿色转型，2024年7月31日，中共中央、国务院发布了关于加快经济社会发展全面绿色转型的意见。

2. ESG披露准则推动企业ESG实践

ESG信息披露是帮助利益相关者了解企业可持续发展机遇和风险的重要信息渠道，有利于利益相关者的科学决策和倒逼企业践行ESG。

中国一直高度重视ESG信息披露法律建设，2006年，深圳证券交易所对上市公司的社会责任提出指引，鼓励上市公司积极履行社会责任，自愿披露社会责任的相关制度建设进展情况。2014年，中国发布了《中华人民共和国环境保护法》，要求重点排污单位如实向社会公开其主要污染物的名称、排放方式、排放浓度和总量等信息，用法律规范环境信息披露。从上市公司信息披露监管制度来看：2018年，证监会修订《上市公司治理准则》，确立了ESG信息披露的基本标准体系；2019年，《科创板股票上市规则》要求科创板上市公司披露社会责任履行情况，并视情况披露可持续发展报告、环境责任报告等文件；2022年，国资委制定了《提高央企控股上市公司质量工作方案》，要求央企控股上市公司披露ESG专项报告，到2023年相关专项报告披露“全覆盖”。

尽管已有不少相关政策鼓励企业披露ESG信息，但由于政策要求的非强制性，企业整体ESG披露状况不尽如人意，披露率偏低，质量欠佳。2023年，国际可持续发展准则理事会(ISSB)和欧洲财务报告咨询组(EFRAG)均以TCFD框架为基础制定气候变化披露准则或报告准则。2024年4月，在国际可持续披露准则和中国上市公司可持续披露实践的推动下，上交所、深交所以及北交所同步发布《上市公司可持续发展报告指引》，这标志着上市公司ESG信息披露有了更加明确的要求和规范。2024年5月28日，财政部印发了《企业可持续披露准则——基本准则(征求意见稿)》，征求意见。

3. 水泥行业低碳发展是落实建材行业碳达峰的必然要求

中国是世界上最大的水泥生产和消费国，同时也是世界上最大的碳排放国之一。水泥行业作为中国碳排放的重要来源，其碳排放量占全国总排放量比例高，占全球水泥行业碳排放总量的一半以上。中国水泥工业经历了快速发展期，正处于调整优化和高质量发展阶段。2023 年，中国经济总体恢复向好，但也面临“有效需求不足、部分行业产能过剩、社会预期偏弱、风险隐患仍然较多，国内大循环存在堵点，外部环境的复杂性、严峻性、不确定性上升”的压力，水泥行业陷入前所未有的困难和挑战，总体呈现出“需求持续萎缩、价格深度下跌、效益严重下滑”等运行特征。

从图 3—1 可以看出，近三年水泥产量增长率均为负值，2023 年中国水泥产量 20.2 亿吨，同比下降 4.72%，主要是受疫情、房地产市场需求下滑、煤炭价格上涨等因素的影响。2023 年，工业企业全面复工复产。但受基础设施投资增速放缓、房地产投资持续下降、原材料价格高位波动等因素的影响，国内水泥市场运行偏弱，行业需求不足。2023 年全年水泥产品同比下降，产品出厂价格持续回落，主要经济效益指标也呈现同步下降态势。

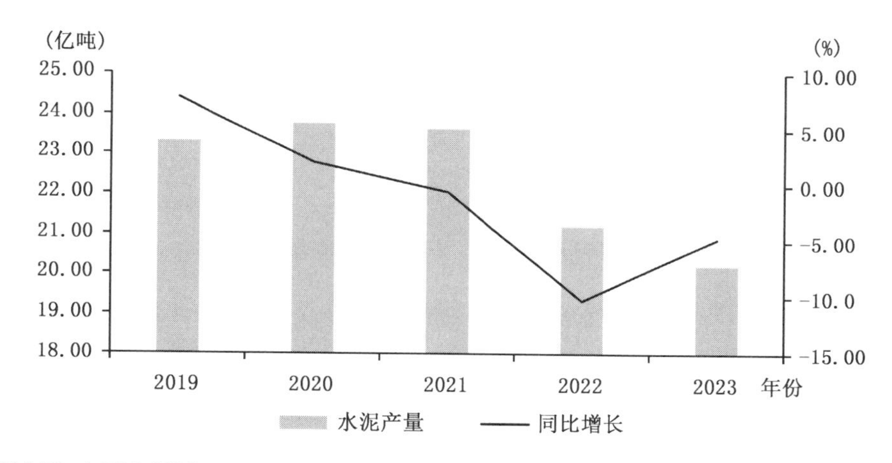

数据来源：中国水泥网。

图 3—1 中国水泥 2019—2023 年产量

中国是全球最大的水泥生产国。由于行业规模庞大及特殊的窑炉技术，水泥生产中会排放大量的二氧化碳。鉴于水泥行业是高碳排放的重要行业，推动其向低碳转型对于工业乃至整个社会按时完成“双碳”目标具有决定性的影响。建材行业碳达峰实施方案期望 2030 年前建材行业实现碳达峰，这对建材行业的水泥企业低碳转型发展提出了更高要求。企业着手低碳发展，需要综合考虑技术创新、能源利用效率提升、碳排放管控、碳交易和碳市场参与等路径和策略。这些策略不仅有助于企业履行社会责任，还有助于提高企业竞争力、降低经营风险，为可持续的低碳发展打下坚实基础。

(二)海螺水泥基本情况

1. 享有“世界水泥看中国，中国水泥看海螺”美誉的海螺水泥

海螺水泥成立于 1997 年 9 月 1 日，并于中国香港上市，是中国水泥行业首家境外上市

的企业,2002 年 2 月 7 日在上海证券交易所上市,下属 470 多家子公司,分布在全国 25 个省、市、自治区和印度尼西亚、缅甸、老挝、柬埔寨、乌兹别克斯坦 5 个国家。

海螺水泥的主营业务为水泥、商品熟料、骨料及混凝土的生产和销售。根据市场需求,海螺水泥生产的水泥品种又分为 32.5 级水泥、42.5 级水泥和 52.5 级水泥,广泛应用于铁路、公路、机场、水利工程等国家大型基础设施建设项目,以及城市房地产开发、水泥制品和农村市场等。2023 年海螺水泥主营业务收入的产品构成情况如图 3—2 所示。

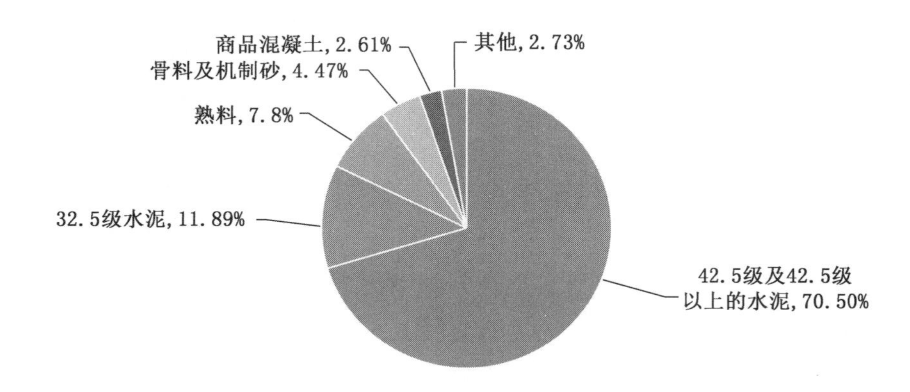

数据来源:海螺水泥 2023 年企业年报。

图 3—2 2023 年海螺水泥主营产品营业收入占比

海螺水泥是世界上较大的水泥单一品牌供应商,良好的业绩和产品品质得到社会各界的认可,享有“世界水泥看中国,中国水泥看海螺”的美誉,名列 2023 福布斯“全球上市公司 2 000 强”第 539 位,获得“全国模范劳动关系和谐企业”“安徽省政府质量奖”等多项殊荣。海螺水泥生产线全部采用先进的新型干法水泥工艺技术,具有产量高、能耗低、自动化程度高、环境保护好等特点。

海螺水泥以先进的工艺、卓越的品质、优质的服务、完善的销售网络以及强大的生产保供能力,辅以专家级的技术支持,践行至高品质、至诚服务的经营宗旨。本着“为人类创造未来的生活空间”的经营理念,依托雄厚的实力,海螺水泥成为国内能够提供抗硫酸盐水泥、中低热水泥和道路水泥等特种水泥的供应商。

2. 绿色转型与时代同行

海螺水泥使用秸秆燃料,建成集余热发电、风力发电、光伏发电、垃圾发电(例如使用上海纤循新材料有限公司提供的废旧纺织品发电)于一体的“低碳园区”,年发电量可满足园区用电需求,有效替代了标煤火力电力,从而减排二氧化碳。海螺水泥不仅投入大量研发经费进行技术创新和升级改造,而且引进先进技术(如“SCR 高温高尘烟气脱硝”技术),致力于污染物减排技术探索,进一步降低氮氧化物排放浓度。如表 3—1 所示,海螺水泥从初创阶段就注重技术创新和质量控制,近年来大力发展新能源产业,不断推动绿色低碳转型,取得了显著成果。

表 3－1　　海螺水泥绿色转型发展历程

阶段	时间	事件
企业初创发展阶段（20 世纪初期至 20 世纪中期）	1910 年	上海股份有限公司（海螺水泥的前身），主要从事水泥进口和销售业务
	1923 年	海螺水泥成立，并在上海市嘉定区建立第一座水泥生产厂
	20 世纪 50 年代	随着中国快速工业化，海螺水泥迅速扩大生产规模，在多地建立生产基地，注重技术创新和质量控制，提高水泥产品质量
绿色转型探索阶段（20 世纪末期至 2010 年）	1997 年	宁国水泥厂联合白马山水泥厂等发起成立安徽海螺水泥股份有限公司，海螺水泥在中国香港 H 股挂牌上市
	2002 年	海螺水泥在上交所 A 股挂牌上市
	2005 年	首次在所有生产线上配套建设余热发电生产线
	2007 年	开始实地考察研究城市垃圾处理技术，开发具有自主知识产权的新型干法水泥窑处理城市生活垃圾系统
绿色创新深化阶段（2010 年至今）	2010 年	铜陵海螺公司建成了世界首条水泥窑垃圾处理系统；济宁海螺为水泥窑配套建设 9 兆瓦纯低温余热发电系统，年发电量约 6 500 万千瓦时
	2011 年	建成 1.5 兆瓦风力发电项目，年发电量约 150 万千瓦时
	2014 年	率先应用“SNCR 烟气脱硝”技术，降低氮氧化物排放浓度
	2018 年	开始建设多期光伏发电项目，年发电量显著增加
	2021 年	实施了水泥窑烟气 CO_2 捕集纯化环保示范项目、水泥全流程智能制造工厂等，为智能制造转型提供了技术支撑
	2022 年	大力发展新能源产业，重点是光伏电站、储能项目。与安徽凤阳县政府签约“光伏绿色产业园”项目，加速绿色低碳转型和开发以光伏为代表的新能源步伐
	2024 年	宣城海螺建 3.65MW“光伏建筑一体化”发电项目成功并网发电。项目年发电量 340 万度，相当于减排 2 815 吨二氧化碳，节约煤 1 025 吨

数据来源：作者整理。

3. ESG 议题与可持续发展相伴

海螺水泥在绿色发展的历程中，从最初的重视环保到如今的全面推动绿色转型，成果显著。然而，在其绿色发展的道路上，也面临 ESG 方面的一些问题和挑战。

（1）环境方面成为重要的 ESG 议题

水泥行业高度依赖煤炭和电力等能源，且这些能源短期内难以被替代。而海螺水泥作为水泥行业的巨头，其生产过程不可避免地会产生大量的二氧化碳。尽管海螺水泥已经采取了一系列措施降低二氧化碳排放量，但由于水泥行业的特性，其排放量依然较大。

①海螺水泥集团面临巨大的成员排污单位居高不下的压力

海螺水泥作为水泥行业的龙头，企业存在较多污染严重的子公司和分公司。如图 3－3 所示，海螺水泥在 2017 年有 54 家分公司和子公司被生态环境部列入重点排污单位名单，2023 年达 91 家，达到了近几年的最高值。这些分/子公司在二氧化硫、氮氧化物、颗粒物等污染物上排放量较大,存在的环境风险较高。

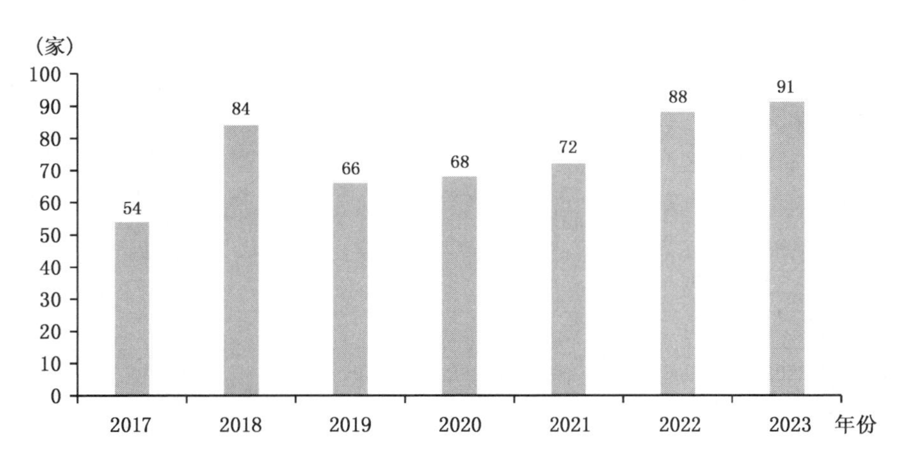

数据来源:海螺水泥2017—2023年年报。

图3—3 海螺水泥2017—2023年重点排污名单数据

②环境管理风险时有发生

海螺水泥在环境管理上同样存在风险。随着环保问题的频发,海螺水泥环保管理面临的风险呈增大趋势。2007年,由于其在环评、环境验收程序方面存在问题,被生态环境部实行环保督察;2013年,海螺水泥由于污水处理、脱硫脱硝等问题被生态环境部挂牌督察;2016年,因污染物排放超标问题被划入涉嫌超标排放企业名单;2018年,公司全资子公司安徽铜陵海螺水泥有限公司被当地环保局发布文件责令停止码头作业,导致3条熟料生产线被迫临时停产。刘莉亚(2022)通过实证研究发现,大多数企业在经历环保处罚后会提升自身的绿色创新水平,以达到环保合规。面对2015年7月起实施至今的《水泥工业大气污染物排放标准》以及“十四五”规划中提出的加快发展方式实施绿色转型压力,海螺水泥更要加强环保管控,推行绿色发展理念。

③矿山污染治理压力日趋加大

海螺水泥还存在矿山治理的风险。因国家对于矿山治理的要求逐渐严格,矿山开采权收缩趋紧。受治理力度加大的影响,不合规、不安全的矿山持续关停。近年来,各类环境政策的出台以及国家对环境保护的重视度日益提高,海螺水泥亟需加强对石灰石资源开采过程的管理,在不破坏环境、减少排放的原则下合规开采,为企业长期稳定发展打下坚实基础。

海螺水泥拥有的矿山开采权账面价值庞大,如图3—4所示,自2012年以来其账面价值呈现逐年走高的趋势,2019—2023年迅猛增长,2023年达到了232.4亿元。海螺水泥开采矿山的目的是提供自身用于生产水泥的上游原材料石灰石,促进骨料业务的发展,但矿山开采对环境存在较大的破坏,因此需要对矿山进行绿色治理,减少采矿过程中的碳排放和能耗。

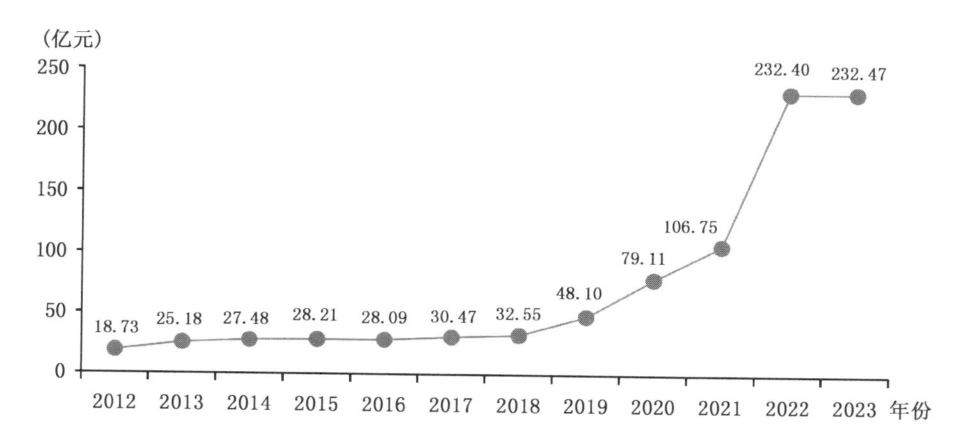

数据来源：海螺水泥2012—2023年年报。

图3—4 海螺水泥矿山开采权年末账面价值趋势

④产能增加伴随排污总量增加的压力

水泥生产过程中的水泥煅烧系统是最重要的大气污染物排放源，产生的污染物除大量粉尘外，还生成二氧化硫、氮氧化物、氟化物、二氧化碳、一氧化碳等有害气体和汞及其化合物。如图3—5所示，海螺水泥的产能逐年走高。如不对生产设备进行环保升级改造，污染物排放也会伴随产能的增加而逐年增多。

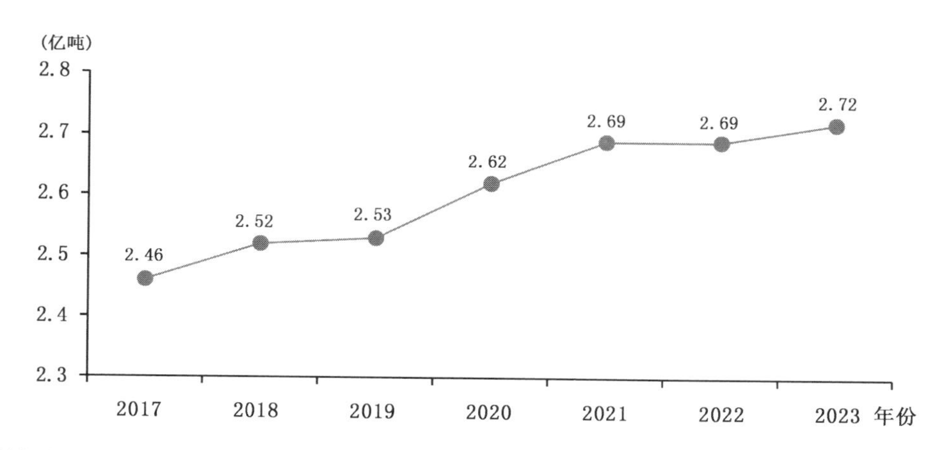

数据来源：海螺水泥2017—2023年年报。

图3—5 海螺水泥熟料产能趋势

⑤能源价格波动，成本风险增大

由于电力和煤炭在海螺水泥的综合成本中占比超过了50%，同时煤炭和电力价格存在着较大的不确定性，因此一旦煤炭等原材料价格因政策变动或市场供求等因素出现较大幅度的上涨，公司将会面临生产成本增加的压力。成本增加的情况下，如果水泥价格没有相应上涨，就会对公司的盈利产生不利影响。如图 3—6 所示,煤炭价格在 2012 年到 2015 年持续下滑,2015 年触底反弹,在 2018 年之后又持续下降,从 2021 年开始上升,2023 年又开始下滑,可见其价格波动性较大。煤炭价格的飘忽不定,会造成水泥行业的成本风险(见图 3—7)。

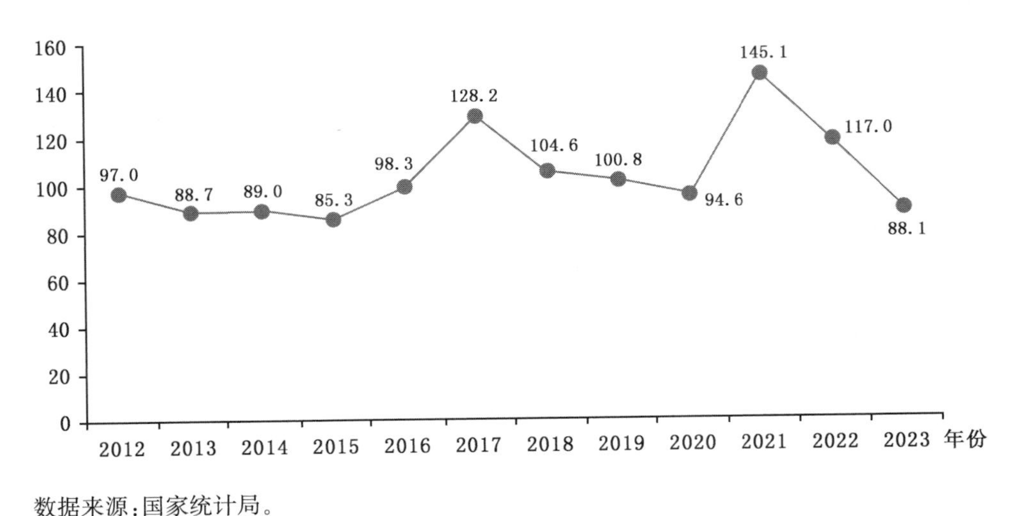

数据来源:国家统计局。

图 3—6 工业生产者出厂价格指数:煤炭开采和洗选业(上一年=100)

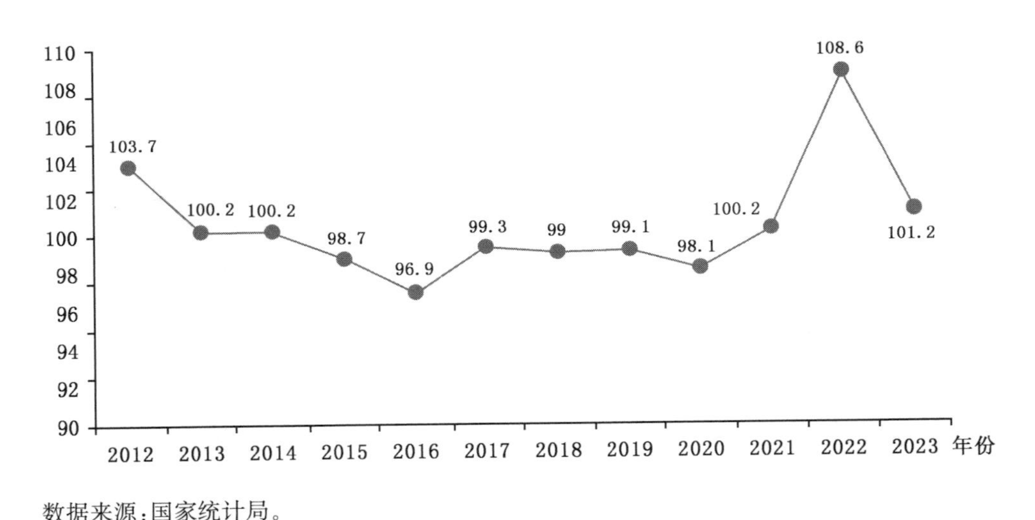

数据来源:国家统计局。

图 3—7 工业生产者出厂价格指数:电力、热力生产和供应业(上一年=100)

(2)社会方面内忧外患

①供应链和员工方面的成本议题应提上日程

如图 3—8 所示,海螺水泥的营业成本居高不下,并呈现出较大的增长幅度。年报显示,海螺水泥的原料成本以及燃料和动力费用在其主营业务成本中所占的比例相对较高。与 2018 年相比,2022 年原材料成本增加了 71.56%,这主要是为了满足客户对高品质产品的期望，因此对高质量材料的需求也相应增加；同时随着全球经济增长放缓，能源结构转型，以及中国制造业向中西部地区转移，使得原材料价格上涨。另外，近年来对环境保护日益关注和环保政策的快速执行，都导致原材料成本上升。由于国内煤炭和电力的价格持续攀升，燃料和动力成本也受到了影响。为了实现绿色转型，海螺水泥需要采用更环保的生产技术和设备，但这也会增加设备更新成本。随着企业规模的逐渐扩大，员工人数也在增加，再加上员工薪资水平的持续提升，使得主营业务成本中的人工成本也相应增加。

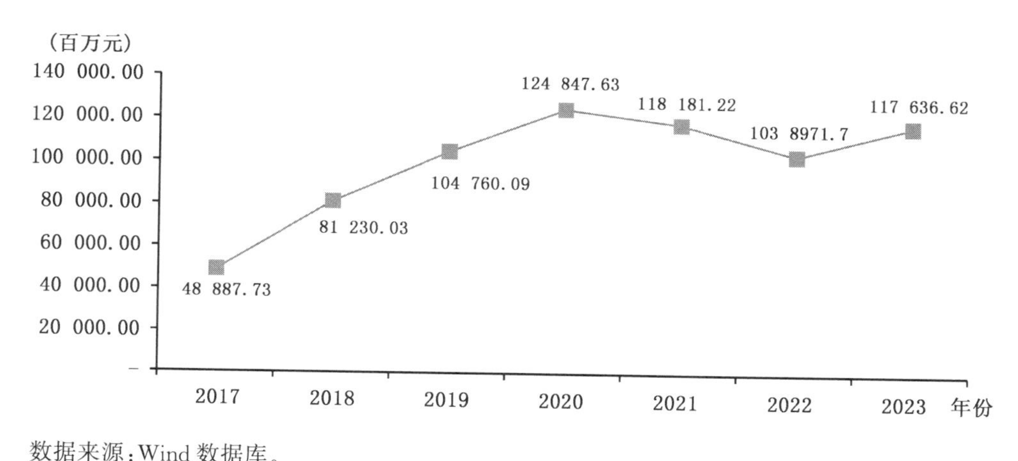

数据来源：Wind 数据库。

图 3—8 海螺水泥 2017—2023 年营业成本

②碳排放“双控”政策出台，行业降碳压力倍增

2020 年 9 月，中国将“双碳”目标纳入生态文明建设整体布局。水泥行业作为碳排放大户，是重点关注的减排对象。水泥生产过程中的水泥煅烧系统是最重要的大气污染物排放源，其尾气量占全厂废气量 70%左右，产生的污染物除有大量粉尘外，还生成许多有害气体。生态环境部制定的《水泥工业大气污染排放标准》(GB4915 标准)对水泥行业提出了更高的要求，国家发展改革委相关负责人要求企业聚焦于源头减碳、过程降碳、末端固碳，为经济社会高质量发展提供绿色动能。基于行业转向低碳发展的背景，海螺水泥承载着推动节能减排的社会责任，积极响应低碳发展的外部要求，响应“双碳”目标，制定了碳减排的具体行动计划和路径，致力于实现绿色低碳发展。2021 年中央经济工作会议提出，要正确认识和把握碳达峰碳中和，创造条件尽早实现能耗“双控”向碳排放总量和强度“双控”转变，加快形成减污降碳的激励约束机制，这对水泥行业造成碳排放总量和强度下降双重压力。

③楼市低迷不振，水泥供需失衡难解

海螺水泥所处的水泥行业对建筑行业依赖性较强，与房地产投资增速关联度较高。由图 3—9 可以看出，在 2010 年之后，全国房地产开发投资额增速下降明显，2015 年仅有 1%的增长，在 2016 年之后，房地产开发投资额增速放缓。房地产投资增速下行以及房地产政策的重大调整，导致水泥行业在需求端迅速紧缩，一定程度上导致水泥产品需求量下降，出现产能过剩的问题,进而引起市场价格下降,最终会影响公司的盈利水平。因此海螺水泥需拓宽业务,进军新能源等绿色领域,寻找新的利润增长点,这样既能实现节能减排,又能促进产业多元化发展。

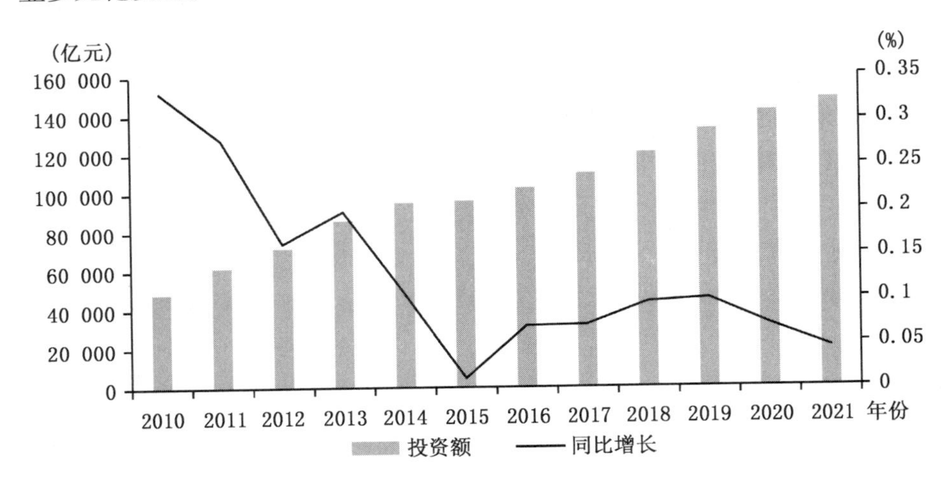

数据来源:国家统计局。

图 3—9　2010—2021 年全国房地产开发投资情况

(3)治理方面,管理体系仍需优化

在 ESG 管理体系尚未健全的背景下,海螺水泥的治理结构主要聚焦于经济效益,而对环境、社会和治理因素的考量显得相对不够。这种倾向不仅导致 ESG 信息披露缺乏透明度和完整性,更使得企业难以有效识别和应对潜在的 ESG 风险。在战略制定和项目规划过程中,由于缺乏 ESG 因素的考量,决策目标的合理性可能受到制约。

对于投资者和公众等外部利益相关者而言,由于难以获取海螺水泥在 ESG 方面的全面信息,影响投资和其他方面的决策。此外,海螺水泥在自查报告中提及的《子公司重大事项报告制度》尚未建立,这进一步凸显了母公司在子公司管理上的不足,对子公司的运营情况和 ESG 表现缺乏全面的了解和把控。

鉴于此,海螺水泥急需全面优化内部环保治理体系。这不仅是为了解决当前的 ESG 信息披露问题,更是为了构建一个全面、健康、可持续的发展模式,以更好地应对日益严峻的环境挑战,保障企业的长期稳健发展。

(三)行胜于言,海螺水泥 ESG 实践树标杆

随着对 ESG 关注度的日益提高和"三重底线"理论的重视,企业的价值不仅局限于经济价值,还要追求环境价值和社会价值。海螺水泥作为行业的领军企业,不仅在生产规模和经济效益上取得了显著成就,更在 ESG 实践中走在了行业前列,展现其绿色发展之路的坚定步伐和深远影响,以及积极履行社会责任、致力于可持续发展的企业形象。

1. 环境方面(E)积极践行碳排放“双控”政策

海螺水泥致力于环境保护，将绿色发展理念贯穿于生产经营全过程，通过引进先进的环保技术和设备，减少能源消耗和碳排放。此外，公司投资数亿元用于收购新能源公司以发展光伏发电，还通过技术创新和产业升级，实现了资源的高效利用和废弃物的减排。同时，海螺水泥还积极研发低碳技术，推进光伏项目，降低对化石能源的依赖和对自然资源的开采，显著减少碳排放，努力实现降本增效。此外，海螺水泥还积极推动绿色矿山建设，恢复矿山生态环境，确保资源可持续利用。在碳市场中，海螺水泥积极参与碳排放权交易，树立了绿色典范，赢得社会与市场认可。这些实践不仅保护了生态环境，也为公司赢得了市场广泛认可。

2. 社会方面(S)保障员工权益履行社会责任

海螺水泥在社会层面，秉持社会责任优先，积极承担企业公民责任。公司严守所在营运地国家的法律法规，构建明确的安全管理架构，自主研发“安全生产预测预警系统”，让全员参与隐患管理，确保安全生产与员工安全。此外，海螺水泥重视员工培训与教育，提升员工的综合素质和专业技能，并关注员工福利，为员工提供良好的工作环境与职业发展机会。同时，集团也通过捐赠、教育支持等方式助力贫困地区发展，提升当地居民生活水平。这些举措彰显了企业公益精神，促进了企业的可持续成长。

3. 治理方面(G)将环境和社会议题纳入公司治理架构

海螺水泥在治理层面，构建了完善的治理结构，明确各治理主体职责与权力，保障决策科学与合规。海螺水泥注重内部控制和风险管理，建立了健全的内部控制体系和风险管理体系，以确保公司业务的稳健和合规。此外，还构建了环境管理体系和 ESG 治理架构，让 ESG 策略和管理深度融入海螺水泥的治理。为了确保 ESG 决策、组织及执行到位，海螺水泥还成立了 ESG 工作小组和 ESG 管理委员会，形成海螺水泥自上而下的三级 ESG 治理架构(如图 3—10 所示)。

资料来源：海螺水泥社会责任报告。

图 3—10 海螺水泥三级 ESG 治理架构

总之，海螺水泥在 ESG 实践方面的优良表现为 ESG 信息披露和 ESG 业绩提升奠定了坚实的基础，为行业其他公司的可持续发展树立了典范。

案例分析

(一)绿色低碳布局,海螺水泥稳步前行

在2000年以前,海螺水泥尚未开启绿色转型的历程时,其生产模式往往伴随着高能耗、高污染和高排放的特点。当时,海螺水泥的能源消耗和排放在行业内处于一般水平;由于技术限制,废气、废渣等污染物的处理也未能达到当时的环保标准,对环境造成了一定的负外部性。然而,随着环保意识的逐渐增强和绿色低碳布局的持续推进,海螺水泥已经实现了从“灰色制造”到“绿色智造”的跨越,为水泥行业的可持续发展做出了积极贡献。

自2020年9月“双碳”目标提出以来,水泥已成为重点减碳行业。在追求“双碳”目标的过程中,众多水泥企业开始强化环保意识,纷纷投身于节能减排活动,致力于推动产业向绿色低碳方向发展。海螺水泥大力开展绿色技术创新,将低碳环保、节能降耗作为一项长期发展战略,积极响应国家应对气候变化政策,将节约资源、节能减排当作企业生产方针,使绿色发展的理念深入生产的各个流程,以更大的决心和力度加强碳排放管理(见图3—11)。

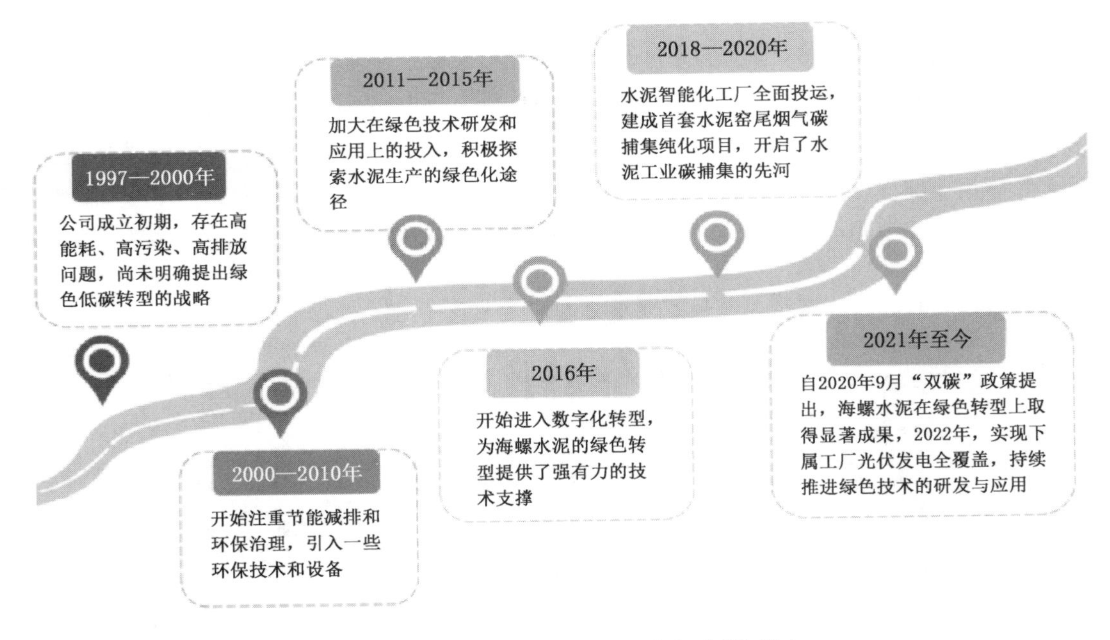

图3—11 从“灰色制造”到“绿色智造”的蝶变

(二)环境层面实践,全链环保步步为营

价值链理论指出,企业在行业整体价值链中的地位是其核心竞争力的关键,而企业基

于价值链的低碳战略成本管理，不仅能有效提高资源的利用效率，还能加强成本控制，从而增强其在市场上的竞争力。基于价值链的低碳战略成本管理为企业提供了一种创新的、高效的战略成本管理途径。下面对海螺水泥在环境层面的实践进行分析。

1. 研发设计前沿探，绿色创新显真章

研发费用的投入规模是衡量企业可持续发展的关键指标之一。尽管短期内增加研发费用可能会提高企业的成本负担，但从长远视角来看，这种投入有助于构建独特的竞争优势，增强企业核心竞争力，从而推动其长期稳定发展。海螺水泥的研发费用投入持续加大，占营业收入的比例也激增。如图 3—12 所示，海螺水泥 2022 年研发费用投入高达 20.11 亿元，占营业收入的 1.52%。海螺水泥研发费用的去向主要是用于超低排放及节能提效技术项目，而在技术研发项目中，海螺水泥致力于通过一系列技术手段实现减排目标。这些措施包括对生产设备进行技术改造，采用替代原料，优化燃料系统技术，实施水泥窑协同处置废弃物技术，以及利用余热发电技术等。这些减排技术不仅提升了企业的资源利用效率，有效减少了能源消耗，从而降低了碳排放，而且还在降低产品成本的同时提升了产品质量。

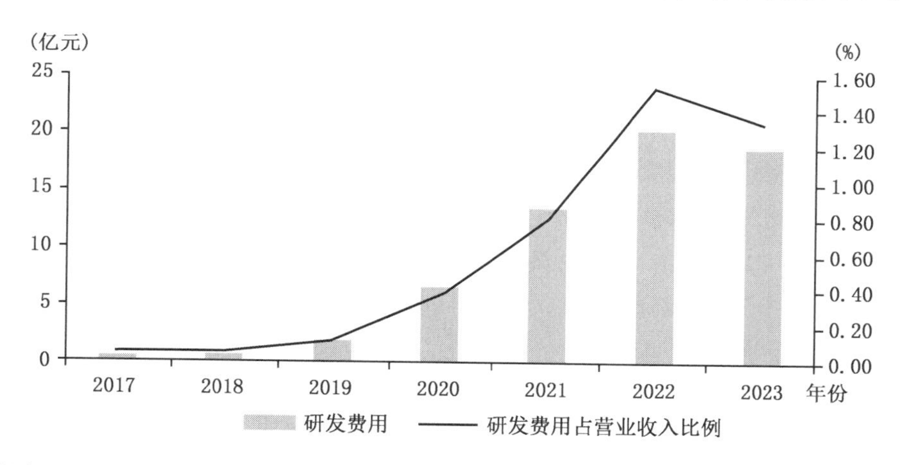

数据来源：海螺水泥 2017—2023 年年报。

图 3—12 海螺水泥 2017—2023 年研发费用投入情况

2. 采购环节严把控，绿色源头有保障

(1) 数字开采

对于矿山开采，海螺水泥搭建了数字化矿山系统来推进节能降碳。海螺水泥投入了 2 亿元推进数字化建设，并建设了 24 家数字化矿山。数字化矿山系统依托于数字采矿平台、生产执行平台、三维可视化平台三大平台，搭建了矿山采掘各单元的智能调度与监控系统，实时监控矿山资源、开采环境，实现矿山勘探、原料开采、矿物运输的集中管理，利用智能化分析优化矿山开采过程，提高采矿效率、降低采矿能耗，减少采矿碳排放。

(2) 废物利用

海螺水泥与电厂、钢厂等企业建立合作关系，购买后者的粉煤灰、脱硫石膏和燃煤炉渣等废料,用以替代传统水泥熟料的部分原料。海螺水泥和电厂、钢厂的合作既帮助电厂、钢厂解决了污染物的处置难题,变废为宝,使废渣资源得到充分利用,又在一定程度上打通了自身原材料的采购渠道,降低采购成本,提高经济效率。仅在2022年,海螺水泥就成功消化了超过1 100万吨粉煤灰、600万吨炉渣以及800万吨脱硫石膏。在2023年,海螺水泥又与海螺环保达成了一个水泥窑的协同处理框架协议,开始着手工业固废和危废处理项目的合作。

3. 生产加工环保先,绿色制造筑基石

在生产阶段,作为碳排放的重要环节,海螺水泥通过引入低碳技术和优化生产工艺来减少能源消耗和废物排放,强化生产环节的低碳管理。具体措施如下:

(1)节能技改

为了解决生产过程中存在的电力损耗高、热力利用效率低的问题,海螺水泥通过改造篦冷机和分解炉扩容、使用高效变频风机和节能生料辊压机,并利用高效低阻旋风筒以及新型隔热纳米材料等举措推进节能技改。在2021年年底,海螺水泥完成了10条生产线改造,在2022年完成了27个综合能效提升技改项目,能够使生产线吨熟料标准煤耗在98千克以内,吨熟料综合电耗在48千瓦时以内,实现了更高效、更环保的水泥生产,同时还提升了生产工艺的效率和环保性能。

(2)余热发电

海螺水泥面临热力资源大量浪费的痛点,因此,各个水泥厂均增设了余热发电装置,通过回收和利用排放废气的余热来发电,使用这些电力支持企业的生产活动,从而减少购买外部电力的需求。截至2021年,集团通过余热发电累计发电量达到79亿千瓦时,相应减少了大约459万吨二氧化碳排放,有效降低了电力成本,同时提高了企业的经济和环境双重效益。

(3)智慧生产

海螺水泥通过搭建智能生产平台、运维管理平台、智慧管理平台,开展工厂生产全流程智能管理,依托平台形成了以智能生产为核心、以运行维护做保障、以智慧管理促经营的智能生产模式,打造智能工厂。基于智能化工厂,海螺水泥推进全流程能耗管控,探索高耗能、高排放环节,利用智能分析工具持续优化水泥生产煤电能耗,从而减少生产中的碳排放。

4. 销售运输绿意浓,低碳智能物流显担当

海螺水泥在销售运输环节的碳排放主要源于水泥的包装过程和运输过程。海螺水泥的传统包装通常采用纸袋和塑料袋,实行传统的公路和铁路运输模式,也因此成为碳排放的主要来源,使得海螺水泥在运输环节面临着不小的碳排放压力。为在销售运输环节实现低碳化,海螺水泥实施的具体措施如下:

(1)绿色包装

海螺水泥通过选择环保材料、优化包装设计、研发绿色包装技术、处理包装废弃物等方法,减少资源浪费的同时降低在包装环节的碳排放和环境污染。

(2)低碳运输

海螺水泥利用地理优势，优先选择水运作为熟料和水泥等物料的主要运输方式，通过扩大水运比例，有效降低了运输成本，并显著减少了碳排放。同时，海螺水泥积极推广新能源汽车的使用，逐步替代传统燃油驱动的车辆，减少了运输过程中的碳排放。

（3）智能物流

为响应国家关于加快物流行业数字化、智能化和绿色低碳发展的政策导向，海螺水泥积极推出智慧物流战略。海螺水泥利用大数据、物联网等技术，打造绿色物流管理平台，通过“物联网＋物流”模式，构建了智慧物流体系，实现了运销一体化、业务数字化、服务在线化，为客户提供了更高效、更便捷的物流服务。同时，平台还支持实时监控货物的运输情况，确保货物能够安全送达目的地，成功实现了物流运输的智能化、数字化和绿色化。

5. 废料处理循环用，资源再生利千秋

循环经济是实现可持续发展目标的关键一环，其核心在于资源的有效再利用以及废弃物的最小化。海螺水泥积极践行循环经济理念，通过精细的废料处理与循环利用流程，将原本可能被废弃的资源转化为宝贵的生产要素，减轻环境负担并优化成本结构，从而充分发挥出循环经济的深远价值。具体措施如下：

（1）捕碳项目

海螺水泥秉持创新发展理念，积极与产业界、学术界和研究机构展开深度合作，共同研发二氧化碳捕捉、收集及纯化技术。经过不懈努力，海螺水泥终于在 2018 年 10 月成功建成了二氧化碳捕捉、收集及纯化项目。随着该项目的实施，海螺水泥成功将原本排放后导致温室效应的二氧化碳通过高效地捕捉、收集及纯化技术转化为有用资源。这些经过处理的二氧化碳在焊接、食品保鲜、干冰制造、电子、激光和医药等多个领域展现了广泛的使用价值，为企业创造了新的价值创造路径。这一创新举措开创了世界水泥行业在碳捕捉利用方面的先河，不仅能帮助企业降低碳排放量，缓解环境的压力，同时更是将二氧化碳转化为有价值的产品，实现了资源的最大化利用，为企业的可持续发展注入了新的价值增长点。

（2）无害化、减量化、资源化

海螺水泥坚持贯彻“无害化、减量化、资源化”的废物处理理念，积极推进废弃物的回收再利用与协同处置工作。这项措施使得公司不但显著减少了对环境的污染，还节省了珍贵的石灰石资源，并促进了在生产和废物处理过程中减少碳排放。在处理危险废物方面，海螺水泥建立了专门的暂存库，并严格遵守危废管理规定，定期与有资质的机构合作，确保废物得到合规处理。此外，海螺水泥加强了危险废物的储存与管理，确保在水泥生产中进行无害化处理。在减少废物和资源化方面，海螺水泥通过不断创新和研发，已成功开发出利用水泥窑协共处理城市生活垃圾的系统，并实施了利用工业废料的水泥窑技术。通过采用这些技术，水泥窑现在可以处理煤矸石、火山灰、脱硫石膏等各种工业废料和城市垃圾，达到减少废物和资源化利用的目的，这为公司的可持续发展提供了新的推动力。

（3）节约用水、循环用水

海螺水泥始终秉持节约用水的理念,积极推动循环用水。在废水治理方面,公司精心规划,确保厂区、矿山、码头等区域的污水与雨水实现分流处理。对于生活污水,海螺水泥采用先进的A/O等二级生化处理技术,将水质处理至可回收利用的标准,再将处理后的水运用于厂区的绿化浇灌,实现了水资源的循环利用。

此外,海螺水泥还注重雨水的循环利用。通过改造厂区内的人工湖,公司建立了雨水综合利用体系。这些雨水被收集起来,经过简单的处理后,用于替代部分降尘和生产线上使用的中水。这种创新的水资源管理方式不仅减少了工业用水的消耗,还有效降低了生产成本,实现了环保与经济效益的双赢。

(三)社会层面实践,以人为本服务至上

1. 以人为本惠人才,员工关怀显温情

在人员雇用上,海螺水泥坚信人才是实现公司可持续发展的第一资源,始终秉持以人为本的用人理念,予以每一位员工最大限度的支持与保障,努力创造平等多元、包容温暖的职场环境,实现员工与公司的共同发展。同时,海螺水泥坚持布局人才强企战略,持续完善并优化员工培训和晋升体系,努力打造行业领先的人才队伍。为员工提供具有行业竞争力的薪酬与福利保障,用实际行动向员工传递关爱,用心培育海螺水泥发展的人力资源基石。

2. 本土采购担责任,责任供应赢信赖

海螺水泥始终遵循本地化采购方针。即在确保生产供应稳定的同时促进社会责任的履行,优先选用当地原材料,降低运输成本和风险,推动当地经济发展。目前,海螺水泥国内外子公司的原材料采购均实现了100%本地化。

在2023年,海螺水泥全面启动升级线上“海螺阳光智慧采购平台”,对供应商实现招投标的全生命周期管理,从供应商引入、资质调查、信息变更、现场考察到供应商考评,以全方位的视角进行供应商管理,加强招投标流程的公开和透明,促进供应商体系进一步完善。2023年,平台已累计开展11 190项招标及询比价项目,有11 717家供应商实行自主注册,其中1 490家供应商获得ISO9001、ISO14001、ISO45001等质量/环境/安全体系认证。这不仅成为海螺集团公司全业态招标的亮点展示平台,还进一步健全了海螺水泥独立的采购监督管理机制,有效维护了供应商的合法权益。2023年,未发生因阳光智慧采购平台招标产生的投诉事件。

3. 优质服务赢口碑,客户至上铸品牌

海螺水泥始终遵循以客户为中心的原则,致力于提供周到的服务和高品质的产品。通过倾听客户需求,公司不断改进服务质量,致力于与客户建立持久和谐的合作关系,以实现共赢目标。

(1)以客户需求为导向

海螺水泥致力于精准把握客户需求,构建了一套标准化和规范化的销售服务系统,并

设立了“400－0600－585”全国服务热线。通过市场调研和客户反馈，海螺水泥深入了解客户对产品性能、质量和交货时间的具体要求。基于这些信息，海螺水泥持续研发创新，提供高质量的产品和服务。在追求低碳发展的过程中，海螺水泥不仅关注产品的质量与性能，也致力于减少碳排放和资源消耗，以满足市场对环保产品的需求。

(2)优化客户体验

从矿山开采到成品水泥发运出厂，海螺水泥致力于高效地确保产品质量，无论是在产品设计、制造过程还是在物流配送流程，都进行了持续优化，以确保产品质量始终保持稳定并按时交付。对于海螺水泥来说，“质”造之旅并不止于此，海螺水泥坚持把高品质的售后服务连同产品一起“打包发运”到客户的手中并始终与客户站在一起，协助客户解决问题，不断优化客户体验。公司坚持客户服务标准化管理，结合客户的实际需求制定精准服务解决方案，为客户排忧解难，构建起立体化的精准服务体系。在这样的服务体系下，海螺水泥产品的发运效率同比上升了 10%，客户对海螺水泥的信任和认可也在不断提高。不仅如此，海螺水泥坚持提供有温度的服务，通过冬日送温暖、夏日送清凉、定期多层次拜访等多种举措，客户满意度不断提升。为将售后服务工作做到全覆盖，海螺水泥还推进生产、技术安全、质量、销售等部门协同运作，使生产环节与销售服务有机结合，搭建起服务质量管理全过程的可追溯体系。

(四)治理层面实践，企业管治体系完善

1. 企业管治守规范，决策科学促发展

海螺水泥严格遵守《公司法》、境内外上市规则等法律法规，依据相关规范性文件以及公司章程要求，不断完善公司治理体系，提升治理水平。海螺水泥构建了股东大会、董事会、监事会、管理层“三会一层”治理结构，治理层级之间权责分明、各司其职，决策独立、高效、透明。深入贯彻可持续发展理念，积极履行社会责任(见图 3－13)。

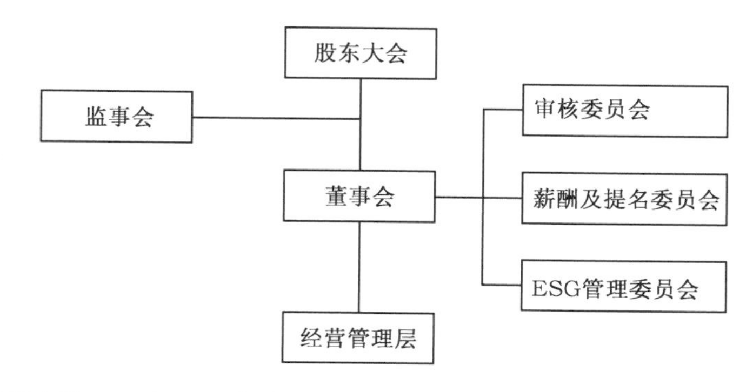

资料来源：海螺水泥 2023 年 ESG 报告。

图 3－13 海螺水泥“三会一层”治理结构

同时,为促进 ESG 管理与公司治理深度融合,海螺水泥建立了“董事会—ESG 管理委员会—ESG 工作小组”三级管理架构,以保证公司 ESG 管理的决策、组织和执行,为公司可持续发展提供有力保障。其中,董事会负责 ESG 管理方针、策略、目标制定和目标进度监督以及 ESG 表现等方面的工作。ESG 管理委员会则负责主导公司的 ESG 相关事务,全面协调并监督 ESG 工作小组的工作,包括监察公司的 ESG 愿景、目标和策略的发展及实施情况,识别和评估公司的重要 ESG 风险,审阅公司的 ESG 相关政策、报告和披露,以及协调和监督各项 ESG 相关工作的落实情况。ESG 工作小组负责开展 ESG 相关事宜,包括制定 ESG 各个层面的具体工作计划和执行,识别 ESG 重大风险议题,并将其与集团的 ESG 策略、愿景和价值观相联系,定期统计、分析 ESG 相关数据,并向 ESG 管理委员会汇报工作进展与结果,以确保 ESG 管理工作得到有效实施和监督。

2. 三级体系筑防线,环境治理保长效

海螺水泥根据企业管理政策,建构了包括“总部—区域—子公司”三级架构的环境管理体系,以促进节能和环保事业。在这一组织架构中,总部的环境管理部门肩负着制订集团的节能和减碳目标和计划的重任,同时也负责组织相关专业培训,并对各子公司进行严格的检查监督。区域级环境管理部门负责执行总部设定的节能减排战略,并监督区域内的节能减排活动,同时向总部汇报。各子公司的环境管理部门则需遵循总部的方针行事,执行明确的环保管理措施,以达到节约能源和减少碳排放的目的。此外,海螺水泥还把环境管理绩效与相关人员的薪酬绩效联系起来,以强化环保责任。通过这种组织结构,海螺水泥可以清晰地分配职责与目标,从而提升管理的效率与环境保护的标准(见图 3—14)。

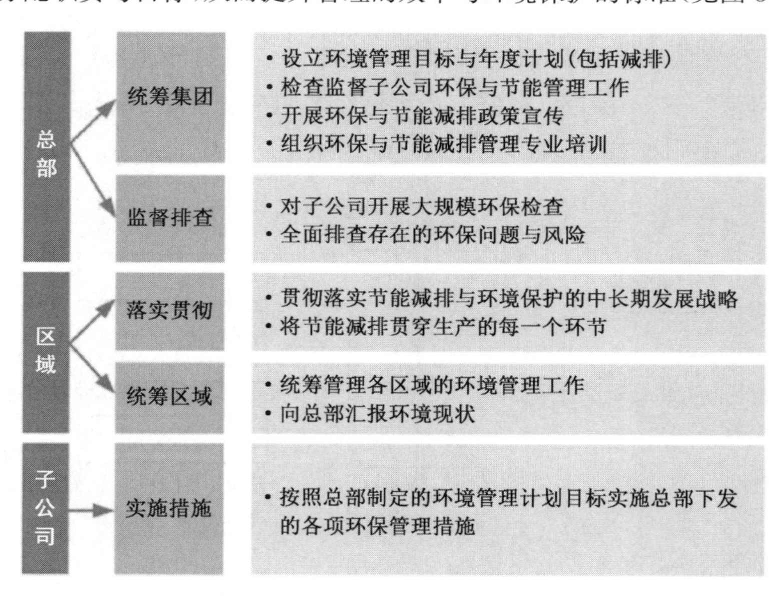

图 3—14 海螺水泥三级环境管理架构

3. ESG 信息披露显透明，质量提升赢信任

海螺水泥定期发布 ESG 报告，向公众全面、系统地披露公司在环境、社会和公司治理方面的具体实践、成效以及相关数据，提高了信息披露的透明度；此外，海螺水泥在 ESG 信息披露过程中，参照国内外权威标准，如《上市公司 ESG 信息披露指引》等，不断提高信息披露的规范性和专业性。

作为“A＋H 股”上市公司，海螺水泥始终严格按照法律法规和上市规则要求，高质量做好信息披露工作，坚持以投资者需求为导向，不断提升信息披露的深度和广度。海螺水泥连续三年获得上交所信息披露工作 A 级评价，体现监管机构对海螺水泥信息披露和规范运作的高度认可。

(五)实践路径效果评价，海螺 ESG 领风骚

1. ESG 实践路径

如图 3－15 所示，海螺水泥的 ESG 实践路径紧密围绕绿色发展战略，通过环境、社会和治理三个层面的举措以实现企业的绿色转型，从而实现可持续发展。

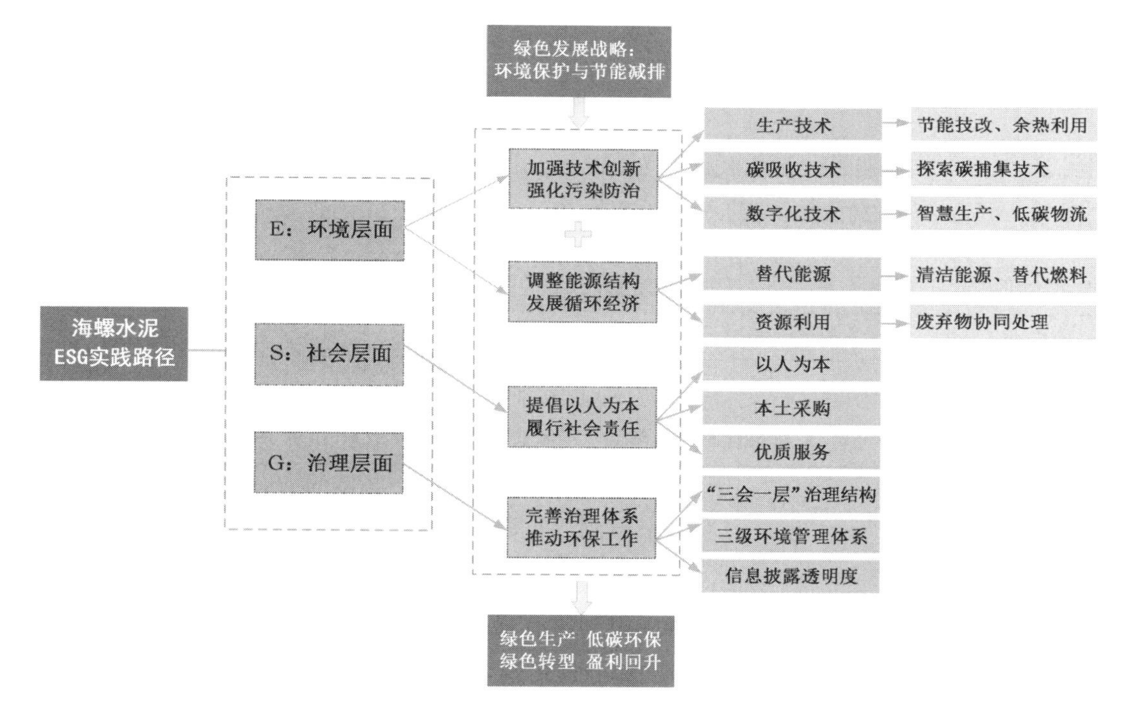

图 3－15 海螺水泥绿色转型路径

在环境层面，海螺水泥一是通过加强技术创新如生产技术、碳吸收技术和数字化技术等来强化污染防治。二是致力于发展替代能源以调整能源结构。同时积极发展循环经济，实现资源的高效利用和废弃物的协同处理。

在社会层面,海螺水泥坚持以人为本的理念,提倡本土采购并提供优质服务,切实履行社会责任。

在治理层面,海螺水泥采用"三会一层"治理结构,建立三级环境管理体系,同时增强信息披露透明度,确保绿色生产和低碳环保工作的持续推进。

2. 环境绩效显著,绿色转型硕果累累

海螺水泥坚定地将低碳理念融入其价值链的每一个环节,通过精心优化内部价值链的各项措施,不仅显著降低了生产成本,还大幅减少了碳排放量,实现了经济效益与环境效益的双赢。从海螺水泥发布的社会责任报告中公布的能源发电量指标和温室气体排放量指标可以看出,公司在节能降碳方面取得了显著成效,从表3—2可以看出,海螺水泥通过积极规划清洁能源和替代燃料,利用光伏、风力、天然气、生物质等清洁能源发电,2022年较2021年使用的清洁能源总量提高了近20倍,2023年单光伏发电比2022年清洁能源总量还要多。2022年海螺水泥成功建立了水泥行业第一个"零外购电清洁能源低碳工厂",这完全满足了工厂的电力需求,实现电力零外购。另外,如表3—3所示,2022年与前一年相比节省了53%的煤炭使用,2023年甚至在2022年的基础上节约了287.09%,这表明海螺水泥成功地减少了购买高价煤炭的成本。同时,海螺水泥采用清洁能源发电和作为替代能源,在过去两年总大气污染物排放量均有所下降,这不仅降低了自身的能源消耗,还为社会提供了清洁能源,推动了整个社会的绿色可持续发展。

表3—2 **海螺水泥清洁能源发电情况** 单位:万千瓦时

	风力发电	光伏发电	生物质发电	总计
2021年	127.6	1 153	—	1 280.6
2022年	115.79	24 600	291.42	25 007.21
2023年	—	42 900	—	42 900

数据来源:海螺水泥社会责任报告。

表3—3 **海螺水泥利用清洁能源和替代燃料节能效果** 单位:万吨

	节约标准煤	总大气污染物排放量
2021年	2.02	9.75
2022年	3.10(↑53.46%)	6.40(↓3.35%)
2023年	12(↑287.09%)	7.50(↓1.1%)

数据来源:妙盈科技。

3. 技术创新突出,智慧制造降本增效

海螺水泥通过科技创新项目,孵化了高科技产业链企业,并且初步建立了数字化和智能化的产业群。在海螺水泥的研发经费中,环保方面的支出占有很大份额。以研发支出增长率作为衡量技术研发的资金投入指标,海螺水泥的研发费用呈现总体上升趋势(见表3—4)。

表 3－4　　**海螺水泥 2018—2023 年研发费用投入及增长率**

年份	2018	2019	2020	2021	2022	2023
研发费用(亿元)	0.71	1.87	6.47	13.17	20.11	18.60
研发费用增长率(%)	67.43	163.78	245.40	103.52	51.54	−7.51

数据来源：海螺水泥 2018—2023 年年报。

在环保研发投入的推动下，实施环保转型的近十年来，海螺水泥坚持绿色低碳环保技术升级，逐渐绿色转型。此外，如图 3－16 所示，海螺水泥拥有的专利数量也在不断增加，可间接说明 ESG 理念运用到技术研发环节所带来的研发效果显著。

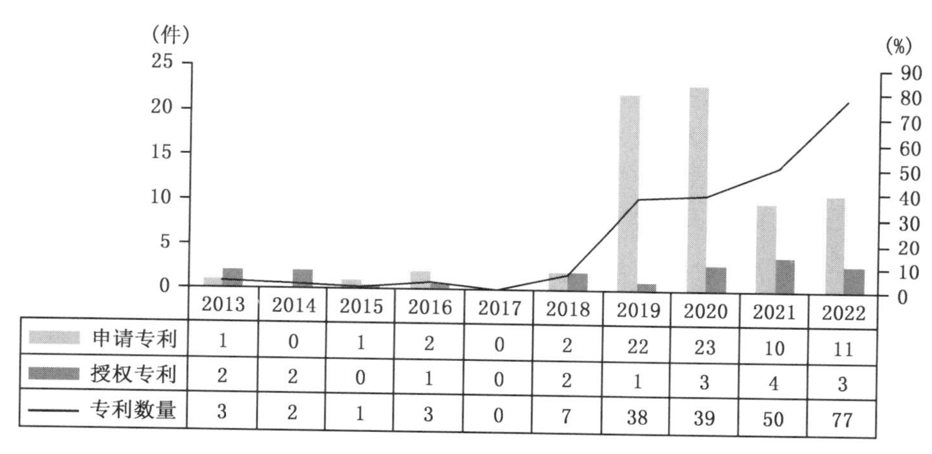

	2013	2014	2015	2016	2017	2018	2019	2020	2021	2022
申请专利	1	0	1	2	0	2	22	23	10	11
授权专利	2	2	0	1	0	2	1	3	4	3
专利数量	3	2	1	3	0	7	38	39	50	77

数据来源：海螺水泥 2013—2022 年年报。

图 3－16　海螺水泥 2013—2022 年专利情况

4. 客户满意度高，市场占有率提升

在客户满意度提升方面，海螺水泥各子公司每季度都通过问卷调查的方式抽取部分客户开展调查。调查内容包括产品质量、发货管理以及销售服务等方面。2023 年海螺水泥通过云销电商平台对 99%的客户进行调查回访，综合满意度达到 95%。

在低碳发展背景下，海螺水泥的技术和循环经济模式的应用为维持其高市场份额提供了坚实的基础。如图 3－17 所示，海螺水泥在过去 5 年的市场份额平均值介于 11%～14%，到 2023 年，其市场份额约为 14%。从历年市场占有率看，海螺水泥在中国市场上一直占据着领先地位。

5. ESG 评级亮眼，实践成果获认可

如图 3－18 所示，2017 年至 2023 年妙盈科技对海螺水泥的 ESG 总评分呈现上升趋势。2017 年海螺水泥的得分仅有 0.394，评级为 CC；2023 年已增长至 0.742，增长率为 88.32%，评级也上升至 BBB。由此可见，海螺水泥近年来绿色转型中的 ESG 实践效果较好，进步较大。

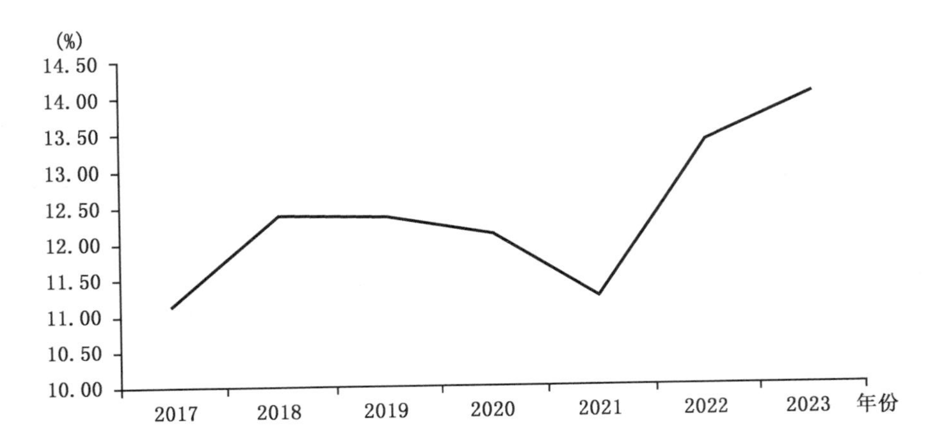

数据来源:海螺水泥年报和中国水泥网。

图 3—17 海螺水泥 2017—2023 年市场份额情况

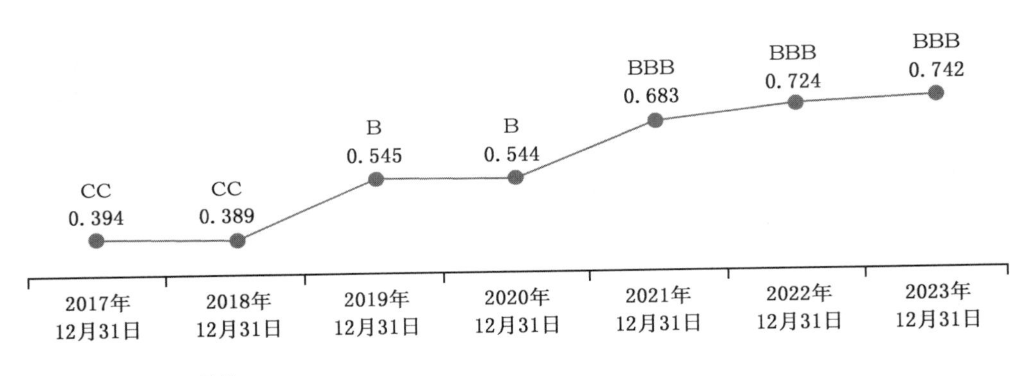

数据来源:妙盈科技。

图 3—18 海螺水泥 ESG 评级(评分值域:0～1)

图 3—19 展示了海螺水泥 ESG 评分中一级指标的得分情况:2017 年以来,海螺水泥的环境、社会、公司治理的得分均大幅上升,其中环境指标评分增长最大,从 2017 年的 0.256 增长至 2021 年的 0.773,增长率为 201.95%,社会和公司治理增长率分别为 37.12%和 34.43%。

如图 3—20 所示,从 Wind 对海螺水泥的 ESG 评级来看,同行业的评级分布中,A 级及以上的分布不到 20%。但 2019 年以来,海螺水泥一直被评为 A 级及以上,在建材行业中排名也比较靠前,可见公司近 5 年的 ESG 表现较为良好。

如图 3—21 所示,建筑材料行业公司的 ESG 评级表现整体较弱。海螺水泥除社会绩效之外,在环境和治理方面的得分远高于整个建材行业得分。

妙盈科技和 Wind 资讯都对海螺水泥交出的 ESG 答卷给予了充分的认可。从 ESG 的三个方面来看,海螺水泥都表现出了较高的水平和突出的成果。尤其是在环境方面,海螺

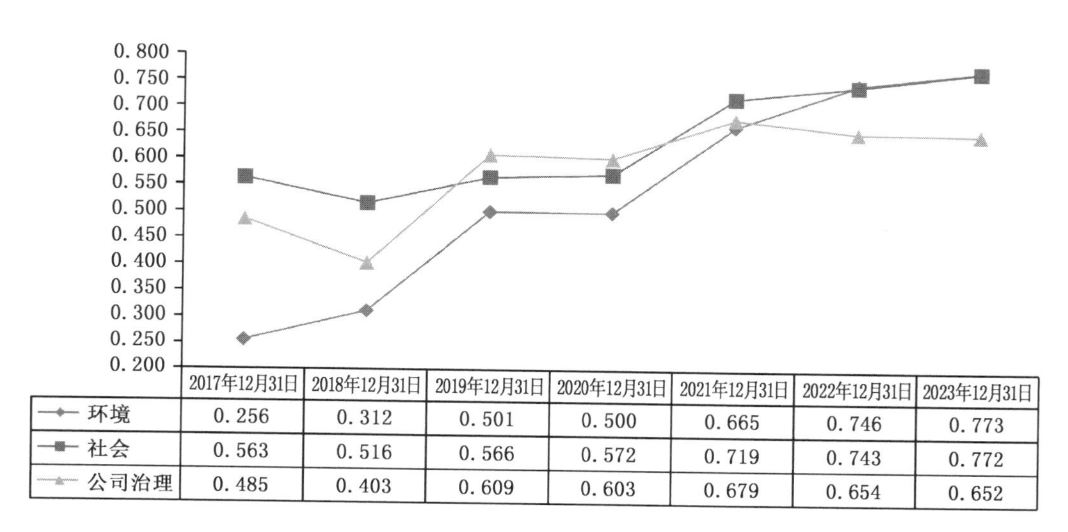

	2017年12月31日	2018年12月31日	2019年12月31日	2020年12月31日	2021年12月31日	2022年12月31日	2023年12月31日
环境	0.256	0.312	0.501	0.500	0.665	0.746	0.773
社会	0.563	0.516	0.566	0.572	0.719	0.743	0.772
公司治理	0.485	0.403	0.609	0.603	0.679	0.654	0.652

数据来源：妙盈科技。

图 3—19 海螺水泥 ESG 评分一级指标得分趋势

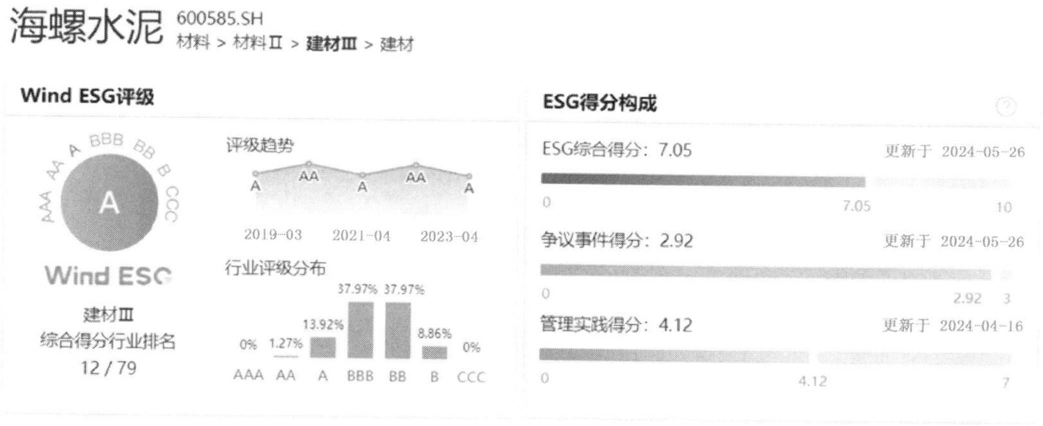

数据来源：Wind 数据库。

图 3—20 海螺水泥 ESG 评级

水泥通过绿色转型和数字化升级实现绿色转型，得到了国际国内的认可，为其他企业提供了可借鉴的标杆。

此外，2024 年 4 月 26 日，海螺水泥成功发行 2024 年度第一期、第二期绿色中期票据，发行总募集资金专项用于公司绿色新能源项目发展与建设。根据全国银行间同业拆借中心的公开资料，海螺水泥在主体评级中被评为 AAA，达到了中国银行与中债估值中心联合发布的绿色债券指数标准。绿色债券的发行条件本身就比普通债券的发行更为严苛，本次债券的成功发行也在一定程度上说明海螺水泥的绿色转型持续升级，充分体现了资本市场

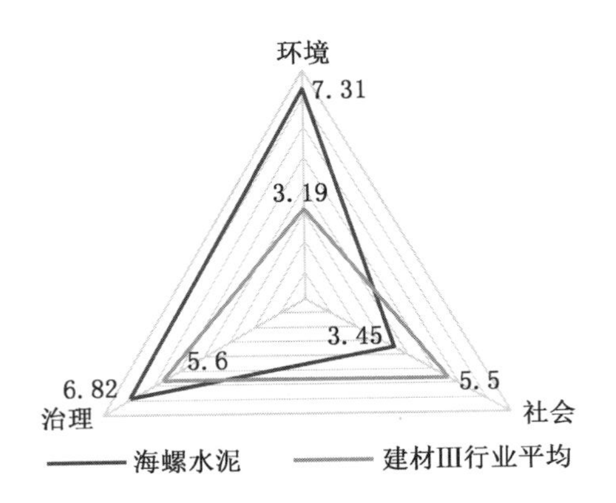

数据来源:Wind数据库。

图3—21　海螺水泥ESG得分与行业对比

对公司绿色转型发展的高度认可。

6. 荣誉累积声誉,海螺品牌熠熠生辉

近年来,海螺水泥积极履行社会责任,获得了广泛的荣誉和社会声誉。公司积极与供应链各方协同合作,实现互利共赢,不断创造出安全环保产品;并积极参与社会捐赠、防疫救灾等公益活动。海螺水泥一直都在坚持服务社会的发展理念,提升了企业知名度,塑造出了富有担当的企业形象。如图3—22所示,最近几年,在ESG实践的推动下,海螺水泥信誉持续积累,在获奖的数量和质量上都有了很大提高。

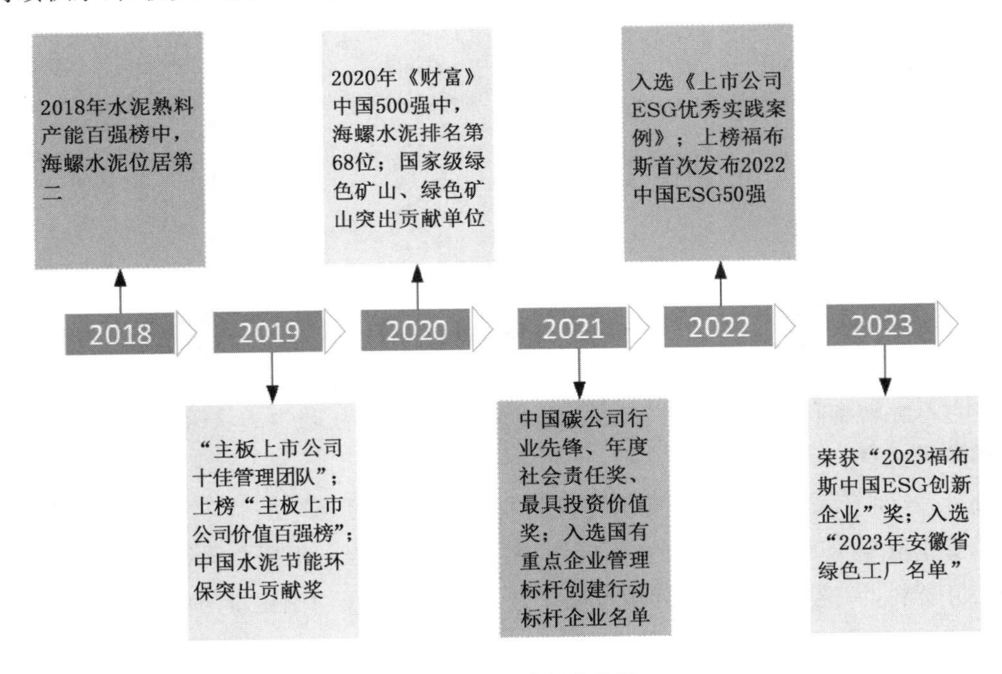

图3—22　企业所获荣誉

(六)ESG 实践促进经济、社会和环境价值创造机制

图 3—23 总结了海螺水泥 ESG 实践促进经济、环境和社会价值创造机制：海螺水泥的 ESG 实践通过绿色价值创造机制、声誉机制和信任机制实现经济、环境和社会价值创造，从而实现可持续发展。海螺水泥 ESG 实践促进经济、环境和社会价值创造的传导机制具体如下：在环境层面，通过创新驱动、数智化转型和资源循环利用，不仅减少了环境污染，还开辟了新的价值创造途径，显著提升了资源利用效率，降低了生产过程中的能源消耗与碳排放；在社会层面，通过坚持以人为本的用人理念，优化供应链和强化客户关系管理，增强了品牌声誉；在治理层面，强化公司 ESG 管理架构，加强信息披露的规范性和专业性，赢得了市场和投资者的信任。

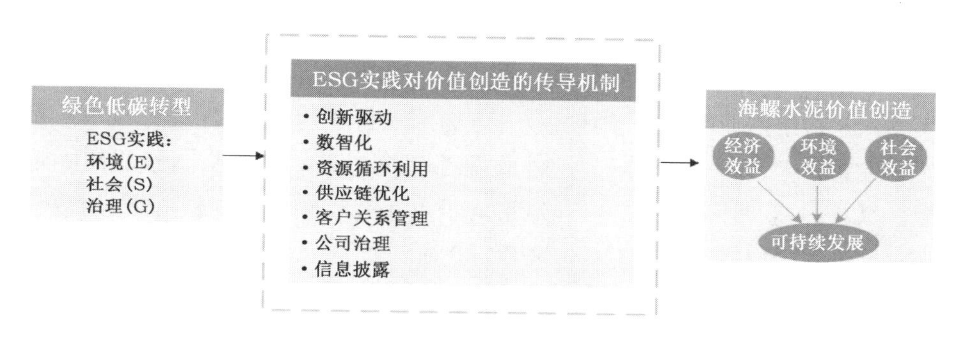

图 3—23 海螺水泥 ESG 实践促进经济、环境和社会价值创造机制

(七)成功经验精提炼，海螺之路广借鉴

1. 优化能源结构，提升资源效率

水泥生产需要消耗大量的电力。传统水泥厂采取煤炭发电的方式来提供电力，同时会排放大量温室气体。因此，海螺水泥一方面大量投资可再生能源发电，通过推动水泥厂光伏发电和风力发电改造来持续提高可再生能源发电对化石能源的替代；另一方面应用替代燃料减少煤炭等化石能源的消耗，同时还通过二氧化碳捕捉收集纯化项目，将收集的二氧化碳用于其他领域。2020 年海螺水泥建成了国内水泥行业首条生物质替代燃料系统，实现生物质燃料替代燃煤率超 40%，同时通过阶梯炉、热盘炉等技术的集成应用，将协同处置进行升级改造，使垃圾衍生燃料入窑，进一步提高资源利用率。

2. 数字化赋能快，绿色平台升级

水泥是传统产业，要适应中国经济转型升级的要求，必须对相对粗放的生产管理、制造流程等进行深度改造，通过数字化、智能化可以做到更精细、更集约、更高效。在“双碳”目标提出以后，海螺水泥大力推进大数据、人工智能、工业互联网等数字技术应用，推动传统产业再升级，实施“低碳＋数字化”的运营转型。海螺水泥在“智能工厂”等前期经验基础

上,按照“先内后外”的步骤,构建工业互联网,2022年6月,初步建成面向水泥、型材两个产业的垂直型工联网平台;以低碳、节能和绿色材料为重点方向横向扩展,于2022年年底建成跨行业、跨领域的“双跨”平台,孵化新产业新业态,促进更多要素之间互动耦合、形成生态,使数智技术成为推动发展的“新引擎”。

3. 全面低碳成本管理,企业稳步发展

海螺水泥认识到传统的战略成本管理已无法满足企业长远发展的需求,因此实施了全面的低碳战略成本管理策略。通过价值链分析,海螺水泥可以识别出哪些环节可以最大限度地降低碳排放,并针对排碳量较大的环节制定相应的降碳措施和成本管理策略。海螺水泥通过强化与供应链上下游的合作伙伴关系,共同应对市场波动。这种低碳战略成本管理策略不仅有助于减少对环境的影响,还有助于降低生产成本,增强市场竞争力,从而支持企业的长期增长。

4. 技术创新驱动,智慧制造降本

技术创新是传统产业升级的“助推器”。作为水泥行业的“排头兵”,海螺水泥投入大量研发费用开发新技术、新产品和新服务,并取得了显著成果。近年来,海螺集团在水泥技术装备领域持续攻关,获得发明专利485项,形成了一系列高端制造创新成果,创造了全球第一个水泥窑尾烟气碳捕集纯化项目、全球第一个水泥全流程智能工厂、全球第一个水泥窑协同处理生活垃圾系统等“九个第一”,还打造了高效、智慧物流体系“云销”系统和电商平台,实现销售业务全流程电子化。这些科技成果,让高效节能减排、智能制造、绿色发电等成为现实,展现了海螺水泥在低碳发展背景下的社会责任担当,也推动着海螺集团成为行业“顶流”。

(八)结语

在碳排放“双控”政策、可持续披露准则颁布和水泥行业碳达峰、碳中和的背景下,享有“世界水泥看中国,中国水泥看海螺”美誉的海螺水泥以科技创新推动传统产业升级,以数字化技术赋能企业的数智化转型,以减污降碳协同增效为总抓手促进企业绿色转型,开展了卓有成效的ESG实践和ESG信息披露,促进了企业的绿色转型和可持续发展。海螺水泥的ESG实践通过绿色价值创造机制、声誉机制和信任机制实现经济、环境和社会价值创造,从而实现可持续发展。

思考题

1. 海螺水泥ESG实践的动因有哪些?试分析海螺水泥ESG信息披露的必要性和合理性。

2. 请结合案例分析海螺水泥绿色转型模式。

3. 海螺水泥在绿色转型过程中是如何通过改进价值链中的关键环节(如原材料采购、

生产过程、产品运输等）来实现低碳战略成本控制与提升经济和环境价值的？

4. 海螺水泥在推进绿色低碳转型过程中面临的主要挑战有哪些？海螺水泥是如何克服这些挑战以实现可持续发展的？

5. 海螺水泥绿色转型模式的核心要素是什么？这些要素如何相互作用，共同推动企业的绿色转型？

参考文献

[1]刘莉亚，周舒鹏，闵敏，等. 环境行政处罚与债券市场反应[J]. 财经研究，2022，48(4)：64—78.

[2]刘雪宜. ESG 实践对企业绩效的影响研究[D]. 太原：山西财经大学，2023.

[3]韦欢. 海螺水泥绿色治理动因及效果研究[D]. 南宁：广西财经学院，2023.

[4]许孟霞，骆公志. ESG 表现对重污染企业财务绩效的影响研究——基于绿色技术创新视角[J]. 经营与管理，2024(4)：21—28.

[5]杨轶博."双碳"目标下的 ESG 实践对企业绩效的影响分析[J]. 中小企业管理与科技，2023(20)：40—42.

[6]张漫漫. 价值链视域下海螺水泥低碳战略成本管理模式研究[D]. 武汉：江汉大学，2024.

[7]张月月. 企业 ESG 表现、债务融资成本与绿色技术创新[J]. 国际商务财会，2024(10)：19—26.

[8]张悦宁. 海螺水泥环境会计信息披露质量研究[J]. 现代营销(下旬刊)，2024(2)：155—157.

[9]钟廷勇，胡俊. 企业数字化转型与 ESG 表现——基于管理者学习理论视角[J]. 会计之友，2024(11)：118—126.

四、造车神话背后

——小米 ESG 的样态、瓶颈与展望[①]

内容提要 本报告详细分析了小米公司在环境、社会和公司治理(ESG)以及绩效表现等几个方面的表现,评估其 ESG 实践的有效性和 ESG 表现对于绩效的影响。小米公司在2021 年至 2023 年的 ESG 报告显示出显著改进,但与华硕、联想、深圳传音、纬颖科技和浪潮电子相比,小米在某些关键领域仍有提升空间。

在环境治理方面,小米在碳排放和能源管理上需要进一步改进。尽管采取了一些措施减少碳排放和提高能源使用效率,但与其他公司相比仍有差距。华硕在提升产品能源效率和使用可再生能源方面表现出色,小米可以借鉴其经验,增加可再生能源使用比例。此外,小米的电子废物管理效果有限,尽管有回收计划,但覆盖范围和效果需提升。华硕和联想在废物管理和资源循环方面表现突出,如华硕的循环经济模式和联想的资源回收计划。小米应扩大回收项目范围,确保所有产品类别都纳入回收计划,增强资源循环利用。

在社会治理方面,小米在供应链劳工标准的管理上存在问题,尤其是在劳工条件较差的地区。联想在供应链管理方面设有详细的供应商审计和整改措施,小米可以借鉴其经验,完善供应链劳工标准管理,确保合规性和透明度。此外,小米在隐私与数据安全方面存在争议,尽管有培训和监督措施,但需进一步加强数据保护机制,避免敏感信息泄露。

在公司治理方面,小米的结构存在缺陷,如联合创始人拥有过多投票权,董事会多样性不足,这些问题可能影响公司决策的独立性和有效性。华硕和联想在董事会多样性和透明度方面有更高的标准和实践。小米应增加独立董事比例,提升董事会多样性和透明度,确保公司治理的独立性和有效性。此外,小米在商业道德和反腐败措施方面存在不足,尽管制定了相关政策,但实际执行和监督上需改进。华硕在反腐败和商业道德方面有严格措施和监督机制,小米应加强这些方面的执行和监督,提升商业道德水平。

总体来说,小米在 ESG 报告中展现了显著改进,但需在环境治理、社会治理和公司治理方面借鉴同行优秀企业的经验,通过加强碳排放管理、废物处理、供应链管理和公司治理结

① 指导教师:叶榅平(上海财经大学);学生作者:赖德斌(上海财经大学)、沈秋豪(上海财经大学)、蒋琪琪(德国慕尼黑大学)、傅子洛(中国香港理工大学)。

构等措施,进一步提升其可持续发展报告的质量和影响力,实现更高水平的 ESG 发展及目标。

案例介绍

(一)小米 ESG 报告的评级"跃升"

小米的 ESG 报告在 2021 年至 2023 年期间显示出显著的形式变化,报告内容更加详细,图表和案例的数量也有所增加,展示了更详细的数据和实践。

具体来看,2021 年的报告为 57 页,图表和具体案例的使用较为有限。[①] 2022 年的报告为 80 页[②],2023 年的报告增加至超过 100 页。[③] 而页数的增加也带来报告质量的提升,小米 ESG 报告的案例数量有所增加,从 2021 年的约 15 个增加到 2023 年的 25 个,图表数量从 10 个增加到 20 个。2023 年的报告中包含更多的具体数据和案例分析,帮助读者更好地理解小米的 ESG 实践。

小米的 MSCI 评分在 2023 年有显著提升[④],评级从 2020—2022 年一直持续的 B 级,提升至 BB 级(见图 4—1)。

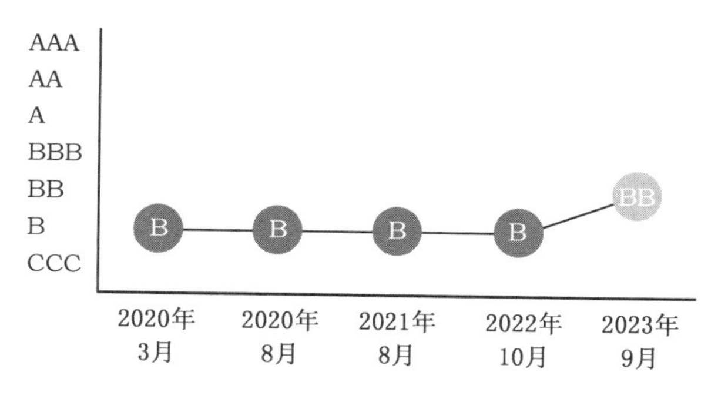

图 4—1 小米集团 MSCI 历年 ESG 评分

其中,环境方面评分提升显著,小米通过改进电子废物管理和抓住清洁技术机会,显著提升了评分。然而,社会方面的供应链劳工标准管理仍有严重问题,治理结构中的投票权和董事会多样性也需进一步优化。

通过借鉴同行业企业(如华硕和联想)的成功经验,加强审计机制和数据安全措施[⑤],小米可以进一步提升其 MSCI ESG 评分,推动公司实现更高水平的可持续发展目标。其变化

---

① 小米集团. 小米公司 2021 年环境、社会及治理报告[R]. 2022.

② 小米集团. 小米公司 2022 年环境、社会及治理报告[R]. 2023.

③ 小米集团. 小米公司 2023 年环境、社会及治理报告[R]. 2024.

④ MSCI. Xiaomi Corporation. MSCI ESG Ratings Report[R]. 2023.

⑤ MSCI. Lenovo Group Limited. MSCI ESG Ratings Report[R]. 2023.

的具体分析如下:

1. 环境方面

(1)电子废物管理

小米评分变化表现为2021年为1.9分,2023年提升至4.1分。小米在近几年加强了电子废物的管理和回收,明确禁止将电子废物出口到非经合组织国家,显著提高了其电子废物管理评分。

(2)清洁技术机会

小米评分变化表现为2021年为2.8分,2023年提升至6.6分。小米在2024年上半年大规模生产电动汽车,并提供智能制造解决方案。这些举措使其在清洁技术机会方面的评分大幅提升。

2. 社会方面

(1)隐私与数据安全

小米评分变化表现为2021年为7.0分,2023年下降至5.5分。小米加强了员工培训和供应商监督,改进了数据隐私保护框架,但依旧在数据安全方面陷入中度争议事件,相较于同行公司,小米的日常运营中也有相对较高的比例参与隐私数据的处理过程,小幅度地影响了公司的隐私与数据安全评分。

(2)供应链劳工标准

小米评分变化表现为2021年为1.0分,2023年降至0.0分。小米在供应链管理上涉及严重争议事件,尤其是供应链较大地依赖于劳工条件较差的地区。小米可以考虑加强供应商审计,实施整改措施,以确保符合国际劳工标准。

3. 治理方面

小米评分变化表现为2021年为5.9分,2023年降至4.8分。小米的公司治理结构存在缺陷,例如联合创始人拥有过多投票权,董事会多样性不足。这些问题可能影响公司决策的独立性和有效性。建议小米公司优化股权结构,增加独立董事的比例,以提升董事会的多样性和透明度。

在企业行为方面的评分变化表现为2021年为4.0分,2023年保持不变。小米涉及一些中等程度的争议,包括财务服务合规性问题和供应链中的强迫劳动指控。建议进一步加强商业道德和反腐败措施,以提升企业行为评分。

(二)小米ESG报告的议题“变化”

小米在2021年至2023年期间不断更新其实质性议题,并对实质性议题进行了精简,使得重点更加明确和突出,受国际及国内大环境影响,小米逐渐将更多的关注点放在碳中和、可再生能源使用和供应链管理上(见表4—1)。小米的实质性议题评估方法符合报告框架GRI的要求,包括:

第一，分析议题与业务角色的关系：设计和实施定量评审和分析机制，展示每个议题与相关业务角色之间的关系。[①]

第二，识别利益相关者并评估影响：识别与每个议题相关的利益相关者，评估其影响的重要性，重点关注对小米价值创造的影响。

第三，评估议题的战略重要性：评估每个议题在实施战略、应对当前和未来风险、识别市场机会及促进业务发展中的战略重要性。

第四，评估和量化可持续性影响：尽可能评估和量化每个议题的实际和潜在可持续性影响及其与集团主要风险的相关性。[②]

表 4—1　　小米集团 2021—2023 年 ESG 实质性议题变化

序号	2021 年	2022 年	2023 年
1	信息安全和隐私	产品与服务质量	产品与服务质量
2	知识产权保护	科技探索与普惠	科技探索与普惠
3	反贪污	数据安全与隐私保护	可持续供应链
4	负责人采购	可持续供应链	减缓和适应气候变化
5	水资源管理	气候行动	数据安全与隐私保护
6	能源管理	低碳影响力	人才培养及发展
7	气候变化	人才培养及发展	公司治理
8	产品环境影响	社会责任延伸	商业道德
9	废弃物管理	科技无障碍	废弃物管理与循环经济
10	员工权益保障	伙伴共赢	自然资源与生物多样性
11	员工福祉	商业道德	社会福祉与社区参与
12	多元化与平等	员工权益与多元化	
13	健康与安全	废弃物管理	
14	发展及培训	支持教育	
15	客户关系管理	员工健康福祉	
16	产品与服务质量	水资源管理	
17	科技创新		
18	社区投资		

小米的实质性议题在 2023 年有删减、整合和添加（见表 4—1）。2022 年，小米新增了“低碳影响力”和“社会责任延伸”等议题。2023 年，小米进一步新增了“公司治理”“商业道

① 陈宏辉，刘梦蝶. ESG 研究的概貌、进展与未来展望[J]. 当代经济管理，2024：1—21.

② 孙俊秀，谭伟杰，郭峰. 中国主流 ESG 评级的再评估[J]. 财经研究，2024，50(5)：1—17.

德"和"自然资源与多样性经济"等议题,并将"员工健康福祉"和"社区福祉与社区参与"整合成了"社会福祉与社区参与"。从2021年的"信息安全和隐私""反贪污"和"水资源管理"到2023年的"科技探索与普惠""可持续供应链"和"数据安全与隐私保护",小米逐渐更重视科技创新、数据保护和可持续供应链管理。这些变化也源于全球对数据隐私和安全、气候变化和环境保护的关注,以及企业社会责任和国际监管的要求。[①]

(三)小米ESG报告的同行"比较"

将小米集团ESG报告与同行业企业(如华硕、联想、深圳传音、纬颖科技、浪潮电子)横向比较,能够更为直观地反映出小米集团的ESG水平。在页面设计、排版、图片、内容等重点方面,小米集团的ESG报告尚有优化空间:

第一,内容重点有待突出。可以在首页添加总结页面,突出关键绩效指标、ESG相关目标和本财年进度,突出展示公司的实际行动和成果,帮助读者快速了解报告重点。[②]

第二,增加视觉吸引力,借鉴华硕和联想的报告设计,增加适当的白色空间,提升整体设计美感和专业性。

第三,合理排版,采用双栏排版,分隔主要章节和次要信息,使读者更容易找到关键信息。[③] 使用更多的图表和信息图来呈现数据和分析,减少大段文字,增加可视化效果。

第四,增加图片数量,适当增加图片的数量,特别是环境保护和社会责任相关的图片,展示公司的实际行动和成果。

案例分析

(一)环境治理方面:打造制造业的"绿色旗舰"

1. 力促"智能制造"转向"绿色质造"

(1)应对气候变化

小米在减少碳足迹和碳排放方面已经采取了多项措施,但在力度和成效上仍需进一步加强。华硕和联想等公司在碳中和目标和实现路径方面更加明确和进取,这为小米提供了宝贵的借鉴经验。例如,华硕已经制定了全面的碳中和计划,目标是在2030年实现100%可再生能源使用,并在2040年实现净零排放。[④] 与此相比,小米虽然在减碳方面也有显著进展,但其目标和措施的具体性和透明度还有待提高。

---

① 孙明睿,马融,马文杰.金融科技与企业ESG表现[J].财经研究,2024:1-17.

② 纬颖科技:纬颖2022年可持续发展报告[R].2023:2.

③ 深圳传音控股股份有限公司.传音2022年环境、社会及治理报告[R].2023:7,14,22,31,42,47.

④ 华硕集团.华硕2022年可持续发展报告[R].2023:52.

小米在其 2023 年环境、社会和治理(ESG)报告中，详细描述了其在应对气候变化方面的策略，包括碳足迹管理和碳排放减排目标。报告指出，小米通过优化生产流程、提升能源效率、推广可再生能源等手段，致力于减少其碳排放。然而，小米的实际碳排放及碳排放强度逐年上升，小米在 ESG 报告中需要提供更为细节的分析及下一步计划以确保达到公司承诺的减排目标。小米的 ESG 报告仍需要进一步提升透明度，提供更详细的数据支持其减排成果，以降低漂绿的风险。[①] 例如，华硕在其年度可持续发展报告中，详细列出了各项环保措施的具体实施情况和实际效果，这种透明度有助于提高公众和投资者的信任度(见图 4—2)。

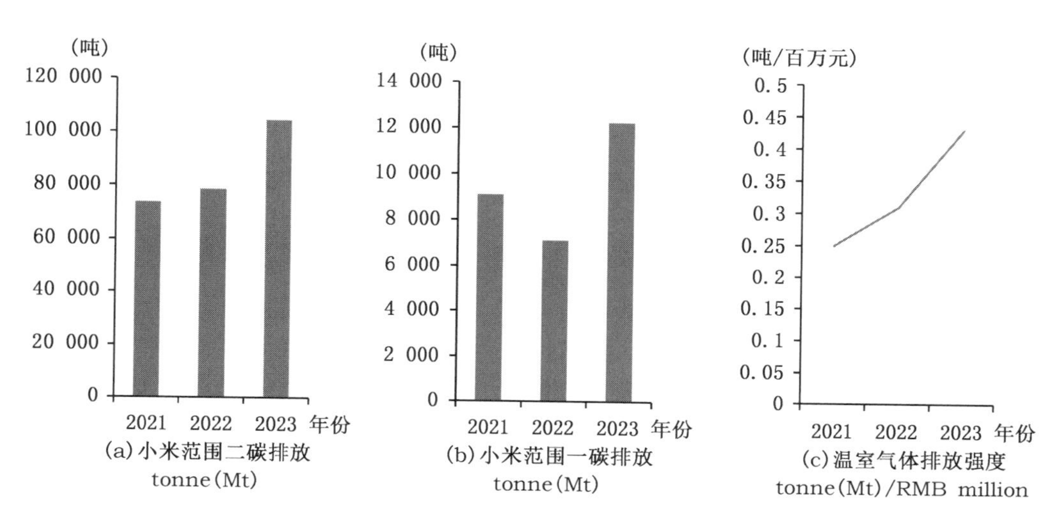

图 4—2 范围一、范围二碳排放及温室气体排放强度变化

此外，小米可以借鉴联想在碳排放管理方面的先进做法。联想不仅在其生产运营中大幅减少碳排放，还通过供应链管理、产品生命周期管理等多方面的措施，实现了整体碳足迹的显著下降。小米在这些方面虽然也有所尝试，但其措施的全面性和深度还有待进一步提升。例如，联想在其报告中明确了每一项环保措施的具体目标和实现路径，并定期评估和调整这些措施，以确保其环保目标的实现。

综上所述，小米在应对气候变化方面还有很大的提升空间。通过借鉴其他公司的成功经验，进一步明确和细化自身的碳中和目标和实现路径，小米可以在减少碳足迹和碳排放方面取得更大的成效。[②]

(2)环境污染防治

在环境污染防治方面小米也采取了一系列措施，包括废气排放控制和废水处理等。然

① 黄恒，齐保垒. 碳风险视角下的企业环境、社会及治理责任履行[J]. 国际商务(对外经济贸易大学学报)，2024(3)：137—156.

② 钱依森等. ESG 研究进展及其在“双碳”目标下的新机遇[J]. 中国环境管理，2023，15(1)：36—47.

而,与华硕相比,小米的具体实施效果和数据披露尚有欠缺。华硕在其年度可持续发展报告中,详细列出了各项污染防治措施的实施情况和实际效果,并提供了详细的数据支持。这种透明度不仅有助于提高公众和投资者的信任,还为其他企业提供了宝贵的借鉴经验。①

在废气排放控制方面,小米通过优化生产工艺、引入先进的废气处理设备等手段,有效降低了废气排放量。然而,小米在这方面的具体数据披露较少,难以全面评估其措施的实际效果。相比之下,华硕不仅详细列出了废气排放的具体数据,还对每一项措施的实际效果进行了量化评估。这种做法不仅提高了透明度,也为其他企业提供了宝贵的借鉴经验。

在废水处理方面,小米通过建立现代化的废水处理系统,有效减少了废水排放对环境的影响。然而,与华硕相比,小米在废水处理方面的具体数据披露仍有欠缺。华硕不仅详细列出了各项废水处理措施的实施情况,还提供了详细的数据支持其处理效果。② 这种做法不仅提高了透明度,也为其他企业提供了宝贵的借鉴经验。通过进一步提高透明度,详细披露各项环保措施的具体实施情况和实际效果,小米可以在环境污染防治方面取得更大的成效。③

(3)生态系统保护

在生态系统保护方面,小米主要关注产品生命周期管理和材料使用。相比之下,联想在生态系统保护方面的措施更为全面,包括生物多样性保护和生态修复。小米在报告中提到,通过优化产品设计和制造工艺,减少对自然资源的消耗,并尽可能使用可再生材料。然而,与联想相比,小米在生物多样性保护和生态修复方面的具体措施和数据披露较少。

联想在年度可持续发展报告中,详细描述了在生物多样性保护和生态修复方面的具体措施。例如,联想在全球多个生产基地周边实施了生态恢复项目,积极参与生物多样性保护工作,并取得了显著成效。这种全面的生态保护措施,不仅有助于保护当地生态系统,还提高了企业的社会责任形象。

此外,小米在产品生命周期管理方面,也可以借鉴联想的先进做法。联想通过优化产品设计,减少产品在整个生命周期内的环境影响,并积极推进产品回收和再制造。这种全面的产品生命周期管理,不仅有助于减少对自然资源的消耗,还可以降低产品的整体环境影响。

(4)资源循环利用

在绿色物流方面,小米的报告显示其在优化物流运输模式上采取了多项措施。例如,小米通过优化仓储资源配置,提升单位面积仓储容量,减少仓储和运输的中间环节,从而降低过程中的能耗。此外,小米还调整智能电视产品运输模式,提高车辆装载量,缩短运输时间,降低运输能源消耗。在国际物流运营中,小米与服务合作伙伴合作,使用更多的液化天然气(LNG)车辆替代柴油车辆,并取得显著的里程成效。而同行也有很多可以借鉴的举

① 武鹏,李童乐. MSCI关注、ESG披露及其经济后果[J]. 会计与经济研究,2023,37(4):65-82.

② 华硕集团. 华硕2022年可持续发展报告[R]. 2022:18.

③ 徐雪高,王志斌. 境外企业ESG信息披露的主要做法及启示[J]. 宏观经济管理,2022(2):83-90.

措，例如，联想通过引入电动汽车，减少供应链碳排放，并参与碳中和航空货运试点计划，采用可持续航空燃料，显著降低碳排放。小米可以借鉴联想的经验，在物流车辆和运输模式上进一步推广使用新能源和低碳运输方式，以更大程度地减少物流环节的碳排放。

在绿色产品方面，小米致力于在产品设计和生产过程中融入环保理念。例如，小米在产品生命周期管理和材料使用上注重可持续发展，推广使用环保材料。然而，与华硕相比，小米在绿色产品开发和市场推广方面的投入和成就相对较少。华硕不仅在产品中引入环保材料，还通过 ISO 14040 标准进行产品生命周期评估，识别碳排放热点，并制定减排计划和目标。小米可以借鉴华硕的最佳实践，加强绿色产品研发，提升产品的能效和环保性能，并在市场推广中更积极地宣传绿色产品的优势。①

在绿色包装方面，小米采取了多项措施，包括循环利用包装箱和物流箱，节约了大量纸张和塑料袋，并且在中国大陆市场显著提升了物流箱的再利用比例。② 然而，与联想和 Wiwynn 等公司相比，小米在绿色包装上的具体实施效果和数据披露尚有欠缺。联想通过改进包装设计，减少包装材料的使用，提升运输效率，同时采用环保包装材料，进一步降低对环境的影响。小米可以借鉴这些公司的经验，进一步优化包装设计和材料使用，提升绿色包装的效果和透明度。

在电子废物管理方面，小米推进了产品回收和再制造，以提升资源利用率。然而，与华硕和 IEIT 等公司相比，小米在电子废物管理上的措施和成效还需进一步加强。华硕通过全球电子产品回收服务，确保废弃电子产品得到妥善拆解和再利用，避免资源浪费和不当处理。小米可以借鉴这些公司的最佳实践，扩大电子废物回收计划的覆盖范围，并通过严格的管理和监控，确保电子废物得到有效处理和再利用。③

在产品回收方面，小米积极推进资源循环利用，通过回收和再制造提升资源利用率。④然而，与华硕相比，小米在回收服务的多样性和覆盖范围上还有提升空间。华硕在 30 个国家提供多种形式的回收服务，包括投递、邮寄、以旧换新和上门取件，确保废弃产品得到有效回收和再利用。小米可以在全球范围内推广多样化的回收服务，提升产品回收率，并通过回收再利用促进资源的可持续利用。

在有害废物管理方面，小米需要进一步加强措施和数据披露。相比之下，联想和华硕等公司在有害废物管理上采取了更为严格的措施，并通过第三方评估确保其有效性和透明度。小米可以借鉴这些公司的经验，加强有害废物的管理和控制，通过引入第三方评估提高透明度，确保有害废物得到妥善处理，减少对环境的负面影响。

小米在绿色物流、绿色产品、绿色包装、电子废物管理、产品回收和有害废物管理方面

① 叶榅平. 可持续金融实施范式的转型：从 CSR 到 ESG[J]. 东方法学，2023(4)：125－137.

② 韩玲，景昕. 投资者关注、ESG 信息披露与企业绿色技术创新[J]. 经济问题，2024(6)：115－122.

③ 刘江伟. 公司可持续性与 ESG 披露构建研究[J]. 东北大学学报(社会科学版)，2022，24(5)：104－111.

④ 丁声怿，白俊红. 企业 ESG 表现与绿色全要素生产率[J]. 产业经济评论，2024(3)：1－19.

采取了多项措施,但在具体实施效果和数据披露上仍需进一步提升。通过借鉴同行的最佳实践,进一步优化和改进各项措施,小米可以在环境治理方面取得更显著的成效,打造制造业的"绿色旗舰"。

(5)绿色绩效评估[①]

小米的绿色绩效评估体系逐步完善,但与Wiwynn[②]和IEIT[③]相比,在评估指标的全面性和透明度上还有提升空间。Wiwynn在其可持续发展报告中,详细列出了各项绿色绩效评估指标,并提供了详细的数据支持。这种全面的评估体系,不仅有助于提高评估结果的准确性,还可以为企业提供更有针对性的改进建议。

在绿色绩效评估指标方面,小米可以借鉴Wiwynn和IEIT[④]的先进做法,进一步细化和完善自身的评估体系。例如,Wiwynn在其报告中,详细列出了各项环保措施的具体实施情况和实际效果,并对每一项措施进行了量化评估。这种全面的评估体系,不仅有助于提高评估结果的准确性,还可以为企业提供更有针对性的改进建议。[⑤]

此外,小米还可以通过引入第三方评估机构,提高绿色绩效评估的公正性和透明度。例如,Wiwynn在其报告中,就详细列出了各项环保措施的第三方评估结果,确保其环境管理体系的有效性和透明度。此外,IEIT通过系统化的能源管理和绿色生产措施,大幅提升了资源利用效率和环境绩效。小米可以借鉴这些公司的最佳实践,通过引入第三方评估机构,提高绿色绩效评估的公正性和透明度。[⑥]

2. 防范"绿色质造"变为"绿色质疑"

(1)部分文字的"包装性"

小米的ESG报告中存在部分文字包装过度的现象,缺乏具体的实施细节和效果数据。例如,在描述环境保护措施时,报告中常常使用较为宏观和抽象的语言,而缺乏具体的实施步骤和量化指标。这种包装性不仅削弱了报告的可信度,也使得利益相关者难以全面了解小米在环境治理方面的实际成效。为了提升报告的透明度和可信度,小米应更多地关注具体数据的披露和详细实施案例的展示,确保报告内容的真实、全面和可验证。例如,在水资源管理中,尽管小米在科学技术园区取得了AWS金级认证,但未能展示在其他运营地点或更广泛应用环境中的类似实践和成效。在废物管理方面,小米在有害废物管理的案例中缺乏广泛的应用和推广,未能充分展示其措施在不同生产环境和地域的有效性和可复制性。

(2)部分议题的"空白性"

---

① Scholtens, B. &Dam, L. Cultural Values and International Differences in Business Ethics[J]. Journal of Business Ethics, 2007, 75(3): 273-284.

② 纬颖科技. 纬颖2022年可持续发展报告[R]. 2023.

③ 浪潮集团. 浪潮2023年可持续发展报告[R]. 2024.

④ MSCI. IEIT SYSTEMS Co., Ltd. MSCI ESG Ratings Report[R]. 2023.

⑤ 林炳洪,李秉祥. ESG责任履行对企业经营困境的影响:"雪中送炭"还是"雪上加霜"?[J]. 中国软科学,2024(6):121-130.

⑥ 李晓蹊,胡杨璘,史伟. 我国ESG报告顶层制度设计初探[J]. 证券市场导报,2022(4):35-44.

在某些重要议题上(如水资源管理和土壤保护),小米的报告内容较为空白,未能充分披露相关措施和成效。例如,水资源管理是环境治理中的重要环节,但小米在这方面的披露相对较少。而联想[①]和 Wiwynn 等公司则在其报告中详细介绍了在水资源节约和土壤保护方面的具体措施和取得的成效。为了弥补这些空白,小米需要在未来的报告中更多地关注这些关键议题,系统地披露相关措施和成效。

(3)部分案例的“非典型性”

报告中的部分案例未能充分代表小米整体的 ESG 实践,缺乏广泛的应用和推广价值。例如,一些案例虽然展示了公司在特定项目上的成功经验,但这些经验是否具有可复制性和推广性尚未得到充分验证。相比之下,华硕和 IEIT 等公司的案例则更加具有代表性和推广价值,展示了在不同情境下的成功实践和经验。小米应在未来的报告中选择更具代表性和推广性的案例,展示其 ESG 实践的广泛适用性和成功经验,从而提升报告的参考价值和影响力。[②] 例如,在生物多样性议题上,小米 ESG 报告中的生物多样性案例缺乏代表性,未能展示广泛的应用和具体的成效,难以评估其整体 ESG 实践的全面性和有效性。

(二)社会治理方面:从“内卷”走向“外卷”

1. 视角转化:从企业自身 ESG 到供应链 ESG

企业业务流程(Business Process)在商业经营过程中备受重视,其与人力资源、物质资源、财务资源等诸多资源要素的形成历程相涉。哈佛商学院的迈克尔·波特(Michael Porter)教授曾就此提出一种价值链模型,将企业为利益相关方创造各类价值的业务集成于一体。[③] 在这种意义之中,供应链被反映为业务流程模型,由供应商、制造商、分销商、零售商以及用户等组合而成。[④] 供应链 ESG 的体系建设,不再将视野与行动拘泥于企业本身,而是开始瞄准供应商、制造商、分销商、零售商等群体,将 ESG 的理念目标通过供应链传播并促使该类群体采取相应的 ESG 行动。

在建设供应链 ESG 体系上,小米集团有着充足的内在动力与外在激励。原因在于,小米集团曾连续数年多次被环保组织质询供应链污染问题,直到 2018 年 5 月向港交所递交 IPO 申请后,小米集团面对舆论压力和港交所对于信息披露的要求,通过招股说明书做出回应,表示“已纠正其不符合环保规定的状况”。从小米集团披露的 ESG 报告来看,小米集团在披露供应链 ESG 相关信息的篇幅在历年报告中维持相对稳定,2021 年使用 8 页篇幅、2022 年使用 7 页篇幅、2023 年使用 9 页篇幅来展示本企业在供应链 ESG 中的表现。尽管篇幅数量相对稳定,但是小米集团在供应链 ESG 体系建设征程的持续发力也展现出其逐年

---

① 联想集团.联想 2023 年可持续发展报告[R].2023.

② Scholtens, B. & Dam, L. Cultural Values and International Differences in Business Ethics [J]. Journal of Business Ethics, 2007, 75(3): 273－284.

③ 迈克尔·波特.竞争优势[M].陈小悦译.北京:华夏出版社,1997.

④ 沈厚才,陶青,陈煜波.供应链管理理论与方法[J].中国管理科学,2000(1):1－9.

向好、向上的姿态。

其一,在新供应商的准入门槛条件设置上,小米集团对“三维条件”的把控与描述愈发准确。在2022年的ESG报告中,小米集团首次披露供应链ESG体系中的新供应商准入门槛,即商业指标、环境指标和社会指标。美中不足之处在于,小米集团对三个指标内涵及要素的描述较为笼统。小米集团认为商业指标包括能力、承诺、成本、效率、质量、技术、公司治理等;环境指标包括运营、原材料、零件、生产过程的环境影响等;社会指标包括劳工权益、健康与安全、商业道德、冲突矿产等。从中不难看出三个指标的具体指向都具有一定的抽象性,对实践的操作性缺乏帮助。在2023年的ESG报告中,小米集团一改以往描述,将“三维条件”限定在相对具体的范畴之内:运营质量评估标准(原商业指标)包括评估运营能力、生产管理能力、生产成本、质量管理能力、运营效率、财务能力、技术能力等指标;环境责任标准(原环境指标)评估包括在原材料采购、工艺流程、生产制造及运输等环节中对环境造成影响的指标;社会责任与合规标准(原社会指标)包括评估劳工权益、职业健康安全管理、商业道德等指标。

其二,在供应链ESG体系的常态化运行与发展过程中,小米集团在其中的工具逐渐多元化,也表明其要求逐渐严厉与严格。体现在,2021年小米集团在供应链ESG的工具措施仅有两类,一是在内部形成与设立供应链ESG管理的组织架构,二是在对外部的供应商进行ESG绩效考核。2022年则新增供应链数字化管理系统、新设供应商准入门槛等。2023年再次增设生态链透明度汇报机制、第三方审核机制、供应商赋能机制等。

其三,小米集团在供应链ESG体系中的底线坚守,反衬出小米集团对供应链管理的决心,但也暴露小米集团在供应链ESG体系中的特殊倾向。由于先前在供应链中的环境问题,小米集团上市之路备受阻碍,小米集团在之后的供应链ESG体系中对环境议题的关注与重视,颇有“吃一堑长一智”的韵味。这体现在,2021年小米集团全面推进供应链碳盘查工作。2022年,为促进该项工作推进与深入,小米集团参考ISO14064以及温室气体议定书建立了供应商排放核算标准要求,形成了供应商碳排放核算标准体系。2023年,小米集团再次通过供应商碳减排专项要求供应商伙伴设定基于科学的温室气体排放减少目标,并对增加可再生能源的使用、温室气体排放数据披露等提出具体要求。

从ESG报告内容以及上述总结性要点来看,小米集团在供应链ESG体系建设上付出了诸多努力,但也存在相应局限:

小米集团对“环境”议题的过度关注,使之在供应链ESG体系的建设过程中有所偏向。在历年的ESG报告中,小米集团在披露供应链ESG管理的相关内容中,“环境”(包括应对气候变化)大多是放置于第一位序,并且使用了足够多的篇幅来描绘其在供应链中是如何敦促合作伙伴在该议题上采取行动。与之相对,“治理”“社会”等议题在供应链ESG管理体系中的受重视程度较低。

小米集团在供应链ESG管理中所指涉的业务范围相对狭隘,目前仅涵盖手机生产业务与矿产业务。例如,在 2021 年的供应链碳盘查工作中,小米集团仅披露手机资源池内 103 家供应商已制定碳减排的目标,41 家供应商的温室气体排放数据经过了第三方核查,9 家供应商正在进行第三方核查;2022 年仍以手机供应链为例,列举共 118 家供应商设立了碳减排目标。然而,在小米集团手机业务已处于相对稳定态势的局面下,智能汽车业务相关的供应链 ESG 信息披露更为被期待。小米集团进军快速扩张的电动汽车市场得益于其强大的品牌知名度、成熟的销售渠道以及一定程度上的硬件和软件设计专业知识。但是鉴于电动汽车行业竞争激烈,且该企业能否成功扩大生产规模存在不确定性,因此小米集团在汽车行业的供应链 ESG 表现对其 ESG 评级表现会产生较低的影响(见图 4—3)。

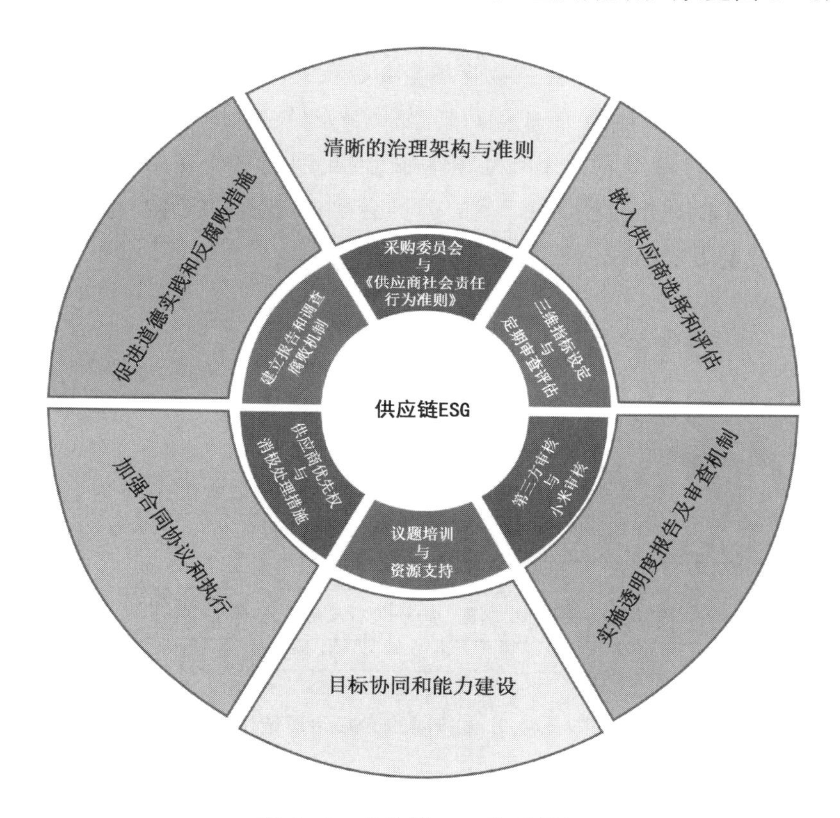

图 4—3 供应链 ESG 体系框架

2. 价值转化:从经济产值到全景性社会效益

小米集团的主要产品为智能产品,在进行社会公益时难免将视角投掷向使用智能产品的特殊群体。根据小米 ESG 报告及官网介绍,小米集团在为视觉、听觉、肢体障碍等群体提供产品服务时,进行了特殊设计。但值得注意的是,要谨防社会效益描述演变为产品功能介绍。尤其是在 ESG 报告中,小米集团针对视觉、听觉、肢体障碍等情境,推出相关情境的应用设计,虽然这与小米集团始终秉承的“让全球每个人都能享受科技带来的美好生活”和“消除数字鸿沟,实现信息平等”的美好愿景息息相关,但该部分内容自小米集团开始披露

ESG报告以来,始终处于纯文字性的表述,在相关数据显示以及量化表现上缺乏有力的说明。尤其是,大多数智能产品在针对类似情境均有做出对应设计,如何进一步呈现出小米集团“科技向善”的实际效果,以避免将该部分内容披露认定为宣扬品牌功效之举。

(三)公司治理方面:舞台自建与常态化运转

1. ESG治理结构及治理职责

(1)总领全局:ESG工作组作为ESG治理核心

ESG委员会和性能之间的关系的研究结果表明,代理理论可以用来解释泰国上市公司的ESG性能的影响因素,独立的ESG委员会与ESG绩效显著正相关。[①] 根据小米集团披露的ESG报告,小米集团内部已将ESG管理全面融入我们的业务运营及管理,具备独立性的ESG委员会。2021年,小米集团成立可持续发展委员会,由横跨产品、销售、职能等10多个ESG相关部门总经理组成,并由总裁担任委员会主席,就可持续发展重要行动计划进行决策。2022年,小米集团优化可持续发展委员会架构,由集团总裁与其他高级管理者一起领导可持续发展委员会(见图4—4)。

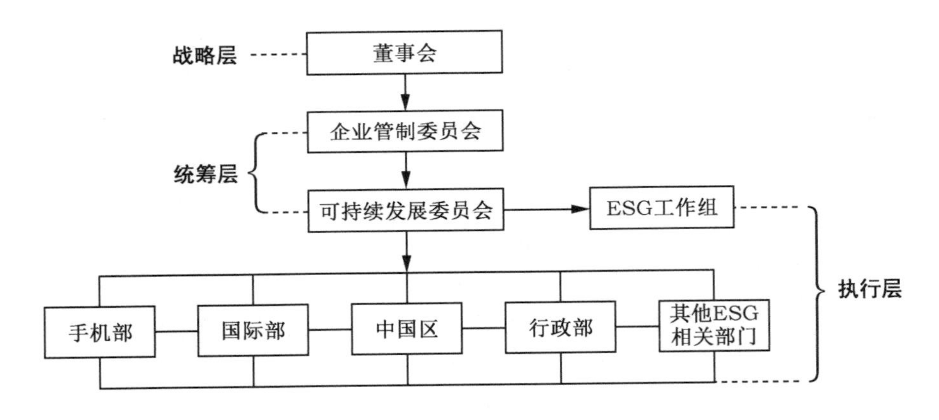

图4—4 小米集团的ESG治理结构

在小米集团的ESG报告中,ESG治理结构相关职责分工的披露内容逐年增加,其中关于职责准确性、内容全面性的变化也可见一斑(见表4—2)。这体现在,2021年ESG报告中对董事会、企业管治委员会以及其他ESG相关部门的ESG职责只字未提。在2022年中则补充了董事会及企业管治委员会在ESG报告中的空白,并且新增对可持续发展委员会负责识别与ESG相关风险的要求。到2023年,小米集团对ESG职责分工的调整再次指向ESG治理的实践性、实操性,对董事会和企业管治委员会的ESG职责增设可操作性的地方。即规定董事会对所识别的重要ESG议题及优先性的确认与指导,以及明确企业管治委员会对

① Suttipun, Muttanachai and Parnicha Dechthanabodin. Environmental, Social and Governance (ESG) Committees and Performance in Thailand[J]. Asian Journal of Business and Accounting, 2022:205—220.

本集团遵守 ESG 报告指引情况、ESG 团队表现及工作方案的“检讨”职责。

表 4—2　2021—2023 年小米集团 ESG 治理结构职责变化一览

部门	2021 年	2022 年	2023 年
董事会	—	(1)ESG 事宜的最高负责及决策机构,对公司的 ESG 战略及披露承担全部责任; (2)以工作汇报的形式听取相关 ESG 工作的进展; (3)监督 ESG 措施的实施情况	(1)ESG 事宜的最高负责及决策机构,对公司的 ESG 战略及披露承担全部责任; (2)对所识别的重要 ESG 议题及优先级进行指导和确认; (3)以工作汇报的形式听取相关 ESG 工作的进展; (4)监督 ESG 措施的实施情况
企业管治委员会	—	(1)监管 ESG 关键议题承诺及表现,评估公司 ESG 相关风险; (2)定期向公司董事会汇报 ESG 事宜与进展	(1)监管 ESG 关键议题承诺及表现,评估公司 ESG 相关风险; (2)定期向公司董事会汇报 ESG 事宜与进展; (3)检讨本集团遵守 ESG 报告指引的情况并于环境、社会及管治报告中予以披露; (4)检讨 ESG 团队的工作表现及工作方案,为 ESG 团队操供指引和监督
可持续发展委员会	(1)制定 ESG 行动计划与目标,并与各职责部门进行计划与目标的沟通,及跟踪各职责部门的目标完成情况; (2)每半年向企业管治委员会汇报集团 ESG 工作,检讨上一阶段目标完成情况和工作成果,并提出下一阶段工作计划与目标的建议	(1)负责识别与 ESG 相关的风险,制定与可持续发展相关的战略、目标、计划并审阅实施结果; (2)每半年向企业管治委员会汇报集团 ESG 工作进度,检讨目标完成情况,并制定工作计划与目标	(1)负责识别与 ESG 相关的风险,制定与可持续发展相关的战略、目标、计划并审阅实施结果; (2)每半年向企业管治委员会汇报集团 ESG 工作进度,检讨目标完成况,并制定工作计划与目标
ESG 工作组	(1)负责协调集团内外部资源,指导并支持职责部门落地行动计划; (2)按照季度召开例会,分享和讨论与可持续发展相关的议题及对业务的影响	(1)负责协调集团内外部资源,指导并支持职责部门落地行动计划,呈报绩效; (2)按照季度召开例会,分享和讨论与可持续发展相关议题的进展及对业务的影响	(1)负责协调集团内外部资源,指导并支持职责部门落地行动计划,呈报绩效; (2)按照季度召开例会,分享和讨论与可持续发展相关议题的进展及对业务的影响
各相关部门	—	遵循集团 ESG 管理制度和管理流程开展相关工作	遵循集团 ESG 管理制度和管理流程开展相关工作

注:下划直线表示为 2022 年 ESG 报告中的变动内容;下划双线表示为 2023 年 ESG 报告中的变动内容。

(2)分而治之:针对 E、S、G 各部分成立不同的专委会

根据利益相关者理论(Stakeholder Theory),企业不仅要关注股东的利益,还应关注所有与企业有利益关系的相关方。根据这一理论,企业可以根据不同利益相关者的需求和关注点,设置不同的组织结构,以确保有效回应和管理各方的期望和要求。小米集团针对不

同的利益相关方及其关注的议题,分别成立了不同的专职委员会(见表4—3)。具体为,针对用户对产品质量、数据安全与隐私的关注,分别设立质量委员会、信息安全与隐私委员会;针对股东及投资者对风险管理、科技创新的关注,设立人工智能伦理委员会;针对员工对自身权益的关注,设立劳动共存委员会;针对供应商对合规与尽责管理的关注,设立采购委员会;针对监管机构对企业商业道德的关注,设立职业道德委员会。

表4—3 不同利益相关方及其关注议题下设立的专职委员会

利益相关方	关注议题	治理结构
用户	产品质量	质量委员会
用户	数据安全与隐私	信息安全与隐私委员会
股东及投资者	风险管理与科技创新	人工智能伦理委员会
员工	员工权益	劳动共存委员会
供应商	合规与尽责管理	采购委员会
监管机构	商业道德	职业道德委员会

从小米集团根据不同利益相关方及其关注议题设立的各专职委员会来看,具有三个明显的倾向特征:第一,关注议题为小米集团与利益相关方的"纽带",维系双方关系并行稳致远的关键在于系好该"纽带"。第二,小米集团设立的各专职委员会,表现出小米集团对不同利益相关方的重视程度,尤其是"用户"作为消费者,是促使小米集团建立或者调整组织架构的重要因素。同时,也暴露出尽管小米集团在历年的ESG报告中都披露了相当程度的环境(E)信息内容,但该部分内容尚未对小米集团的组织结构产生根本性影响。第三,仍有部分利益相关方(国际组织、媒体、社区等)未出现在名单中,表明小米集团在E、S、G各方面的投入有所取舍,多数的人力资源倾注于用户、股东及投资者、员工以及供应商。

(3)内在诟病:董事会性别多样性表现欠佳

小米集团在董事会性别多样性上的表现对其ESG形象产生了负面影响,其中因素主要来源于三个层面。

小米集团作为港股公司,对港交所发布规范的要求所做出的反应,能够反映其ESG水平。2022年年初,港交所修订的《企业管治守则》及《上市规则》要求上市公司在2024年年底前实现董事会性别多元化,届时所有在港上市公司的董事会至少须有一名女性成员。作为港股上市企业的小米集团,在2022年发布的ESG报告中显示,女性员工占比为34.52%,但当时董事会中尚无女性成员。

小米集团的ESG表现备受ESG评估机构关注,但小米集团在MSCI的ESG评级中分数不高的重要原因是其董事会未具备性别多样性。在MSCI的ESG评级体系中,管理治理(Governance)涵盖公司治理(Corporate Governance)与公司行为(Corporate Behavior)两个层面,前者主要关注董事会、高管薪酬、所有权及其公司控制、财务表现四项评估议题,后者则对商业道德与税务表现较为侧重。小米集团 MSCI 的 ESG 评级标准不仅要求董事会中包含女性成员,还设定了更高的标准——女性董事比例需超过 30%。目前,小米公司董事会共有 7 名成员,其中 6 名仍为男性。2023 年年初,小米集团发布公告,委任蔡金青女士为独立非执行董事,并成为董事会提名委员会及企业管治委员会成员,该任命自 2024 年 1 月 8 日起生效。然而,小米在公司治理(G)方面仍存在一些值得关注的问题。例如,公司董事会的独立性不足。在小米董事会中,仅有 3 名独立董事,未能占据董事会(7 名成员)的多数席位。

既有研究调查结果显示,根据汤森路透(Thomson Reuters)的 the AssetFour database 衡量,委员会中的女性成员确实对 ESG 绩效有积极影响。但是小米集团在此方面确实存在短板。

2."双轮驱动"下的商业道德建设

历年 ESG 报告提及"商业道德"的词频能够反映出小米集团对其企业内部的商业道德环境的重视。2021 年 ESG 报告仅提及 8 次"商业道德",2022 年"商业道德"词汇出现 20 次,至 2023 年"商业道德"则出现 36 次。

2021—2023 年,是小米集团商业道德治理的关键时期。小米集团在 2021 年和 2022 年的 ESG 报告中披露,2021 年公司涉及 1 宗前员工违反职务侵占罪被判处三年有期徒刑、2022 年公司涉及 1 宗前员工违反非国家工作人员受贿罪被判处六个月有期徒刑并处罚金 10 000 元。正因如此,小米集团于 2021 年设立安全监察部门,并下设宣教中心,对员工开展反贪腐商业道德建设;于 2022 年设立职业道德委员会,负责对公司职业道德方面的工作规划、监督和开展员工教育。与此同时,除在组织结构的调整外,小米集团于 2021 年制定《反贿赂管理指南》、2022 年制定《商业廉洁协议》、2023 年修订《小米集团员工手册》和签署《利益冲突申报承诺书》。至此,小米集团商业道德内容已形成较为完整的体制机制,在职业道德委员会和安全监察部门的"两轮驱动"下,通过系列内部文本规范(见表 4—4),全面覆盖员工、供应商、高级管理人员等群体。

表 4—4　　商业道德建设相关内部规范

规范文本
《小米集团员工手册》(2023)
《小米集团诚信廉洁守则》
《小米集团员工违规违纪行为处理办法》
《小米集团举报管理制度》
《小米集团举报人奖励制度》
《小米集团举报人保护和奖励办法》
《小米集团商业伙伴行为准则》
《商业廉洁协议》(2022)
《利益冲突申报承诺书》(2023)
《反贿赂管理指南》(2021)

3.利益相关者的全链条沟通机制

ESG关注环境、社会和治理三大领域,这与利益相关者理论中的多元利益相关者概念高度契合。利益相关者理论推动与建立ESG评估框架和衡量标准,并促进企业通过实施ESG政策,可以系统化地回应利益相关者的需求和关切,从而提升企业的社会责任感和公共形象。具体实践中,利益相关者理论强调企业需要综合考虑各类利益相关者的影响,以及定期与利益相关者沟通,了解他们的需求和期望,确保ESG策略的制定和实施与利益相关者的利益一致。小米集团ESG报告在利益相关方层面的表现呈螺旋式上升的竞优趋势,表现在利益相关方的类型精细化、范围扩大化、位序调适化(见表4—5)以及新增利益相关方的关注议题四个方面。

表4—5 **利益相关方变化**

	2021年	2022年	2023年
范围及顺位变化	(1)政府及监管机构; (2)股东及投资者; (3)消费者/用户; (4)员工; (5)供货商/合作伙伴; (6)媒体及非政府组织; (7)社区	(1)用户; (2)股东及投资者; (3)员工; (4)供应商; (5)运营商; (6)监管机构; (7)媒体与非政府组织; (8)社区	(1)用户; (2)股东及投资者; (3)员工; (4)供应商; (5)运营商; (6)监管机构; (7)国际组织和非营利性机构/协会; (8)媒体; (9)社区

注:下划直线为范围变化项;下划双线为顺位变化项。

(1)利益相关方的类型精细化

小米集团在梳理与识别利益相关方类型时,逐年表现出精准性、确切性,特别是在ESG报告中对利益相关方的"称呼"描述上能够有所体现。2021年,小米集团的利益相关方描述为"政府及监管机构""消费者/用户""供货商/合作伙伴""媒体及非政府组织"。2022年,则由"政府及监管机构"变为"监管机构"、由"消费者/用户"变为"用户"、由"供货商/合作伙伴"变为"供应商"。2023年,将"媒体及非政府组织"描述为"国际组织和非营利性机构/协会"。

(2)利益相关方的范围扩大化

2021年小米集团披露的7个类型利益相关方,在2022年、2023年逐年递增1个细分类型。其中,2021年小米集团识别其利益相关方为政府及监管机构、股东及投资者、消费者/用户、员工、供货商/合作伙伴、媒体及非政府组织和社区7种类型。在2022年ESG报告中,供货商/合作伙伴被进一步区分为供应商与运营商,共计8类。至2023年的ESG报告,小米集团将媒体及非政府组织划分为国际组织和非营利性机构/协会与媒体,将利益相关方类型增加至9类。

(3)利益相关方的位序调适化

在顺位上,2022年ESG报告调整了利益相关方的顺位与排序。政府及监管机构由第一顺位降低至第六顺位，消费者/用户顺位上升至首位，员工的顺位上升至第三位，社区则因为利益相关方的类型细化与拆分，被降低至第九位，仍然为末位。

（4）增加利益相关方的关注议题

相比 2021 年、2022 年以及在此之前的 ESG 报告，小米集团首次在 2023 年的 ESG 报告中披露利益相关方所主要关注的重要议题。其表现为，用户主要关注 4 类议题、股东及投资者关注 5 类议题、员工关注 6 类议题、供应商关注 5 类议题、运营商关注 5 类议题、监管机构关注 5 类议题、国际组织和非营利性机构/协会关注 6 类议题、媒体关注 4 类议题、社区关注 4 类议题。

（5）小结

从小米集团在利益相关方范畴及关注议题的披露信息来看，小米集团在此方面工作有较好的表现，但还留存部分发展的空间。

利益相关方范畴的扩大与精准识别，反映出小米集团判断利益相关方主体身份性质的能力正在得到提高，这表示小米集团在其内外部治理水平的向上态势。

位序的调整，尤其是将用户、员工等位序上升更多地表达出一种内在经营理念的变化，尤其是与政府及监管机构的位序形成鲜明对比。

小米集团首次披露利益相关方的关注议题，表明该企业在抓住利益相关方的"痛点"上所具备的眼光与能力，但是在各议题与具体沟通机制之间的联系，可以成为小米集团下一步努力的方向。

（四）绩效整合：ESG 绩效加速公司可持续发展

小米的 ESG 实践在一定程度上提升了公司的市场竞争力和投资吸引力，但具体的财务绩效和投资回报率的提升尚不明显。以下将从负责任采购、供应链金融以及 ESG KPI 融入高管和员工绩效等方面详细分析。

1. 负责任采购

小米在负责任采购方面采取了多项措施，例如，在供应商选择过程中嵌入 ESG 治理原则，通过审核、评估和绩效评估来确保供应商履行责任并持续改进。具体举措包括：

（1）采购委员会的设立

由高管、采购部门代表、法律和内部控制合规部门代表组成，直接监督供应链的 ESG 问题。

（2）供应商社会责任行为准则

要求供应商遵守法律、道德商业实践和人权管理要求，并通过审核和评估确保合规。

与联想相比，小米在供应商评估的透明度和细节披露方面仍有不足。联想详细介绍了新供应商评估过程，包括运营能力、财务稳定性、产品或信息安全性以及 ESG 预期等多个方面。此外，联想通过供应商合同管理确保供应商履行责任，并通过内部培训提升供应链团队的ESG知识和技能。

2.供应链金融

小米在供应链金融方面的具体措施和成效披露较少,报告中更多是宏观描述。与华硕相比,华硕通过供应链金融计划,帮助供应商改善现金流,提升供应链的整体效率和可持续性。例如,华硕通过供应链金融工具,提供了灵活的融资方案,帮助供应商降低融资成本,从而提升了供应链的稳定性和竞争力。

小米可以借鉴华硕的做法,进一步推进供应链金融措施,提升供应链的韧性和竞争力,从而在市场上获得更多投资者的青睐。

3.ESG绩效融入高管和员工绩效①

小米将ESG KPI融入高管和员工绩效方面的披露较少,这在一定程度上对ESG实践的效果和透明度造成负面影响。相比之下,联想和华硕在这方面的做法更加明确。例如,联想通过将ESG绩效指标融入高管和员工的绩效评估体系,确保公司上下在推动可持续发展目标方面保持一致。联想的ESG指标包括碳排放减少目标、能源使用效率提升和社会责任等多个方面;华硕不仅将ESG指标纳入高管绩效考核,还通过全员培训和激励机制,提升员工对ESG目标的认知和参与度,确保ESG战略在公司内部的全面实施。

4.投资人和市场的角度分析②

从投资人和市场的角度来看,将ESG KPI融入高管和员工的绩效评估体系,有以下几个好处:

第一,提升公司透明度和公信力。小米集团通过详细披露ESG实践和绩效指标,能够提升公司在投资者和市场中的透明度和公信力,从而吸引更多的长期投资者。

第二,增强市场竞争力。在全球市场对ESG关注度日益提高的背景下,明确的ESG战略和绩效评估体系能够帮助公司在竞争中脱颖而出,获得更多的市场机会。③

第三,降低运营风险。将ESG指标融入绩效考核,能够有效降低公司在环境、社会和治理方面的潜在风险,从而提升公司的财务健康和长期可持续发展能力。

(五)建议与展望

1.形式性调整建议

(1)加强图、表、案的形式表现

增加ESG报告的可读性、提供有益的信息内容是衡量ESG报告优劣的重要标准。优化小米集团ESG报告。大多数ESG报告在选择形式、抉择内容时都容易遭遇放置“何种内

---

① Eccles, R. G., Ioannou, I. & Serafeim, G. The Impact of Corporate Sustainability on Organizational Processes and Performance [J]. Management Science, 2014, 60(11): 2835—2857.

② Friede, G., Busch, T. & Bassen, A. ESG and Financial Performance: Aggregated Evidence from more than 2000 Empirical Studies [J]. Journal of Sustainable Finance & Investment, 2015, 5(4): 210—233.

③ 倪受彬.受托人ESG投资与信义义务的冲突及协调[J].东方法学,2023(4):138—151.

容”的困惑。以小米集团 ESG 报告为鉴，该报告文字量充沛、内容详实，但在一定程度上也暴露出在数据、图标、案例上的侧重性不够。从评估 ESG 报告表现出发，一份可读、易读、能读的报告恰恰能够准确、直观地为投资者提供关键信息。相比之下，华硕的报告在视觉设计上有很好的平衡，丰富的信息图和详细的案例展示，使得报告更加生动易懂。① 因此，小米集团 ESG 报告或可在下一年度加强图、表、案的形式表现。

（2）增加详细数据及案例分析

ESG 报告的量化程度往往能够最大程度反映出该企业的 ESG 相关绩效，以及提高该企业在 ESG 表现的可信度。而这恰好是小米集团 ESG 报告所欠缺的。纵观小米集团历年 ESG 报告，其数据披露不多已成传统，尤其是部分关键数据正好是 ESG 投资者所关注的内容，这很可能会影响投资者对小米集团 ESG 的观感。因此，增加报告的详细数据和案例分析，提升透明度和可信度。详细的数据和实际案例分析可以增强报告的可信度和透明度。展示具体的 ESG 成果和挑战，可以使报告更具说服力。②

（3）提高议题展示的全面性

梳理小米集团历年 ESG 报告，其中实质性议题的改变不容忽视。但无论是从港交所规范，还是深、沪、北以及其他评估性文件来看，小米集团所展示的议题相对有限。或许，这与小米公司问卷调查得出的利益相关方范围有关，但若能进一步讨论其他议题，并展示其在该议题下的表现，或能帮助提升 ESG 形象。特别是，全面披露重要议题可以提升 ESG 报告的完整性和权威性，避免给投资者留下“包装”的负面印象。相比之下，Wiwynn 的报告在重要议题上的详细披露，为小米集团提供了参考蓝本。

2. 实质性修改建议

（1）增补 E、S、G 各方关注及争议回应的信息内容

加强水资源管理和土壤保护措施及披露。小米集团可以考虑加强在水资源管理和土壤保护方面的措施和披露。水资源管理和土壤保护是环境保护的重要组成部分，增加相关披露可以展示公司在环境保护方面的全面努力。华硕在报告中详细介绍了水资源管理和土壤保护措施，这增强了环境管理的可信度。

（2）增加高层管理者在 ESG 决策中的参与度和透明度

小米集团应增加高层管理者在 ESG 决策中的参与度和透明度，这不仅仅是与同行保持一致，也是行业及市场趋势。高层管理者的参与和透明度可以提升 ESG 战略的有效性和公司治理水平。联想的报告中详细描述了高层管理者在 ESG 决策中的角色和参与情况，展示了强有力的公司治理。

（3）增加对供应链劳工标准和数据隐私保护的信息披露

针对小米集团 MSCI 评分较为薄弱的供应量部分，小米应尽快增加对供应链劳工标准

---

① 武永霞，刹霏. ESG 责任履行、绿色创新与企业价值[J]. 统计与决策，2024，40(7)：178－182.

② 肖红军. 解构与重构：重新认识 ESG[J]. 暨南学报(哲学社会科学版)，2024，46(5)：1－30.

和数据隐私保护等关键议题的信息披露,提供更详细的数据和实际案例。供应链劳工标准和数据隐私保护是当前关注的热点议题,详细披露相关信息可以提升公司的社会责任形象。IEIT 系统的报告中包含了详细的供应链管理和数据隐私保护措施的披露,展示了对这些关键议题的重视。

(4)删除过度包装和缺乏实际意义的文字

删除过度包装和缺乏实际意义的文字,提升报告的实际价值。报告应重点突出实质内容,避免空洞的陈述,提高报告的实际价值和可读性。

3. 促进 ESG 互动表现

(1)改进供应链管理的深度和广度

改进供应链管理的深度和广度,提升整体 ESG 绩效。更深入和广泛的供应链管理可以提高供应链的可持续性,提升整体 ESG 绩效。Wiwynn 在其报告中展示了全面的供应链管理策略,提升了其 ESG 绩效。[①]

(2)改善利益相关方的沟通机制

改善利益相关方的沟通机制,确保反馈的有效性和及时性。有效的沟通机制可以确保利益相关方的意见被及时听取和回应,提高报告的互动性和可信度。[②] 联想在其报告中详细介绍了与利益相关方的沟通机制,确保了反馈的有效性和及时性。

思考题

1. 小米集团 ESG 评分目前处于制造行业中上流水平,MSCI 评级将其评为 BB 级,你认为小米集团现实水平与该评分是否相称。

2. 若你为小米集团的 ESG 相关负责人员,你认为应该从哪些方面进一步强化小米集团的 ESG 表现以及改善 ESG 报告的水平与评级。

3. 小米在 2023 年年底发布了《碳中和行动报告》,承诺到 2040 年实现既有业务运营层面的碳中和,并实现 100%的可再生能源使用。这是继小米在 2022 年 ESG 报告后,明确提出碳中和目标。小米上述目标是指达成范围一和范围二内的碳中和,但是尚未披露范围三的减排计划。①此处碳排放范围一、二、三是按什么标准划分的?②范围一、二、三到底是什么?③小米应该如何实现造车的减碳和范围三的减碳?

4. 目前,ESG 合规已成为小米供应商准入的重要参考标准。2020 年,小米对外发布了《小米集团供应商社会责任行为准则》,对供应商在环境、健康安全、商业道德和管理体系方面提出了与国际标准一致的要求。①小米是如何进行 ESG 供应链管理的?②企业如何对供应商建立行之有效的 ESG 评估流程与机制?

5. 在 2021—2023 年期间,小米的 ESG 表现明显改善,但仍有提升空间。小米与华硕、

---

① MSCI. Wiwynn Corporation. MSCI ESG Ratings Report[R]. 2023.

② 朱慈蕴,吕成龙. ESG 的兴起与现代公司法的能动回应[J]. 中外法学,2022,34(5):1241-1259.

联想、深圳传音、纬颖科技和浪潮电子相比,在环境治理、社会治理、公司治理方面,有什么值得借鉴和改进之处?

参考文献

[1]小米集团.小米公司 2021 年环境、社会及治理报告[R].2022.

[2]小米集团.小米公司 2022 年环境、社会及治理报告[R].2023.

[3]小米集团.小米公司 2023 年环境、社会及治理报告[R].2024.

[4]MSCI. Xiaomi Corporation. MSCI ESG Ratings Report[R].2023.

[5]陈宏辉,刘梦蝶.ESG 研究的概貌、进展与未来展望[J].当代经济管理,2024:1—21.

[6]孙俊秀,谭伟杰,郭峰.中国主流 ESG 评级的再评估[J].财经研究,2024,50(5):1—17.

[7]孙明睿,马融,马文杰.金融科技与企业 ESG 表现[J/OL].财经研究,1—17. DOI: 10.16538/j.cnki.jfe.20240218.102,2024—12—17.

[8]MSCI. Shenzhen Transsion Holdings Co., Ltd. MSCI ESG Ratings Report[R].2023.

[9]深圳传音控股股份有限公司.传音 2022 年环境、社会及治理报告[R].2023.

[10]MSCI. Asustek Computer Incorporation. MSCI ESG Ratings Report[R].2023.

[11]黄恒,齐保垒.碳风险视角下的企业环境、社会及治理责任履行[J].国际商务(对外经济贸易大学学报),2024(3):137—156.

[12]钱依森等.ESG 研究进展及其在"双碳"目标下的新机遇[J].中国环境管理,2023,15(1):36—47.

[13]武鹏,李童乐.MSCI 关注、ESG 披露及其经济后果[J].会计与经济研究,2023,37(4):65—82.

[14]华硕集团.华硕 2022 年可持续发展报告[R].2022.

[15]徐雪高,王志斌.境外企业 ESG 信息披露的主要做法及启示[J].宏观经济管理,2022(2):83—90.

[16]叶榅平.可持续金融实施范式的转型:从 CSR 到 ESG[J].东方法学,2023(4):125—137.

[17]韩玲,景昕.投资者关注、ESG 信息披露与企业绿色技术创新[J].经济问题,2024(6):115—122.

[18]刘江伟.公司可持续性与 ESG 披露构建研究[J].东北大学学报(社会科学版),2022,24(5):104—111.

[19]丁声怿,白俊红.企业 ESG 表现与绿色全要素生产率[J].产业经济评论,2024(3):1—19.

[20]纬颖科技.纬颖 2022 年可持续发展报告[R].2023.

[21]浪潮集团.浪潮 2023 年可持续发展报告[R].2024.

[22]MSCI. Ieit Systems Co., Ltd. MSCI ESG Ratings Report[R].2023.

[23]林炳洪,李秉祥.ESG 责任履行对企业经营困境的影响:"雪中送炭"还是"雪上加霜"?[J].中国软科学,2024(6):121—130.

[24]李晓蹊,胡杨璘,史伟.我国 ESG 报告顶层制度设计初探[J].证券市场导报,2022(4):35—44.

[25]联想集团.联想 2023 年可持续发展报告[R].2023.

[26]Scholtens, B. & Dam, L. Cultural Values and International Differences in Business Ethics [J]. Journal of Business Ethics,2007,75(3):273—284.

[27]迈克尔·波特.竞争优势[M].陈小悦,译.北京:华夏出版社,1997.

[28]沈厚才,陶青,陈煜波.供应链管理理论与方法[J].中国管理科学,2000(1):1—9.

[29]Suttipun, M. , Dechthanabodin,P. Environmental, Social and Governance (ESG)Committees and Performance in Thailand[J]. Asian Journal of Business and Accounting,2022,15(2):205—220.

[30]Eccles, R. G. , Ioannou, I. & Serafeim, G. The Impact of Corporate Sustainability on Organizational Processes and Performance [J]. Management Science, 2014, 60(11):2835—2857.

[31]Friede, G. , Busch, T. & Bassen, A. ESG and Financial Performance: Aggregated Evidence from more than 2000 Empirical Studies [J]. Journal of Sustainable Finance & Investment,2015, 5(4):210—233.

[32]倪受彬.受托人ESG投资与信义义务的冲突及协调[J].东方法学,2023(4):138—151.

[33]武永霞,刘霏.ESG责任履行、绿色创新与企业价值[J].统计与决策,2024,40(7):178—182.

[34]肖红军.解构与重构:重新认识ESG[J].暨南学报(哲学社会科学版),2024,46(5):1—30.

[35]MSCI. Wiwynn Corporation. MSCI ESG Ratings Report[R]. 2023.

[36]朱慈蕴,吕成龙.ESG的兴起与现代公司法的能动回应[J].中外法学,2022,34(5):1241—1259.

五、矢志不渝？还是浑水摸鱼？

——基于格力电器ESG表现的案例分析[①]

内容提要 在过去的十年里，中国ESG市场经历了显著且迅速的发展。近年来，我国政府从鼓励到强制，不断促进企业社会责任与ESG相关信息披露，构建与国际接轨的ESG体系。2006年，深交所发布《上市公司社会责任指引》，鼓励上市公司自愿披露社会责任报告，开启了我国企业社会责任披露的新篇章。自此，格力电器便开启其连续17年的社会责任与ESG披露之旅。一般来说，17年的坚持披露不仅会增强投资者对企业的了解和信任，也会为企业吸引和留住大量优质投资者。但出乎意料的是，格力电器的ESG实践水平却处于家电行业50%～88%的尾部。同时，我们还发现，格力电器的机构持股比例在行业内也处于较低水平，无疑暴露了机构投资者对长期投资价值和增长潜力的担忧。这17年的坚持，到底是“矢志不渝”？还是在ESG信息披露制度不完善的情况下“浑水摸鱼”？根据系统的分析，本文发现格力电器存在“文字游戏”和“ESG沉默”两大问题。由此，本文建议尽快实现从初步鼓励企业自愿披露ESG报告到强制要求企业准确披露ESG数据的过渡。同时，本文建议企业积极参与行业标准的制定和国际ESG评价体系的建设，通过与全球领先企业和组织的合作，不断提升自身的ESG管理水平。

案例介绍

在过去的十年里，中国ESG市场迅速发展，这与中国政府积极倡导新发展理念、追求高质量发展以及推进绿色低碳和共同富裕的国家战略密切相关。自1992年ESG概念在联合国金融倡议提出以来，越来越多的国家和地区表达坚持发展ESG的决心，制定政策法规并运用市场手段以适应可持续发展趋势。在“立足新发展阶段、贯彻新发展理念、构建新发展格局和实现高质量发展”的重大战略思想和重大战略部署的引领下，我国也不断加快推进出台各类政策措施，从“鼓励”到“强制”循序渐进推动企业进行社会责任披露并构建具有中

---

① 指导教师：唐悦（西南财经大学）；学生作者：赵辰（西南财经大学）、唐美琳（西南财经大学）、李沛欣（西南财经大学）、陈梓萌（西南财经大学）。

国特色且与国际融通的ESG体系。表5—1列出了部分中国出台的与社会责任披露与履行的政策。

表5—1　　中国大陆社会责任披露与履行政策介绍(部分)

发布时间	发布主体	政策名称	政策内容
2002年1月	中国证监会、国家经贸委	《上市公司治理准则》	要求上市公司关注所在社区的福利、环境保护、公益事业等问题,重视公司的社会责任
2006年9月	深交所	《上市公司社会责任指引》	要求上市企业积极履行社会责任,定期评估公司社会责任的履行情况,自愿披露公司社会责任报告
2008年5月	上交所	《上海证券交易所上市公司环境信息披露指引》	鼓励上市公司在披露公司年度报告的同时披露公司的年度社会责任报告
2016年8月	中国人民银行等七部委	《关于构建绿色金融体系的指导意见》	提出逐步建立和完善上市公司和发债企业强制性环境信息披露制度
2018年9月	中国证监会	修订《上市公司治理准则》	确立了上市公司ESG信息披露的基本框架
2020年6月	深交所	《深圳证券交易所上市公司业务办理指南第2号——定期报告披露相关事宜》	强制纳入"深证100指数"的上市公司单独披露社会责任报告,并鼓励其他公司披露社会责任报告
2021年2月	中国证监会	《上市公司投资者关系管理指引(征求意见稿)》	在上市公司与投资者沟通的内容中增加公司的环境保护、社会责任和公司治理(ESG)信息
2022年1月	上交所	《上海证券交易所上市公司自律监管指引第1号——规范运作》	强制"上证公司治理板块"、境内外同时上市的公司及金融类公司在年度报告披露的同时披露公司履行社会责任的报告
2024年4月	上交所、深交所、北交所	《上市公司自律监管指引——可持续发展报告(试行)》	强制报告期内"上证180""科创50""深证100"、境内外上市的上市公司强制披露《可持续发展报告》

资料来源:作者整理。

在我国资本市场不断完善的背景下,企业社会责任逐渐成为投资者和市场关注的重要议题。2006年9月25日,深圳证券交易所发布了《上市公司社会责任指引》(以下简称《指引》),其中第一章第五条规定:"公司应定期评估公司社会责任的履行情况,自愿披露公司社会责任报告。"这一规定的出台,标志着我国首次以官方文件形式鼓励企业自愿披露社会责任报告,预示着国内可持续发展信息披露进入了一个全新的阶段。在此背景下,包括格力电器在内的20家A股市场领军企业(见表5—2)奋勇当先,积极响应市场变化,率先识别并顺应市场走向,发布了我国境内第一批独立于企业年报的社会责任报告。这种信息的传递,往往有助于获得更多投资者的青睐与认同(Lizaar,1999),进而在资本市场上对其股价形成积极的反馈(Godfrey等,2009;宋献中等,2017)。

表5—2　　首批发行独立于企业年报的社会责任报告的20家企业名单

股票代码	企业缩写	所属行业	股权所有
000158	常山北明	纺织业	国有
000407	胜利股份	橡胶和塑料制品业	非国有
000429	粤高速A	装卸搬运和运输代理业	国有
000504	南华生物	医药制造业	国有
000516	开元控股	零售业	非国有
000528	柳工	专用设备制造业	国有
000538	云南白药	医药制造业	国有
000568	泸州老窖	酒、饮料和精制茶制造业	国有
000630	铜陵有色	有色金属冶炼及压延加工业	国有
000651	格力电器	电气机械及器材制造业	国有
000671	阳光发展	综合	非国有
000793	华闻传媒	软件和信息技术服务业	国有
000848	承德露露	酒、饮料和精制茶制造业	非国有
000875	吉电股份	电力、热力生产和供应业	国有
000878	云南铜业	有色金属冶炼及压延加工业	国有
000972	新中基	农业	国有
000977	浪潮信息	计算机、通信和其他电子设备制造业	国有
000978	桂林旅游	商务服务业	国有
000993	闽东电力	电力、热力生产和供应业	国有
001696	宗申动力	铁路、船舶、航空和其他运输设备制造业	非国有

资料来源:作者整理。

基于此,参考袁显平和柯大钢(2006)的方法,我们运用事件研究法(Event Study)对首次发行社会责任报告对格力电器带来的影响进行量化研究,其原理是研究某一特定事件发生前后样本股票收益率的变化,进而解释特定事件对样本股票价格变化与收益率的影响。这种变化可能包括正常收益率和异常收益率两部分。正常收益率是假设事件没有发生的情况下,股票预期会获得的收益率;而异常收益率则是实际收益率与正常收益率之间的差额,反映了事件对股票价格及收益率的直接影响。累积异常收益率(Cumulative Abnormal Returns,CAAR)则是对事件期内所有异常收益率的累加,它反映了事件对股票价格及收益率的长期、累积的影响。通过计算CAAR,研究者可以更加全面、准确地评估事件对企业价值的长期影响,从而为投资者提供更有价值的参考信息。因此,本文选择事件研究模型,以企业累积异常收益为视角,研究首次公开发行社会责任报告,披露社会责任信息给格力电器的股票价格带来的影响。

具体地,我们设定了事件日为格力电器正式发布社会责任报告后的首个交易日,即2007年4月12日,记为$t_n(n=0)$。为了确保研究的准确性,我们选择了足够长的估计期来估算CAAR,具体设定为事件日前160个交易日到前11个交易日(即[−160,−11]),总计150个观察日。同时,我们设定事件期为事件日前10个交易日到后10个交易日(即[−10,10]),共涵盖21个交易日,以全面捕捉事件对股价及收益率的短期影响,详见图5−1。

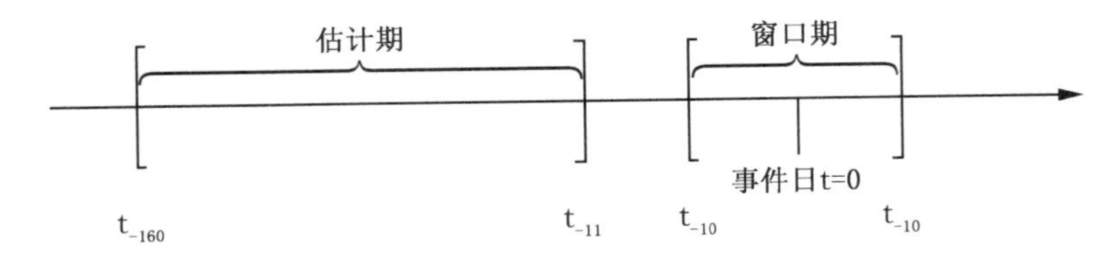

图5−1 事件设定展示

为了更直观地展示格力电器发布社会责任报告对其股价及收益的影响,并排除其他潜在因素的干扰,我们将格力电器与其他企业的CAAR进行了对比作图。通过对比格力电器与其他企业的CAAR变化,我们能够更清晰地识别出格力电器发布社会责任报告这一事件对其股价及收益的独特影响。图5−2展示了格力电器与其他企业在事件期内的CAAR变化趋势。从图5−2中可以看出,在格力电器首次发布社会责任报告后,其CAAR总体上呈现出明显的上升趋势,并在事件日后的一段时间内保持较高水平。这一趋势与其他企业相比更为显著,表明格力电器首次发布社会责任报告对其股价及收益产生积极的影响。

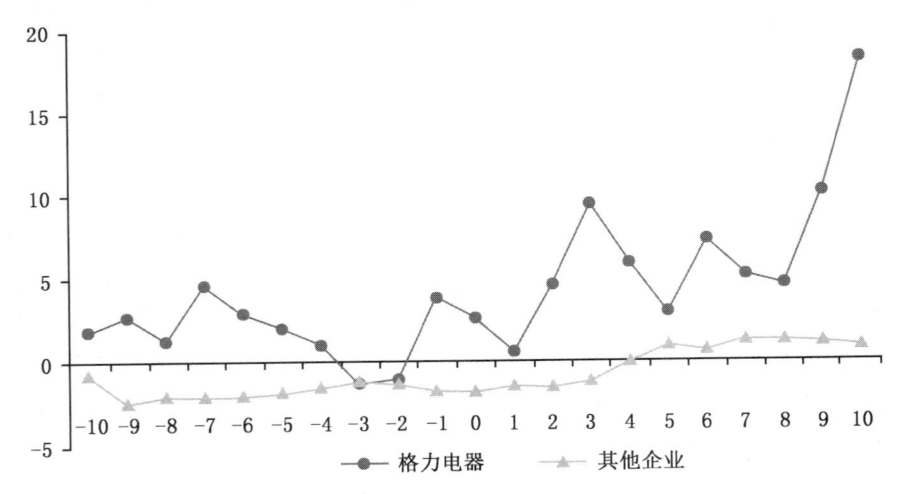

资料来源:数据源自CSMAR数据库;实证结果经Stata17.0产生。

图5−2 格力电器与其他企业的CAAR在[−10,10]的变化趋势

格力电器发布社会责任报告绝非心血来潮的昙花一现，而是 17 年的矢志不渝。自 2006 年至 2023 年，以格力电器为代表的 4 家企业（见表 5—3），坚持每年向投资者和资本市场以社会责任报告的形式，公开披露其在环境保护、员工福利、公益慈善等方面的履行情况和管理措施。一般来说，17 年的坚持披露不仅会提高企业 ESG 综合水平，增强投资者对企业的了解和信任，也会为企业吸引和留住大量优质投资者。但真实的情况却让我们大跌眼镜。

表 5—3　　持续 17 年发行独立于企业年报的社会责任报告的企业名单

股票代码	企业缩写	所属行业	股权所有
000516	开元控股	零售业	非国有
000651	格力电器	电气机械及器材制造业	国有
000878	云南铜业	有色金属冶炼及压延加工业	国有
000993	闽东电力	电力、热力生产和供应业	国有

资料来源：作者整理。

（一）机构持股情况

投资者似乎并不看好格力电器。我们发现格力电器的机构持股比例（见图 5—3）在行业内处于较低水平。机构持股情况是衡量专业投资机构对公司认可程度和长期投资价值的重要指标，格力电器在这一方面的表现显然不尽如人意。机构投资者作为市场上的重要力量，其对公司价值的判断往往具有指导意义。然而，格力电器在机构持股方面的低迷表现，无疑暴露了机构投资者对其长期投资价值和增长潜力的担忧。

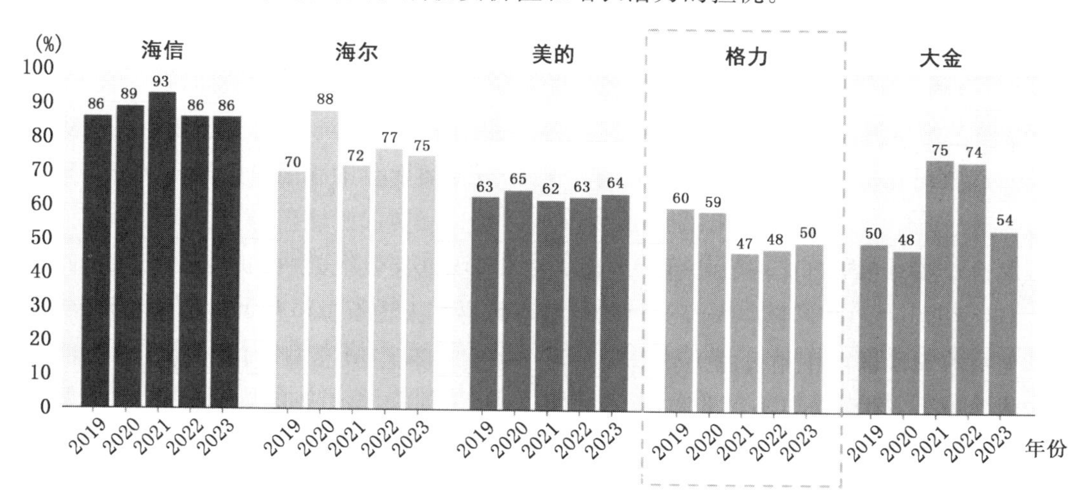

数据来源：CSMAR 数据库。

图 5—3　格力电器与其他企业的机构持股比例比较

(二)ESG 综合水平

第三方对格力电器的 ESG 评分也不尽如人意。我们将格力电器的 ESG 评级进行行业横向对比和时间纵向对比。从行业视角和企业成长视角分别关注格力电器的 ESG 变化,可以显著发现格力电器在 ESG 实践中的优缺点。

根据截止到 2024 年 5 月最新的行业 ESG 评级对比数据,目前格力电器的 ESG 实践水平处于行业中下水平,在 50%～88%的行业 ESG 尾部(见图 5—4)。从整体的视角看格力电器的 ESG 评级变化,2019 年至 2023 年,格力电器的 ESG 评级相对稳定,其 Wind ESG 评级大部分时期都维持在 BB。2020 年至 2021 年间评级明显升高,该时间段格力电器比较注重改善 ESG 表现,但 2022 年、2023 年的 ESG 总评分倒退至 2019 年水准,但仍有较大上升空间。

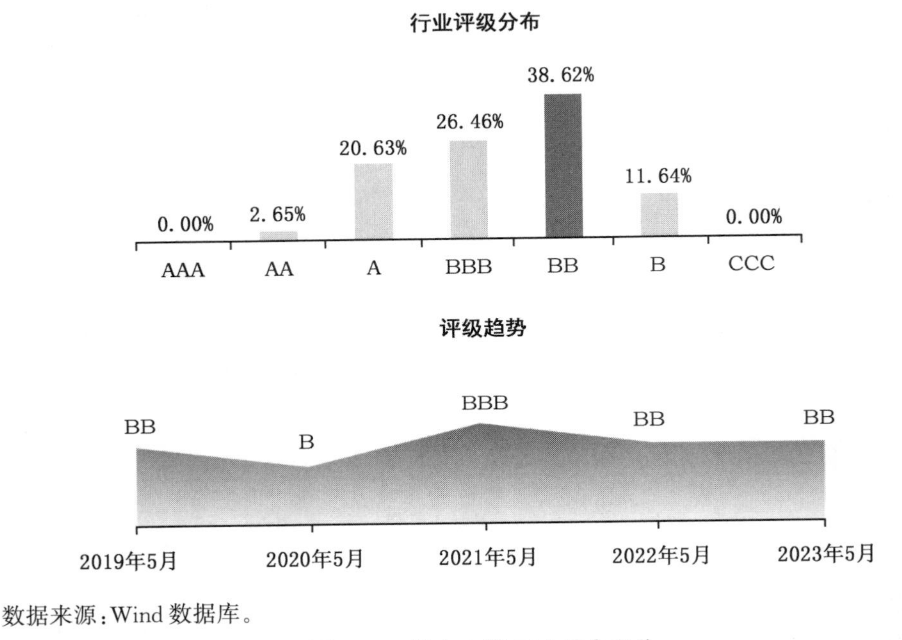

数据来源:Wind 数据库。

图 5—4　格力电器 ESG 综合评分

如果把它与家电行业的同赛道头部竞争者相比,如海尔智家和美的(见图 5—5),根据截止到 2024 年 5 月最新的 ESG 综合评分数据,可以看出格力电器在 ESG 方面的评级表现明显不如其他两家。其中,从环境评分方面对比,可以看出格力电器在环境评级中的水平远远低于海尔、智家和美的,且低于行业平均水平;从社会评分方面对比,可以看出格力电器在社会层面的表现远远差于海尔、智家,且低于美的和行业平均水平;从治理评分方面对比,可以看出治理层面是格力电器与美的、海尔智家、行业平均水平差距最小的一项,相对来说也是格力表现最好的一方面。

综上所述,这让我们不禁发问,这 17 年的坚持,到底是“矢志不渝”? 还是在 ESG 信息

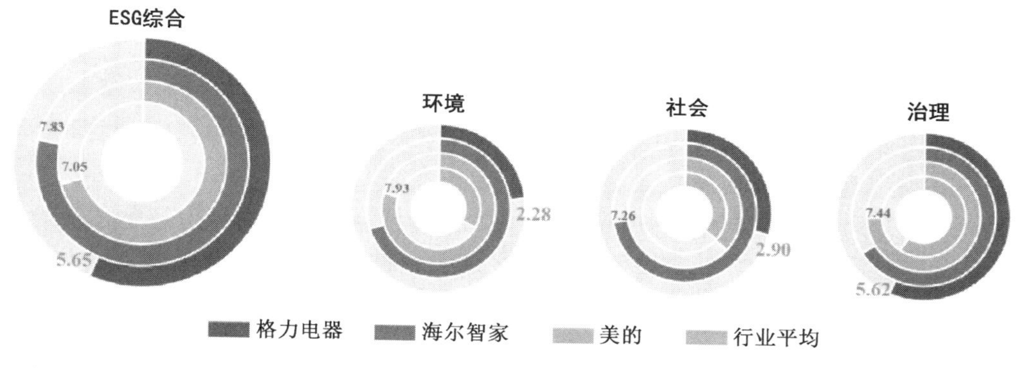

数据来源：Wind 数据库。

图 5—5 格力、海尔和美的 ESG 评分对比

披露制度不完善的情况下“浑水摸鱼”？接下来，我们将对格力电器的 CSR 报告和 ESG 报告展开针对性的分析，试图找到问题的答案。

案例分析

(一)独上高楼，望尽天涯路——企业概况

格力电器，一家承载中国家电制造业辉煌历程的知名企业，自 1991 年由董明珠女士在广东省珠海市创立以来，已走过辉煌的 33 年历程(见图 5—6)。作为行业的先驱者，格力电器以其对空调产品的专注、卓越的管理理念和领先的技术实力，在中国家电市场奠定了坚实的地位，成为家电行业的领军企业。

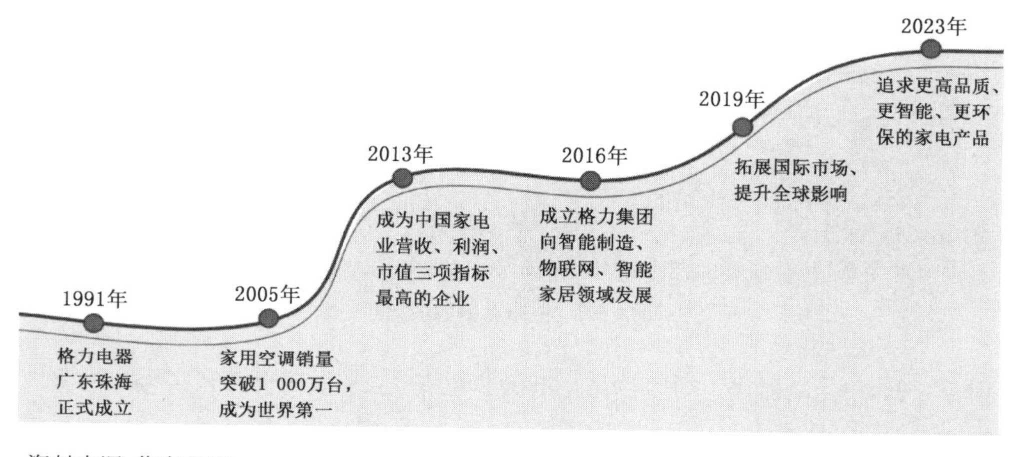

资料来源：作者整理。

图 5—6 格力电器发展历程

格力电器的迅速发展离不开时代的“东风”和自身的扎实创新。一方面,格力电器成立的时代背景给予了民营企业极大的发展空间。1978年,党中央、国务院将珠海设为试办经济特区的城市之一,培育了开放创业的土壤。1992年,南方谈话进一步促进改革开放,激活市场经济,大量人才南下,格力得以进行上下游的优化和发展。2001年,中国首次加入世界贸易组织,格力迅速抓住转型机会,建立世界工厂,专注产品研发。另一方面,格力将重心置于研发,产品和服务两手抓。在压缩机方面,格力通过自主研发,拥有了全资公司生产的凌达压缩机、凯邦电机等。此外,在2005年,格力空调便率先发起“整机六年免费保修”,将服务标准提高到行业领先水平。至今,格力也保持着高水平售后服务。

目前,格力电器保持着较强的成长能力。截至2023年,格力品牌家用空调线上零售额份额为28.15%,位居行业第一;其中,格力品牌柜机线上及线下零售额份额分别为30.28%、34.43%,均为行业第一。此外,格力以超200亿元的市场规模取得了中央空调行业主流品牌销售规模第一的成绩,连续12年在中央空调市场中占据领先位置。同时,格力电器的产业覆盖广泛,包括家用消费品和工业装备两大领域。除了空调产品外,格力电器还涉足冰箱、洗衣机、电视机等多个家电产品领域。截至目前,格力产品已累计服务超6亿消费者,遍布国内各省市(见图5—7)及全球190多个国家和地区。

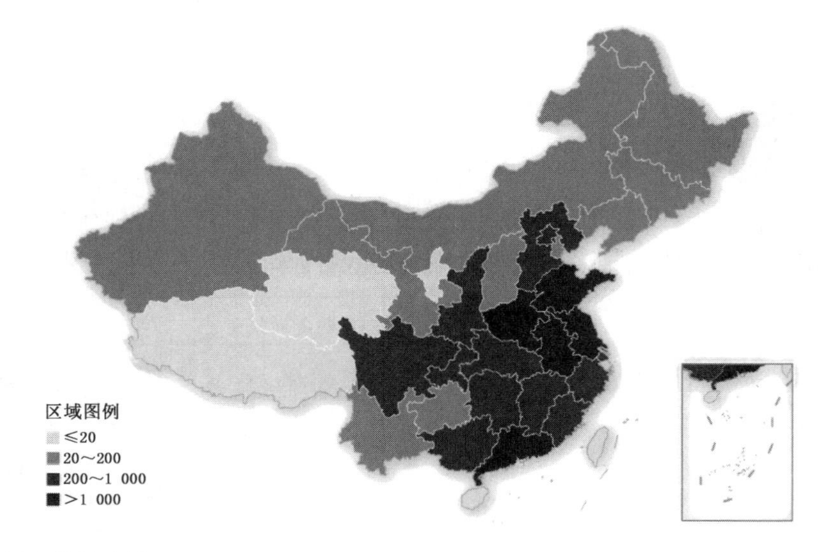

注:地图为数据绘制。

数据来源:来自“数位观察”线下商业大数据,结合品牌方公开数据整理(不包含中国港澳台数据)。

图5—7 格力电器门店分布

财务方面,格力电器作为中国市值最高的家电企业之一,其规模和实力在行业内独树一帜。2023年度,公司营业总收入突破2 050.18亿元,同比增长7.82%,显示出持续增长的势头。此外,其净利润达到290.17亿元,同比增长18.41%,进一步彰显了公司的盈利实力和良好的财务表现。

另外，格力电器每年都投入大量资金用于研发创新。其研发投入额度通常超过几十亿元人民币，为公司的产品创新和技术进步提供了有力支撑。截至 2023 年年末，格力电器有 7 家公司入选国家知识产权示范企业，17 家入选国家知识产权优势企业，展示了其在创新领域的实力和影响力。

然而，对于大规模的成熟企业来说，竞争的范围早已远超传统的财务表现和产品创新赛道。越来越多的分析师开始关注企业的社会表现和 ESG 实践情况，并且将评级成绩加入企业估值模型中进行考量，推动着企业的 CSR 以及 ESG 实践（Dyck 等，2016；沈洪涛等，2016；周开国等，2016）。格力电器也不例外。作为第一批发布社会责任报告的企业，格力电器十分重视其品牌声誉以及口碑，其董事长董明珠也多次出席国际会议，如 2023 年的第 28 届联合国气候变化大会等，并不断打造和彰显品牌价值。然而，通过案例分析，我们发现坚持社会责任报告披露的行为并未给企业带来真正的长期价值。接下来我们将据此详细剖析，以探究背后的价值冲突和矛盾。最终本文发现格力存在“文字游戏”和“ESG 沉默”两方面问题，而这或许才是格力 17 年坚持却费力不讨好的真正原因。

（二）巧诈不如拙诚——文字游戏

根据我们对格力电器以及同行业竞争者报告的文本分析，我们发现格力电器在玩一场看似完美无缺，实际上漏洞百出的文字游戏。

首先，我们运用先进的 Python 数据处理技术，对格力电器与海尔、美的等行业内主要竞争对手的 CSR 报告进行了详尽的纵向对比与深度挖掘，结果见图 5－8。这一过程如同拨开层层迷雾，揭露了格力电器历年 CSR 报告的惊人相似性——2019 年相似度竟高达近 70％，这一数字远超行业平均水平，不禁让人质疑报告的原创性与真实价值。相比之下，海尔与美的的 CSR 报告在保持一定稳定性的同时，展现出了更为多样的内容和一定的创新性，反映出它们在企业社会责任实践中的持续探索与努力。格力电器的高重复率现象，不仅暗示了其 CSR 报告编写可能陷入形式主义的窠臼，更暴露出公司在 ESG 领域可能存在的惰性与短视，未能充分响应社会期望与行业进步的需求。

进一步地，我们借鉴学术界的严谨方法，通过 Python 编程工具量化了报告中模糊性词汇的使用频率，即“较为”“稍微”“尚待改进”等模糊表述在整体副词体系中的占比，结果见图 5－9。结果显示，这一现象在三家企业的报告中均有所体现，但格力与美的尤甚。模糊性词汇的泛滥，如同为报告披上了一层朦胧的面纱，掩盖了企业在 ESG 领域实际行动的具体性、目标的明确性以及成果的可衡量性。这种做法无疑削弱了报告的透明度和公信力，使得外界难以准确评估企业在环境保护、社会责任履行及公司治理结构改善等方面的真实进展与成效。

综合上述分析，我们可以清晰地看到，格力电器的报告在一定程度上沦为一场精心设计的“文字游戏”。它以一种看似完整无缺的形式，掩盖了公司在 ESG 实践中的不足与空

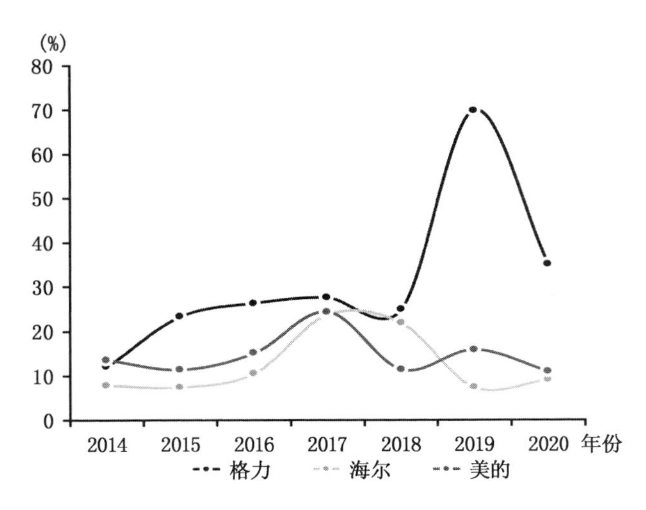

数据来源:格力、海尔和美的2014—2020年社会责任报告;实证结果经Python产生。

图5—8 格力、海尔和美的报告文本相似度对比

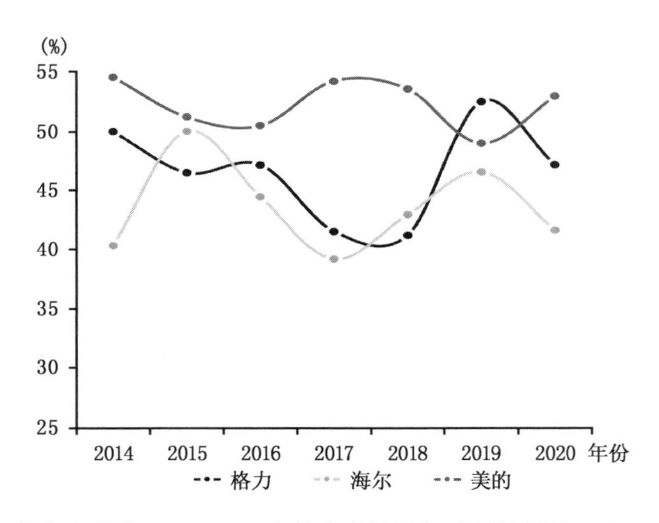

数据来源:格力、海尔和美的2014—2020年社会责任报告;实证结果经Python产生。

图5—9 格力、海尔和美的报告模糊词汇频率对比

白。这种策略或许能够暂时满足监管要求,维持表面的合规形象,但从长远来看,却不利于企业建立起基于实质性贡献的品牌信誉与社会认可度。因此,我们呼吁格力电器及其他企业应正视CSR报告的质量问题,回归本源,以更加真诚、透明和富有成效的方式,向公众展示其在推动社会可持续发展方面的真实努力与贡献。

(三)矜伪不长,盖虚不久——ESG沉默

第二个显著存在的问题在于,格力电器在ESG信息披露方面呈现出显著的"有限性"与

“选择性”，这一现象深刻体现了其“ESG 沉默”的策略，即在实际操作中倾向于仅披露对自身有利的信息，而对关键领域或不足之处的信息则保持缄默。这种“ESG 沉默”不仅违背了信息披露的全面性与透明性原则，也限制了外部利益相关者对其可持续发展实践及成效的深入了解和准确评估。

具体而言，从彭博发布的 ESG 信息披露评级与数据中，我们可以清晰地观察到，近五年来，格力电器在 ESG 信息披露水平上的提升并不显著，甚至在某些方面出现了停滞不前的迹象(见图 5—10)。这一趋势反映出公司在 ESG 管理上的某种惰性，以及对信息披露质量重视程度的不足。接下来本文将从环境、社会、治理三个方面具体分析。

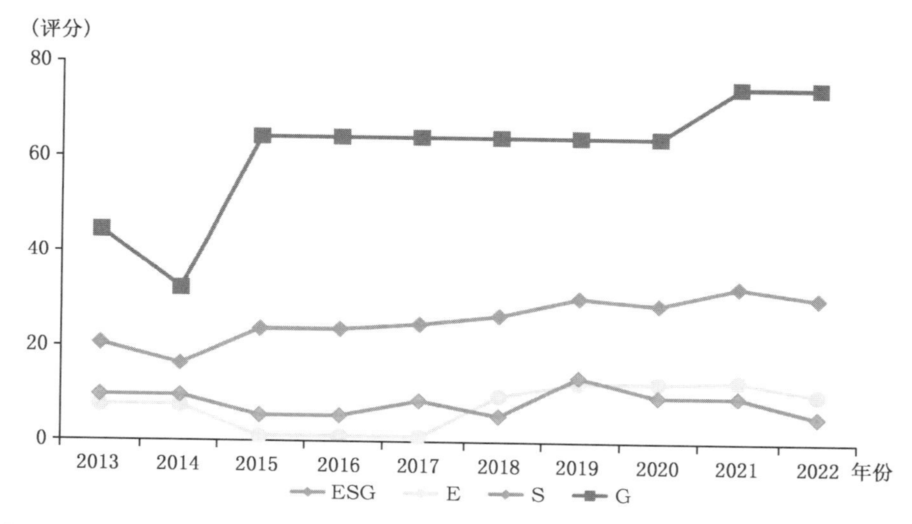

数据来源：Bloomberg 数据库。

图 5—10 格力电器 ESG 信息披露评分

1. 问渠那得清如许，为有源头活水来——环境层面

从格力电器 2023 年 ESG 报告可以看出，格力电器自 2013 年开始便提出了“让空气更蓝、大地更绿”的口号，遵循绿色、节能的原则进行创新研发及生产制造。公司坚持“合理使用能源，提高能源利用效率”的方针，创新提出“绿色设计—绿色制造—绿色回收”的循环发展模式。并且格力致力于全生命周期环境绿色管理，涵盖资源利用、绿色工艺、绿色产品、绿色工厂、废弃物管理以及排放物管理等方面，推动了绿色生产，不断优化资源利用和工艺流程，致力于打造环保型绿色产品，建设绿色工厂并实施严格的废弃物处理和排放物管理，以确保整个生产过程符合环保标准。但显然 ESG 报告中的这些语言印证较为苍白，我们得从具体数据中对比印证是否属实。

在深入分析格力电器过去五年的环境绩效表现及其信息披露质量时，可以观察到其总体评分维持在一个相对稳定的区间，这体现了公司在环境管理方面的持续关注和一定程度上的稳定性。然而，值得注意的是，直至 2022 年之前，格力电器的环境层面评分并未出现显著的上升趋势,且在其公开的信息披露中,时常存在关键性环境数据的缺失或不足,这在一定程度上限制了外界对其环境责任履行情况的全面评估。

进一步将格力电器的环境信息披露状况与行业内标杆企业(如西门子)对比(见图5—11),不难发现,尽管格力在环境相关数据的披露上已展现出一定的全面性,覆盖了多个重要领域,但与西门子相比,其在数据的细致程度与深度上仍有较大的提升空间。

披露信息		格力2023	美的2023	西门子2023
温室气体排放	范围一	✓	✓	✓
	范围二	✓	✓	✓
	范围三	×	✓	✓
整体能源使用情况		×	✓	✓
废弃物排放		✓	✓	✓
废水排放		✓	×	✓
废气排放		✓	✓	✓
水资源利用率		✓	✓	✓
产品管理		×	×	✓
与环境有关的罚款		×	×	✓

资料来源:作者整理。

图5—11 格力、美的及西门子环境层面议题数据披露对比

西门子的ESG报告中,针对环境层面的数据详尽至极,涵盖了两三百项具体指标,这些详尽的数据不仅为投资者和利益相关者提供了丰富的信息基础,也彰显了西门子在环境管理上的精细化与透明度。根据格力电器近五年的环境层面的评分及信息披露得分来看,总体分数相对稳定,但2022年前明显提升不大,且经常缺乏关键性数据。通过对比可以得出,格力电器在环境层面的数据披露还算全面,但与西门子相比,细致性仍有待提高。西门子的ESG报告中环境层面的数据多达两三百项,而相较而言,格力和美的的数据仅做到了涵盖面较广但数据并不细致。

下面我们分技术创新视角、能源使用视角、排放物视角和废弃物回收视角逐一分析格力电器在环境层面的表现。

(1)技术创新

技术创新层面是格力电器的一大亮点,如今格力拥有的44项国际领先技术中,有41项与绿色节能相关。累计获得国家科技进步奖2项、国家技术发明奖2项、中国专利金奖3项、中国外观设计金奖3项、日内瓦发明展金奖14项、纽伦堡发明展金奖10项。进入低碳时代，格力电器用产品服务绿色发展，打造了一批全球制冷行业里最节能的产品。

(2)能源/资源使用

格力电器直到 2024 年公布第一份 ESG 报告，才第一次披露能源消耗总量等信息，让我们很难进行企业本身纵向的成长性对比，反观美的和海尔智家，近几年在能源方面公布的数据会更为全面和细致，甚至包含能源强度等信息。由于格力电器在前些年信息披露上的缺乏，令人质疑格力电器在能源使用方面和同行业的竞争者相比仍有差距。

不过值得一提的是，从披露数据来看，2023 年格力电器清洁能源的使用存在提升（见表 5—4）。虽然仍无法匹及美的在光伏产业上的努力（分布式光伏发电系统装机容量达 280 兆瓦，发电量超过 2.2 亿度），但格力电器 2023 年光伏发电量明显在提升进程，其核电用量的表现较好，提高了清洁能源比例。具体来说，公司在 2023 年利用核电 5.72 亿度，利用光伏发电 2 806 万度，减排二氧化碳 16 003 吨，有一定的进步。

表 5—4　　格力电器能源使用情况

指标	单位	2023 年
能源消费总量	吨标准煤	256 892
天然气	万立方米	3 341
液化石油气	吨	7 012
外购电力	万度	160 278.47
光伏发电量	万度	2 806
核电用量	万度	57 212.7

数据来源：2023 年格力电器 ESG 报告。

此外，格力这样的大型制造业企业，生产过程中无疑需要大量的水资源（见图 5—12）。在水资源方面，格力第一次在 ESG 报告中公布其水资源取用量，更改了以往不披露任何关于水资源利用情况的行为。根据总耗水强度（水资源使用量/万元产值）测算（见表 5—5），可以看出格力电器的总耗水强度相对较高，而三家企业中海尔在总耗水强度上表现最佳。

数据来源：2023 年格力 ESG 报告。

图 5—12　格力电器 2021—2023 年度水资源取用量市政购水量

表 5—5　　格力、海尔及美的总耗水强度对比　　单位:吨/万元

年份	格力电器	海尔智家	美的
2021	0.549 6	0.305	0.507
2022	0.496 1	0.27	—
2023	0.499 6	—	0.484 2

数据来源:2021—2023 年格力、海尔和美的 ESG 报告。

(3)排放和废弃回收

格力电器近年来稳步开展公司层面的温室气体排放盘查工作,实施减碳措施,具体包括发展光伏发电、持续投入节能技改、深化资源再生循环处理等措施,有效降低公司碳排放总量。由图 5—13 可以看出,近三年范围一和范围二温室气体排放量及排放强度趋势均逐年递减,其减排力度尚可。

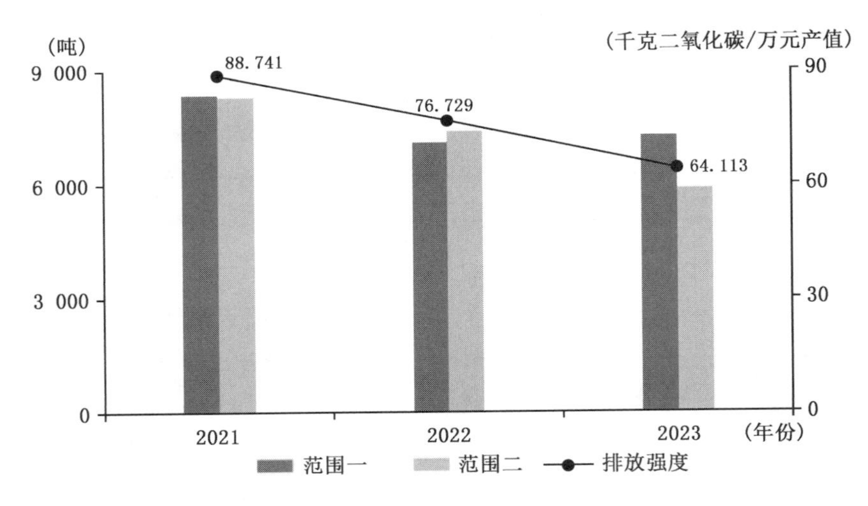

数据来源:2023 年格力电器 ESG 报告。范围一指直接温室气体排放,即来自企业拥有和控制的资源的直接排放;范围二指电力产生的间接温室气体排放,即企业购买的能源(包括电力、蒸汽、加热和冷却)产生的间接排放。

图 5—13　格力电器 2021—2023 年温室气体排放情况

但是横向比对格力电器、海尔智家和美的的温室气体排放强度后,本文发现格力电器温室气体排放强度虽在逐年减少,但与海尔智家和美的相比仍有差距(见表 5—6)。

表 5—6　　格力、海尔及美的温室气体排放强度对比　单位:千克二氧化碳/万元产值

年份	格力电器	海尔智家	美的
2021	88.741	15.29	—
2022	76.729	35.09	—
2023	64.113	—	61

数据来源：2021—2023年格力、海尔和美的ESG报告。

然而，我们注意到格力电器正逐步努力减少碳排放。格力电器频繁宣传其利用光伏技术、核电应用、绿色生产流程以及电子废弃物有效回收等手段，力求实现碳排放的大幅削减。通过细致分析这些节能减排措施的具体成效（见图5—14），我们可以发现在核电利用与电子废弃物处理方面，格力电器的减碳效果比较显著，这表明公司在应对温室气体排放问题上已采取了一定程度的实际行动与努力。

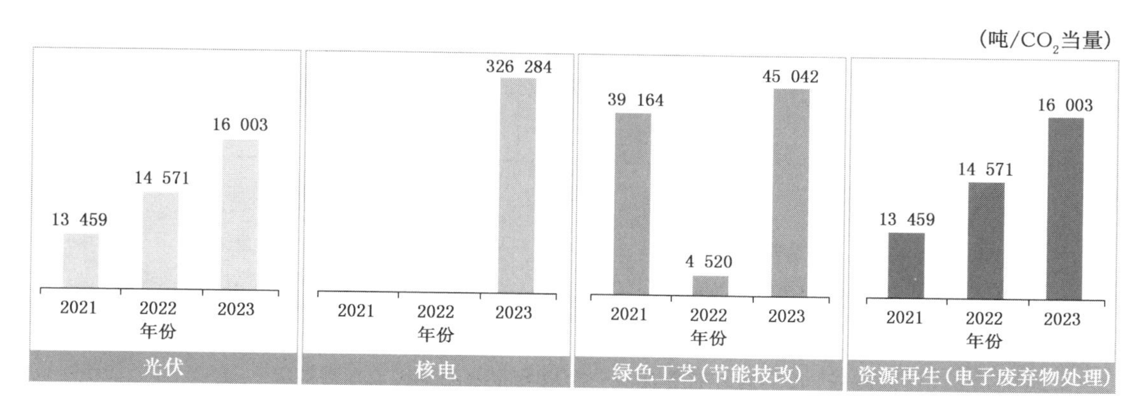

数据来源：2023年格力电器ESG报告。

图5—14 格力电器2021—2023年减碳途径及对应减碳量

以往格力在报告中仅简要提及废水治理，比如2022年的CSR报告中公司特别强调了废水中磷化物的处理，但没有披露任何关于废水的数据资料。而在2023年公布的ESG报告中首次公布了废水排放总量及相关指标（见图5—15），公司生产废水污染物主要有化学需氧量、氨氮、总氮等，均符合排放标准。但根据数据可以看出，格力并未设置减少废水中污染物的中长期目标。虽然格力积极改善喷涂生产工艺，将磷化工艺升级为陶化工艺，从源头降低磷化物的产生，但是从废水排放的总磷量来看，其总量不降反升，说明从减磷量的成果上看这些措施的实施没有贯彻或结果不显著。同时，其废水排放总量也呈现恶性逐年递增趋势，表明其在废水排放方面的情况重视程度不足（见图5—16）。

从废气层面来看，格力电器主要废气类污染物有颗粒物、氮氧化物、二氧化硫、VOCs等（见图5—15）。格力电器根据生产过程中产生的废气类型，从源头收集、过程管控以及末端处理等环节进行相应的治理与管控，确保废气达标排放。格力电器一般按照排污许可证要求制定检测计划，委托专业第三方单位检测，检测结果符合排放标准后排放。我们根据2023年ESG计算出万元产值废气排放总量，总体来看其废气处理情况有逐年变好、逐年减排的趋势（见图5—16）。

于废弃物排放，格力电器在2022年CSR报告中也只使用了“从源头上减少有害气体和有害物质的排放量，以此达到国家规定标准”等表述。但根据最近公布的ESG报告，格力电

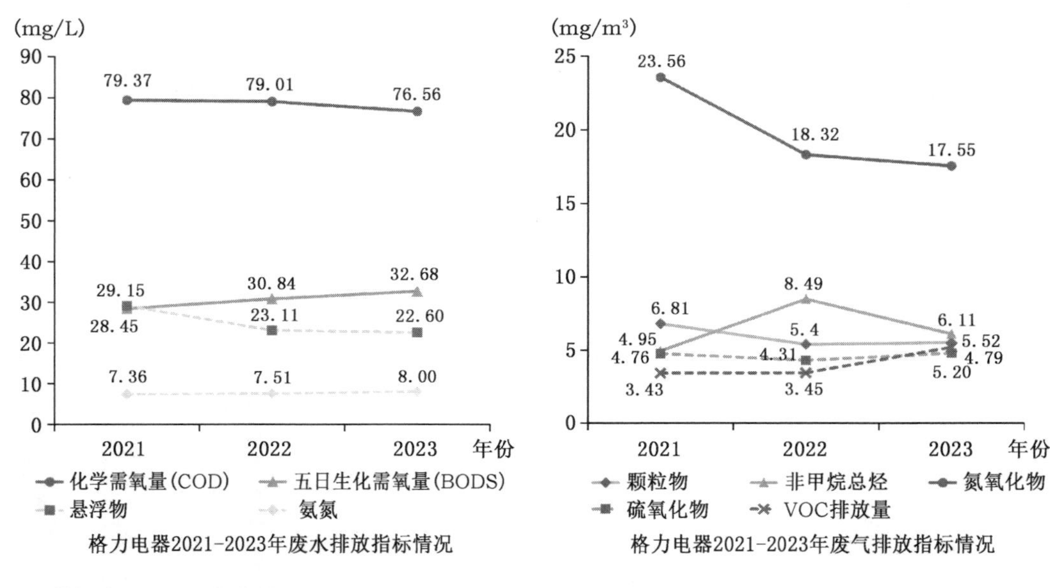

数据来源:2023 年格力电器 ESG 报告。

图 5—15 格力电器 2021—2023 年废水废气排放指标情况

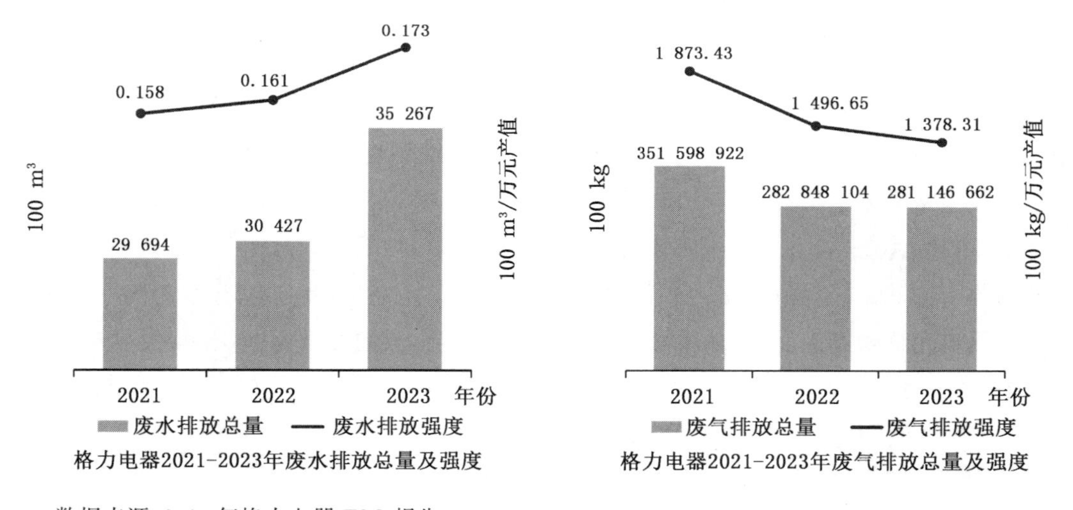

数据来源:2023 年格力电器 ESG 报告。

图 5—16 格力电器 2021—2023 年废水废气排放总量及强度

器首次公开自己的各类废弃物处理数据,整体情况良好(见图 5—17)。值得一提的是,电子废弃物回收总量提高明显,这也是 MSCI 唯一给格力打出的高评分议题,可以看出 2023 年在电子废弃物回收领域,回收总量相比 2022 年有了几乎翻倍的提升(见图 5—18)。近年来,格力电器提出“绿色设计—绿色制造—绿色回收”的循环发展模式,保证全产业链的绿色高效。自 2010 年起,格力电器相继在长沙、郑州、石家庄、芜湖、天津和珠海建立六个再生资源基地，主要从事废弃电器电子产品、报废汽车等回收处理，以及废旧线路板、废旧塑料深加工资源化业务。截至 2023 年年底，格力再生资源公司已累计处理各类废弃电器电子产品超 5 664 万台/套，据估算，实现节能 24.02 亿度电，节水 382.19 万立方米，减少二氧化碳排放 87.61 万吨（4.46 亿立方米），有效避免了废弃电器对环境造成的危害。

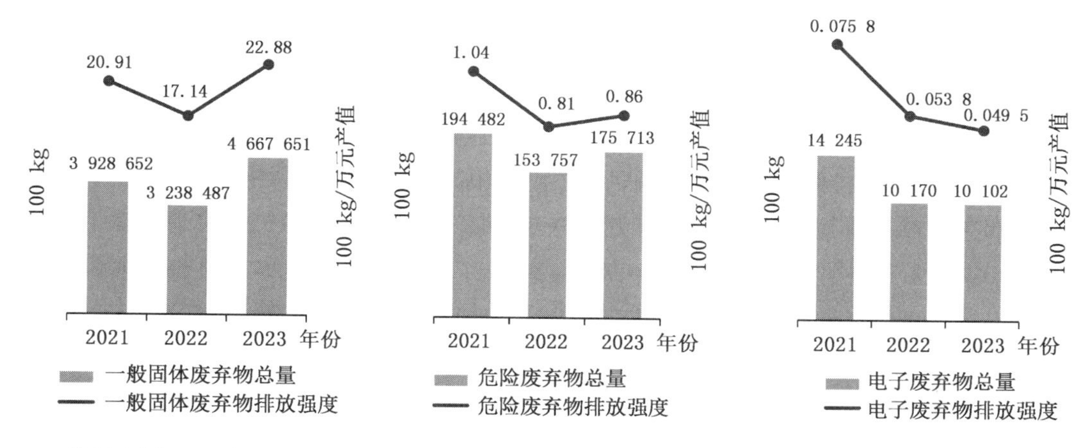

数据来源：2023 年格力电器 ESG 报告。

图 5—17 格力电器 2021—2023 年废弃物排放总量及强度

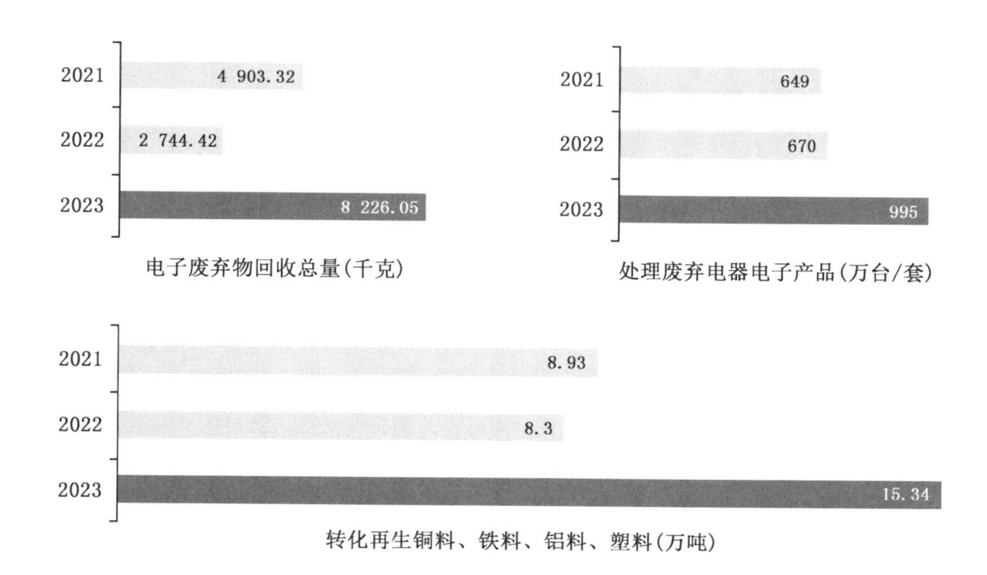

数据来源：2023 年格力电器 ESG 报告。

图 5—18 格力电器电子废弃物回收成果

2. 随风潜入夜，润物细无声——社会层面

就社会层面的数据而言，其披露现状在包括格力电器在内的国内企业中呈现出显著的

差异性与缺乏统一标准的问题。通过对比分析不难发现(见图 5－19),国内企业在报告社会影响及贡献时,往往缺乏一套公认的、系统化的数据报告框架,这导致信息的碎片化与可比性不足。在阅读 ESG 报告的过程中,可以发现此类报告中关于社会层面的描述往往充斥着诸如“加强”“提高”“持续优化”等模糊性表述,而缺乏具体、量化的数据支撑。这种情况不仅削弱了报告的说服力与透明度,还间接促成了“ESG 沉默”的尴尬境地,即企业虽在名义上关注可持续发展议题,但实际披露内容难以全面反映其真实绩效。更为关键的是,企业在披露过程中往往存在选择性倾向,倾向于公布那些有利于企业形象塑造的正面环保信息,而对于可能产生负面影响的数据或事件则采取回避或模糊处理的方式。这种行为不仅违背了 ESG 报告旨在促进信息透明、增强社会监督的初衷,也可能误导投资者、消费者及其他利益相关方的判断与决策。

披露信息	格力2023	美的2023	西门子2023
员工性别比例	✔	✔	✔
员工种族比例	✖	✖	✔
员工年龄比例	✖	✖	✔
员工职级比例	✖	✔	✔
员工类型比例	✔	✔	✔
员工学历比例	✔	✖	✔
残疾员工比例	✖	✖	✔
长/短期合同员工比例	✖	✖	✔
员工流失率	✖	✔	✔
员工受培训时长	✖	✔	✔
员工多元化	✖	✔	✔
工作事故	✖	✖	✔
公益事业	✔	✖	✔
知识产权与创新	✔	✖	✔

资料来源:作者整理。

图 5－19　格力、美的及西门子社会层面议题数据披露对比

相比之下,国际企业如西门子在数据披露方面展现出了更高的专业性与全面性。其 ESG 报告不仅涵盖了广泛的社会议题,还通过详细、具体的数据指标,对企业在环境保护、社会责任及公司治理等方面的表现进行了客观、准确地反映。这种全面且细致的披露方式,不仅为外部利益相关者提供了丰富的信息参考,也为企业自身树立了良好的可持续发展形象。

(1)员工层面

格力在其 CSR 和 ESG 报告中用大篇幅文字阐述了公司员工层面的关爱与福利,强调了自己关注员工需求，做了职工帮扶救助工作。但这一部分十分缺乏实际案例和数据印证，全篇充斥“加强”“持续优化”，缺少详细的落地案例。反观海尔和美的 ESG 报告中的员工层面的信息披露，数据评估和落地案例明显比格力更详尽，也更切实际。我们很难通过其披露的数据考量格力电器在劳工管理和供应链劳工待遇方面的表现。具体情况可见表 5—7。

表 5—7 格力、海尔、美的员工层面数据公布情况

员工层面数据	格力 2023	海尔 2022	美的 2023
性别比例	√	√	√
职级比例		√	√
类型比例	√	√	√
学历比例	√	√	
受培训时长		√	√
员工多元化		√	√
员工志愿活动	√	√	√
员工持股计划	√	√	√

数据来源：历年 CSR/ESG 报告。

由于格力社会层面信息披露不完全，很难通过数据进行纵向企业成长和横向行业对比，不过令人欣慰的是，相较于 2022 年的 CSR 报告而言，格力电器 2023 年的 ESG 报告已关注了更多社会议题并提供更多的数据。2023 年内，格力未发生任何用工歧视、骚扰、雇用童工、强制劳动等违反劳动人权制度的事件，员工社保覆盖率为 100%，员工劳动合同签订率为 100%。

格力电器秉持“人才是第一资源”的理念，构建了员工职业发展通道（见图 5—20），调整薪酬方案，让各类人才尽情施展，分别为技术管理类员工设计了“专业、管理、综合发展”三通道职业发展路径，为一线员工设计了技能等级评定机制，完善以岗位为基础、以绩效为导向的薪酬机制，但是并未公布更详细的晋升方式与薪资。

针对公司战略，格力电器还制定、组织和实施全员学习（四级）发展计划。年度需求调研从组织战略、业务发展、人员技能、文化素养四个维度出发，最终形成公司一级、部门二级、科室三级、个人四级互为补充的四级培训计划（见图 5—21）。各级计划分级分解、内容互补且有侧重，实现“上接战略，下接绩效”的学习与发展目标落地。2023 年度公司级培训计划包含 59 个专项培养项目，由培训中心和各单位共同负责实施落地，组织实施中关注培训落地效果，每个项目由专人专项推进，实现 PDCA 闭环管理，提高培养成效。截至 2023 年年底，59 个培训项目已全部顺利完成，累计培训达 25 000 人次，年度平均满意度达 98%，整体反馈良好。

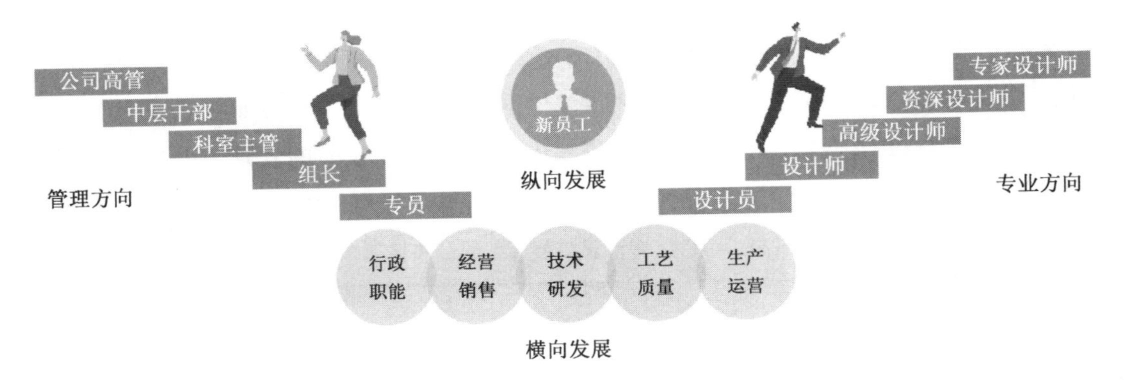

资料来源:2023年格力电器ESG报告。

图5—20　格力电器员工职业发展通道

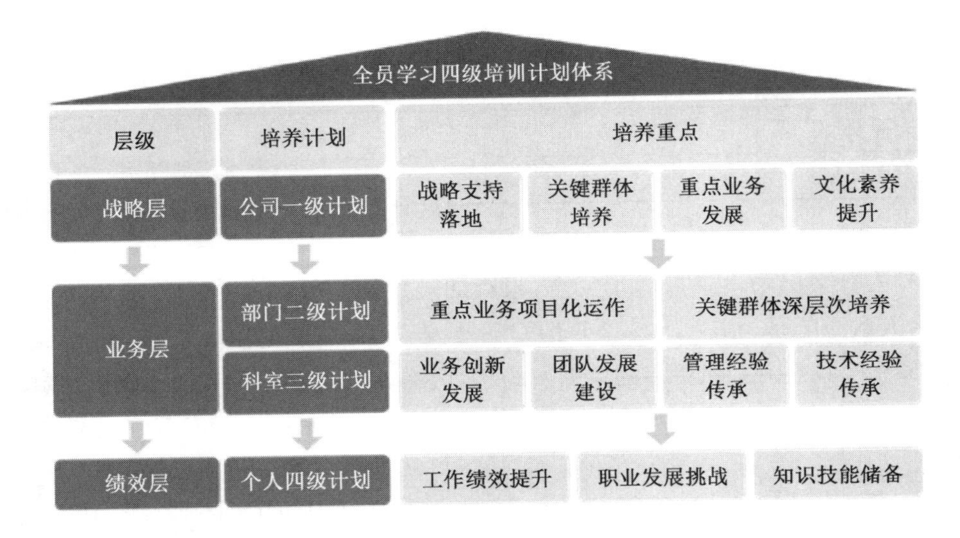

资料来源:2023年格力电器ESG报告。

图5—21　格力电器四级发展计划

目前集团技能人才规模总量实现持续增长。自2013年珠海总部小范围试点摸索以来,经在各分厂、各子公司逐步推广,持续挖掘新工种,工种数量及技能工人数呈逐年递增的趋势。截至2023年年底,技能人才覆盖78个格力电器总部单位及外地子公司,技能工种已达117个,技能工人数约1.4万人,相比2013年度增长8～10倍。截至2023年年底,公司已为企业、社会培养并推荐获评的国家、省、区、市(县)技术能手为110人、工匠为393人。

在员工日常生活方面,公司内部有覆盖南北风味的食堂,提供总部3万余人的一日三餐;住宿方面,格力提供家电设施齐全的员工宿舍;交通方面,有覆盖珠海市各主要区域站点的免费班车;此外,还为员工提供全员通信套餐、全员健康体检等。

格力电器也有意向建立长期、有效的激励机制,推出员工持股计划等措施吸引和留住优秀人才，实现对中高层管理及核心骨干员工的激励稳留，使员工和公司形成利益共同体，增强员工归属感和责任感。自2021年以来，公司共推出了两期股权激励计划。截至2023年年底，第一期员工持股计划覆盖员工4 513人，第二期员工持股计划覆盖员工3 170人，但相较于已经开启六期的海尔而言，格力电器员工持股计划刚刚起步，尚需努力。

格力电器在ESG报告中的很多提及行为举措，如关注职工需求——通过职工代表大会、工会会员代表大会、员工投诉热线、线上互动交流、民主生活会等方式与员工互动，讨论公司发展和职工关注的热点、难点问题；推进厂务公开，优化公司管理机制，更多仅仅为自上而下的流程，具体落实结果并无详细披露，综合其他两家公司，我们认为社会层面的ESG披露信息大多存在信息模糊、无数据支持的问题。

(2)企业社会责任

2023年，格力电器贡献税收约为175.80亿元，积极履行企业社会责任；坚定落实稳就业保就业各项政策措施，持续稳岗拓岗，疫情防控期间也坚持不裁员，保障员工年终奖正常发放，并持续从高校招聘优秀人才，5年累计招收近1.8万名大学生，格力于2019年成立“退伍军人基地”，接收560名退役军人成为格力员工，2023年度入选首批“全国社会化拥军企业”荣誉。格力电器也致力于助力全球经济可持续发展，贯彻落实国家“一带一路”倡议，尊重项目所在地文化习俗，大力吸纳当地就业，关爱当地员工，注重对所在地社区和环境的正向积极影响，主动将公司发展融入当地经济社会发展，积极创造经济价值和社会价值。

(3)社会舆论

格力相较于海尔和美的面临社会舆论危机的风险更大，经常会影响自身的股价波动和企业ESG评估，而这受企业管理者的行为举措影响最大，MSCI将其定性为企业行为，这是个相对宽泛的概念，既包含企业欺诈行为，也包括高层管理人员的不当行为。

其中，董明珠将自己的IP和公司高度绑定便是风险的所在。当董明珠作为网红企业家后，其一言一行都将随时反映着公司文化及企业形象，格力的经营很依赖于董明珠个人，而社会舆论的夸大也会直接导致董明珠很多本来不一定错误的行为引发高风险的舆论危机。

据人民网舆情数据中心不完全统计，2022年以来，格力及格力相关人员出现在微博热搜榜上的次数为72次，遥遥领先美的与海尔。其中，董明珠出现次数高达37次。格力前员工孟羽童，受离职事件带动，相关话题数量达到23次。在2011年11月的电视节目采访风波中，格力电器渠道改革项目负责人王自如也被频繁提及。

2023年5月，“格力接班人”孟羽童离职一事引发广泛关注。格力电器回应称，“孟羽童已离开，不在公司任职。人员流动很正常，感谢外界关心”。关于离职原因，孟羽童本人在当时并未做出正式回应，仅是回应称“下一阶段准备继续读书”。事件周期内，11月6日至11月20日，格力电器(000651)股价整体呈现下降趋势，11月6日，格力股价收报34.08元/股，11月20日，格力股价收报32.79元/股。而董明珠之前针对孟羽童、年轻人就业、员工福利待遇等“流量”言论，碰到了当前这个内卷的就业环境，也不断以汹涌的舆情的方式冲击格力的品牌形象。

而 2023 年 11 月王自如风波的起因源于接受采访时的一段视频。在视频中,他表达了自己从未看过格力给他的工资条,以及希望能有一间离董明珠较近的办公室,以便随时向她汇报工作的想法。这段采访被自媒体恶意剪辑后使用低俗污秽的言辞侮辱诽谤公司高管。对此,格力电器公司于 11 月 17 日向公安机关报案,对多个侮辱诽谤事件进行了举报。

综上事件,董明珠和孟羽童在风波前期为格力做了一次成功营销,但二人之间的“恩怨情仇”也使格力电器遭受流量的“反噬”。而董明珠与其员工王自如的绯闻事件在 2023 年年底引发媒体关注,随着金星、傅盛等公众人物的讨论,相关视频不断被传播,给格力电器造成重大负面影响,最终这场闹剧以格力电器向公安机关报案收尾。

从某种程度上而言,这些舆论风险都是给格力电器企业文化亮起的红灯,也成为限制其 ESG 发展的隐患。格力电器不仅仅是一个家电巨头,更是一个自带流量的标签,这就表示流量标签下的每一个人物、话题,都会对企业形象造成影响。个人 IP 更是一把双刃剑,企业背景与个人社交账号内容的结合意味着双重身份的绑定,使公司形象更为丰富立体,吸引流量与关注;同时,也具有很大的风险,员工账号的言行动态随时随地反映着公司文化及企业形象,稍有不慎,则会让企业陷入被动。这也是未来格力电器在社会舆论中树立品牌形象需要格外注意并思考的重点。

3. 为之于未有,治之于未乱——治理层面

聚焦于治理层面,这一维度无疑是 ESG 评估中最具挑战性且难以直接通过单一数据指标全面量化的部分。国内企业在编制 ESG 报告时,对于治理层面的展现往往侧重于定性描述与治理结构的框架性展示,这种做法虽然能够勾勒出企业治理体系的大致轮廓,却难以深入揭示其实际运作的效率、效果以及潜在的问题。因此,对于投资者而言,仅凭文字叙述难以精准评估企业在治理层面的真实表现,这在一定程度上可能促使“形式主义”的滋生,即企业可能仅停留在表面合规,而未能在实质上推动治理水平的提升。即使如此,与海尔智家、美的电器相比,格力电器治理层面的部分体系还不够完善,且其语言较为苍白,实际效果少有权威性的数据支持,无法得到印证,这或许是其 ESG 得分在同行业仍处于较低水平的原因之一。

为了探索更为科学合理的治理层面评价方法,我们选取了国外两家在治理数据披露方面表现较为突出的家电企业作为参考案例(见图 5—22)。

然而,通过图 5—22 可以发现,即便这些企业在 ESG 领域享有良好声誉,其治理层面的数据披露也并未遵循一个统一、标准化的模式。这种差异性不仅体现在披露的广度与深度上,还涉及指标的选择、数据的收集与处理方式等多个方面,从而极大地增加了对不同企业治理表现进行横向对比的难度。

(1)治理架构

格力电器建立了由股东大会、董事会、监事会和经营管理层三会一层的架构(见图

披露信息	格力2023	美的2023	西门子2023	三菱2023
纪律处分	✗	✗	✓	✗
合规指标	✗	✗	✓	✓
信息披露	✓	✓	✓	✗
可持续供应链管理	✗	✗	✓	✗
外部可持续发展审计	✗	✗	✓	✗
企业责任自我评估	✗	✗	✓	✗
董事会构成	✓	✗	✗	✓
高级职员构成	✗	✗	✗	✓
提名委员会构成	✗	✗	✗	✓
审计委员会构成	✗	✗	✗	✓
薪酬委员会构成	✗	✗	✗	✓

资料来源：作者整理。

图 5—22 格力、美的及西门子治理层面议题数据披露对比

5—23)。格力电器注重董事会的多元化(见图 5—24)，力求丰富董事会成员在性别、年龄、经验、资格和专业背景等方面的代表性，为公司发展提供更全面、专业的决策。

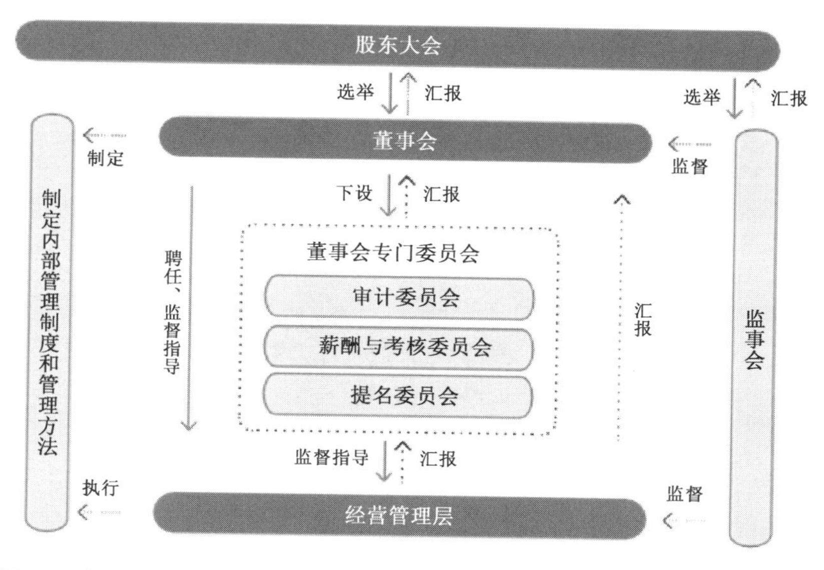

数据来源：2023 年格力电器 ESG 报告。

图 5—23 格力电器公司治理结构

格力电器公司董事会由 9 名董事组成(见表 5—8)。其中男性董事 7 名，女性董事 2

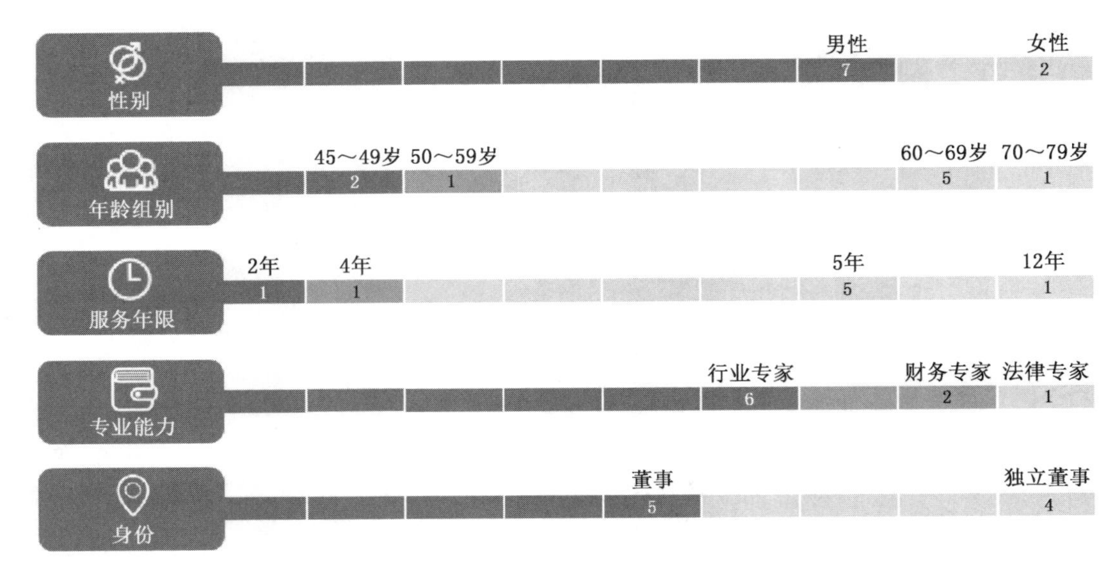

数据来源:2023 年格力电器 ESG 报告。

图 5—24　格力电器董事会成员组合及多元化程度

名;在年龄上,主要集中在五六十岁,但近五年也有年轻血液注入董事会;董事会成员有 2/3 是行业专家,其余是财务和法律专家,有助于董事会制定更专业的决策。而公司的独立董事均为资深专业人士,具备会计、金融及业务管理等方面的专业知识。董事会下设三个专门委员会,包括薪酬与考核委员会、提名委员会、审计委员会,各专业委员会中,独立董事的占比超过 50%。以下是具体的董事会名单和多元化程度考察:

表 5—8　格力电器公司董事会

姓名	职务	性别	年龄	首次任命日期	学历	专业能力
董明珠	董事长、总裁	女	69	2012 年 5 月	硕士	行业专家
张布	党委书记、董事	男	47	2019 年 1 月	本科	行业专家
郭书战	董事	男	61	2019 年 1 月	专科	行业专家
张军督	董事	男	63	2012 年 5 月	大专	行业专家
邓锦博	董事、副总裁、董秘	男	48	2020 年 12 月	本科	行业专家
刘淑威	独立董事	女	71	2019 年 1 月	硕士	财务专家
王晓华	独立董事	男	62	2019 年 1 月	本科	法律专家
尹子文	独立董事	男	60	2019 年 1 月	博士	行业专家
张秋生	独立董事	男	56	2022 年 3 月	博士	财务专家

数据来源:2023 年格力电器 ESG 报告。

但是相较于同赛道竞争者而言,格力电器缺少专门的 ESG 管制架构。同行业的海尔智家(见图 5—25)、美的电器(见图 5—26)均设立了 ESG 委员会,代表董事会对公司 ESG 相关事宜进行全面监督并履行相关 ESG 管治职责。ESG 委员会下设 ESG 执行办公室及工作组,负责公司 ESG 的具体工作。良好的 ESG 管治可以在保障企业稳定运营、应对突发性危机与把握发展机遇等方面具有重要意义,使公司形成治理层、管理层与执行层组成的覆盖海外体系的 ESG 管治架构。

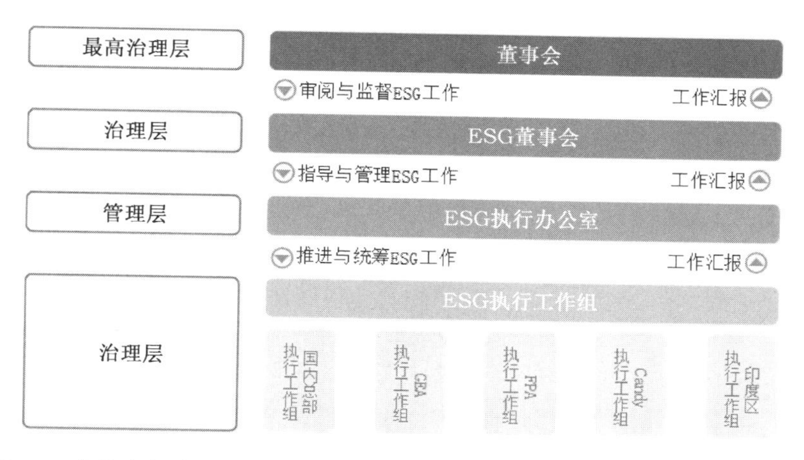

资料来源:2022 年海尔智家 ESG 报告。

图 5—25 海尔智家 ESG 管理架构

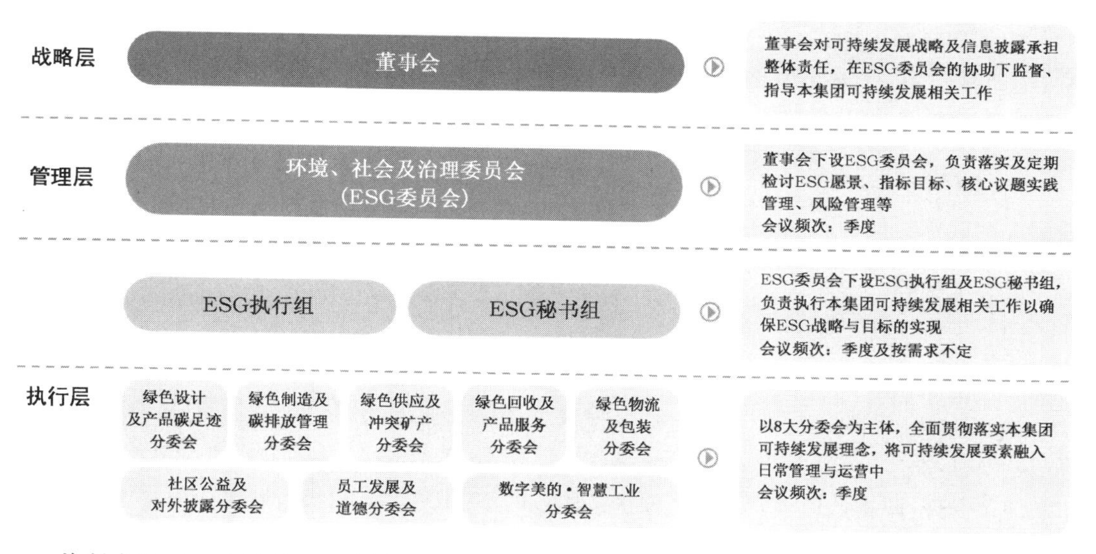

资料来源:2023 年美的 ESG 报告。

图 5—26 美的 ESG 管理架构

(2)风控体系

格力电器开展内控合规评估工作,董事会、审计委员会、监事会和经营管理层明确自身的角色和职责,将各单位内控工作与公司的业务流程对接,使内控工作与日常运营紧密联系,实现风险管理工作的闭环运行。同时,公司每年聘请第三方专业机构对公司内控体系的合规性与有效性进行自我评估,并根据《企业内部控制基本规范》及其配套指引的规定,结合公司内外部环境、内部机构及管理要求的改变等及时更新和完善内部控制体系,并在相关媒体披露由年审会计师出具的财务报告,接受各相关方的审阅与监督。

(3)规范商业道德行为

格力电器为维护企业“三公三讲”原则(见图5-27),坚持公平公正、公开透明、公私分明的原则开展生产经营。

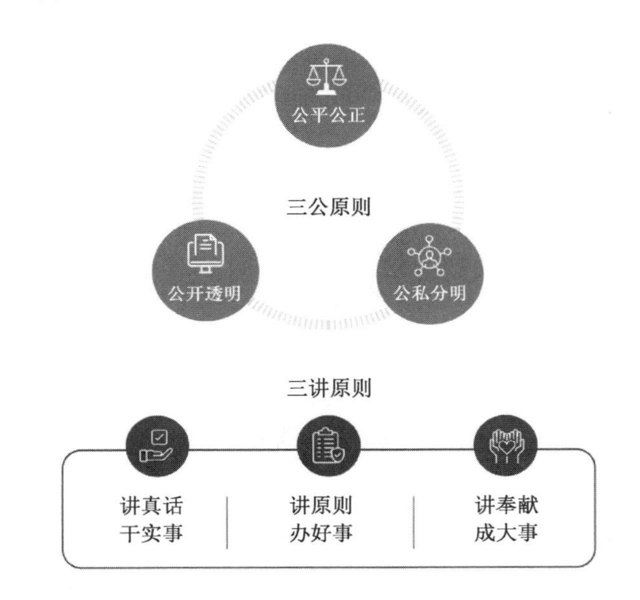

资料来源:2023年格力电器ESG报告。

图5-27 格力电器“三公三讲”原则

格力电器遵循国家规定,制定了《纪检监察管理办法》等制度,防止公司在管理过程中出现行贿、受贿、欺诈、洗钱、不正当竞争、利益冲突等违反商业道德的行为。公司内还设立了纪检监察办公室,专门负责公司纪检监察管理工作。此外,为保障举报工作顺利开展,规范举报工作的信息受理、调查处理、档案管理、保护及奖惩的职责及内容,格力电器结合公司实际情况制定了《举报管理办法》(见图5-28),其中明确规定了举报事件调查处理、举报人奖惩规定、调查人回避及举报人保护机制,全流程保障举报工作的有效性,维护员工权益。

(4)信息安全保护

为保障对公司信息资产的保密性、完整性和可用性,格力电器在ESG报告中提到其依照国家相关法律法规,制定了《信息安全管理办法》等制度,针对内外部各类信息的交流方

总裁信箱：公司在各个部门、食堂、门岗及工厂设立了30余个总裁信箱，供员工实时投诉举报

邮箱及热线：公司规定企业管理部与纪检监察办公室分别负责工作质量与廉洁从业类举报投诉，并分别提供公开举报邮箱及热线

调查人员如对其具体负责的调查工作存在或可能存在利害关系，应当向其主管领导说明，经批准后回避

公司规定举报人的人身权利及其他合法权益应受到严格保护，任何人不得打击报复举报人和配合调查的员工

举报事件调查处理部门及其调查人员不得：

1. 违反保密要求，泄露举报信息；
2. 私存、扣押、篡改、伪造、撤换、隐匿、遗失或私自销毁举报材料；
3. 超越权限，擅自处理举报材料的，严禁将举报材料转给被举报人；
4. 隐瞒、谎报、未按规定期限上报重大举报信息，造成严重后果的；
5. 利用举报材料谋取个人利益或为打击报复举报人提供便利的；
6. 其他违法违纪的情形

资料来源：2023 年格力电器 ESG 报告。

图 5—28 格力电器投诉举报管理

式、使用及保管要求进行规范化流程化管理，全面有效落实了信息与数据安全。并且格力电器积极开展信息安全教育工作，明确各分子公司及部门的第一责任人及安全管理员，统筹管理各类信息安全工作，并且至少每年一次对公司的信息安全管理方法及信息安全的控制目标、控制措施、策略等进行独立评审，确保体系完善、合理，当有重大变化发生时，需立即组织相关单位开展评审工作，并对评审情况进行记录，对评审发现的问题跟进整改。

但是与格力电器相比，海尔智家对信息安全保护方面的披露更为完善。在海尔智家 2022 年 ESG 报告中，海尔智家展示了其搭建的由信息安全管理委员会、信息安全委员会及各部门信息安全负责人三个层级组成的全球信息安全管理组织架构（见图 5—29），并明确了各级职责。相比之下格力电器的措施就显得不够成熟和完善。

在信息安全认证上，格力电器只披露了其在 2023 年获得 ISO27001 信息安全管理体系认证。而早在 2022 年，海尔智家已披露其与下属 5 个子公司完成了信息安全体系认证工作，获得了 ISO/IEC27001、ISO/IEC27701、ISO/IEC27018 认证。此外，海尔智家首次获得世界顶级认可机构英国皇家认可委员会（United Kingdom Accreditation Service，UKAS）和中国官方认可委员会（China National Accreditation Service for Conformity Assessment，CNAS）的双认可，标志着公司信息安全管理水平已达到国际领先水平。

不过，我们了解到格力电器在 2024 年 5 月 4 日公布关于信息安全评估方法、装置、安全评

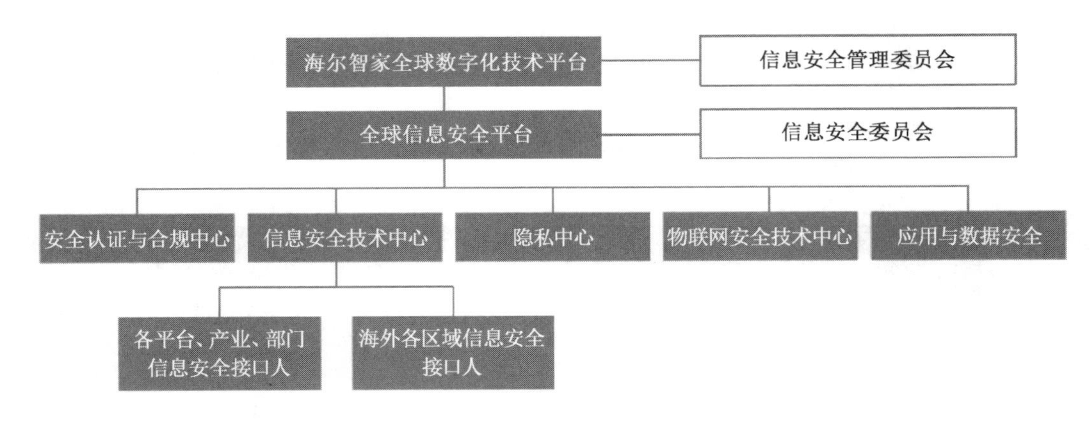

资料来源:2022 年海尔智家 ESG 报告。

图 5—29 海尔智家信息安全平台

估平台及存储介质的国际专利申请,可见格力电器正在信息安全这方面积极调整。

(四)万里飞腾仍有路,莫愁四海正风尘——总结与建议

在当前全球范围内,环境、社会和治理(ESG)理念日益成为衡量企业综合绩效与价值的重要标尺,尤其对于电器行业这一制造业的关键板块而言,其 ESG 信息披露的透明度与完整性不仅是企业责任感的体现,更是推动企业实现可持续发展的重要基石。然而,在审视行业内部 ESG 实践时,我们发现格力电器,尽管身为中国电器行业的佼佼者,但在 ESG 信息披露方面相较于海尔智家等业界先驱仍存在一定提升空间。具体而言,格力电器直至 2023 年才迈出独立 ESG 报告发布的步伐,这一时间节点相较于海信家电自 2019 年起、美的集团与海尔智家均在 2021 年即已发布的实践,显得相对滞后。这一现象映射出格力在 ESG 战略部署上的时间差,可能影响了其在全球资本市场及公众视野中的 ESG 表现评价。在 2023 年的 ESG 独立报告中,格力虽已着手细化电子废弃物处理、废水治理等环保领域的具体数据,展现了一定的环保努力与成效,但纵观过往近 18 年的 ESG 信息披露历程,关键指标披露的全面性与深度尚显不足。报告中使用模糊性表述较多,且存在文字重复现象,这在一定程度上削弱了信息的可读性与可信度,反映出格力在提升 ESG 信息披露质量上的迫切需求。

为此,格力亟需采纳如全球报告倡议(GRI)等国际公认的 ESG 报告框架,以更加标准化、系统化的方式披露其环境、社会及治理方面的具体指标与量化数据,减少模糊表述,确保信息的透明、真实与可比性。同时,针对投资者与公众普遍关心的碳排放管理、员工福祉、社会影响力等关键议题,格力应主动加大披露力度,以实际行动回应社会期待,增强市场对其可持续发展能力的信心。

此现象并非格力独有,而是国内企业在 ESG 信息披露方面普遍面临的挑战。相较于国外企业普遍采用的统一、详尽的 ESG 披露标准,国内企业在报告编制上往往存在文字冗长、数据匮乏、表述模糊等问题,影响了信息的有效传递与评估。因此,从国家层面推动 ESG 信

息披露的标准化建设，引导企业采纳国际最佳实践，制定符合国情的 ESG 报告指南，成为当务之急。

政府应发挥引领作用，建立健全 ESG 信息披露的监管与评估体系，通过政策激励与法规约束相结合的方式，推动企业提升 ESG 报告的质量与透明度。同时，引入第三方独立评估机构，对企业 ESG 报告进行客观、公正的审查与认证，确保披露信息的真实性与准确性。这将有助于减少“漂绿”现象，促进企业在环境保护、社会责任与公司治理领域的实质性改进。

展望未来，我国企业可持续发展的深化改革将更加注重 ESG 的量化分析，力求在定性描述的基础上，通过具体数据的量化呈现，提升信息披露的精准度与可比性。格力电器等企业应以此为契机，深化 ESG 战略融入企业运营的各个环节，以数据为驱动，持续优化 ESG 表现，为企业的长远发展奠定坚实基础。同时，CSR 与 ESG 报告应成为企业展现可持续发展成果的重要窗口，通过综合运用定量与定性分析方法，构建全面、准确的 ESG 评估体系，为企业的可持续发展之路提供有力支撑与指导。

思考题

1. 对比之前发布的 CSR 报告，格力电器在为完善 ESG 报告方面做出了哪些努力？

2. “文字游戏”和“ESG 沉默”分别代指什么？除了格力电器，还有哪些企业可能存在这些问题？

3. 可以采取哪些措施促进企业更加注重具体的数据的披露呢？

参考文献

[1]沈洪涛，陈涛，黄楠. 身不由己还是心甘情愿：社会责任报告鉴证决策的事件史分析[J]. 会计研究，2016(3)：79—86.

[2]宋献中，胡珺，李四海. 社会责任信息披露与股价崩盘风险——基于信息效应与声誉保险效应的路径分析[J]. 金融研究，2017，442(4)：161—175.

[3]袁显平，柯大钢. 事件研究方法及其在金融经济研究中的应用[J]. 统计研究，2006(10)：31—35.

[4]周开国，应千伟，钟畅. 媒体监督能够起到外部治理的作用吗？——来自中国上市公司违规的证据[J]. 金融研究，2016，432(6)：193—206.

[5]Dyck，A.，Lins，K. V.，Roth，L. et al. Do Institutional Investors Drive Corporate Social Responsibility? International Evidence[J]. Journal of Financial Economics，2019，131(3)：693—714.

[6]Godfrey，P. C.，Merrill，C. B.，Hansen，J. M. The Relationship Between Corporate Social Responsibility and Shareholder Value：An Empirical Test of the Risk Management Hypothesis[J]. Strategic Management Journal，2009，30(4)：425—445.

[7]Lizzeri，A. Information Revelation and Certification Intermediaries[J]. The RAND Journal of Economics，1999，30(2)：214—231.

六、领头羊光环与ESG阴影

——贵州茅台：行业标杆还是隐形债务人？[①]

内容提要 贵州茅台，作为中国白酒行业的领军企业，在全球市场上享有极高的声誉。然而，其ESG实践的历程充满了挑战。从环境角度看，茅台镇的赤水河污染问题一直备受关注，这直接影响了茅台酒的生产质量并损害了公司形象。在社会责任方面，茅台的营销策略因未充分考虑公众健康而遭到批评。此外，公司内部高层管理的腐败事件严重侵蚀了企业形象和公众信任。面对这些问题，贵州茅台实施了一系列改革措施，如优化ESG治理结构、将ESG指标纳入绩效考核、改革供应链管理等，力图提升其在环境保护、社会贡献和企业治理方面的表现，以适应全球对可持续发展的要求。本文通过分析白酒行业的ESG发展现状和国内外评级的分歧，对贵州茅台的ESG表现进行了深入探讨。横向对比显示，虽然贵州茅台在环境保护和社会责任方面表现优异，但在公司治理方面表现较差。纵向分析贵州茅台历年的ESG数据，评估其可持续发展的实际成就与不足。最终，文章为贵州茅台未来的ESG改进方向提供了具体建议，指出尽管在某些方面表现突出，但贵州茅台的整体ESG表现仍未完全达到其行业领军地位的水平，需要进一步努力以实现全面提升。

案例介绍

(一)引言

在贵州赤水河畔的这个宁静小镇上，随着三家私人酒坊的合并，茅台酒厂如同一棵植根于中国西南肥沃红土的幼苗，开始了其传奇的生长旅程。

20世纪七八十年代，中国经济的快速发展为茅台酒的传播提供了肥沃的土壤。它以其独有的香型和味道，在国内外赢得了越来越多的赞誉和需求。随着国家领导人在重要的国际会议上使用茅台酒来宾主尽欢，茅台酒的名声也随之水涨船高，成为国宴和重要外交场

① 指导教师：冯苏苇(上海财经大学)；学生作者：李子荣(上海财经大学)、乔丽丽(上海财经大学)。

合的指定用酒。进入21世纪,茅台不仅是中国的国酒,更成为全球奢侈品市场上炙手可热的品牌。每一瓶茅台酒都蕴含着工匠们无数日夜的辛勤汗水和对完美的追求,其价格在拍卖市场上屡创新高,成为收藏家和投资者眼中的蓝筹股。市场对茅台的期待不可谓不高,"A股之王""国货之光"这样的称号不仅赋予了这家百年老字号极大的荣耀与责任,同时也掩盖了其背后可能的ESG风险。

酒业和烟草行业一样,在ESG评价上是天然带有负面因素的,尤其是环境保护和资源消耗的问题。作为中国白酒行业的龙头企业,茅台的影响力无可挑战,但其在ESG方面的表现逐渐成为外界关注的焦点。它的ESG实践是否匹配其作为行业标杆的地位?它的内部运营管理、与当地环境的和谐共处,以及在生产过程中对资源的利用效率究竟如何?在全球可持续发展理念日益深入人心的今天,茅台是否真正承担起了与其市场地位相称的社会责任和环保义务?坊间流传着许多贵州茅台的故事,有关财富、权位、历史传承……但鲜有人讨论这家企业内部的运营管理,它与当地水土的关系,以及生产一瓶茅台酒究竟会消耗多少资源——这些正是ESG领域的典型话题。

随着全球可持续发展理念的深入人心,茅台面对的是如何在保持行业领先地位的同时,解决生产过程中对环境的影响、提升对社会的贡献和完善治理结构的挑战。这家被誉为白酒行业领头羊的企业,在ESG领域是否也做到了行业标杆,还是仍旧属于"隐形债务人"?

(二)贵州茅台基本情况

1. 公司概况

贵州茅台酒股份有限公司成立于1999年,总部设在贵州省仁怀市。公司的核心业务是生产和销售茅台酒及其系列产品。其主要产品贵州茅台酒不仅是世界三大蒸馏酒之一,还融合了国家地理标志、有机食品认证和国家非物质文化遗产。多年来,贵州茅台通过不断追求产品品质、精心保护酿酒生态、创新传统工艺和持续发展企业文化,实现了高质量和现代化的发展。作为中国白酒行业的标杆,除了生产销售茅台酒,公司还涉足饮料、食品、包装材料生产,防伪技术开发及信息产业相关产品的研发(见图6—1)。

2. 公司商业模式

贵州茅台酒股份有限公司的核心业务包括生产和销售茅台酒及其系列产品。其旗舰产品"贵州茅台酒"代表了中国大曲酱香型白酒。公司的运营模式涉及三个主要环节:原料采购、产品生产和销售。原料采购依据生产销售计划实施,而产品生产过程包括制曲、制酒、贮存、勾兑和包装。销售则通过直销(包括自营和"i茅台"数字平台)及批发代理(如经销商、商超和电商)进行。目前,公司茅台酒年生产量已突破1万吨,43°、38°、33°茅台酒拓展了茅台酒家族低度酒的发展空间,茅台王子酒、茅台迎宾酒满足了中低档消费者的需求,15年、30年、50年、80年陈年茅台酒填补了我国极品酒、年份酒、陈年老窖的空白,在国内独创

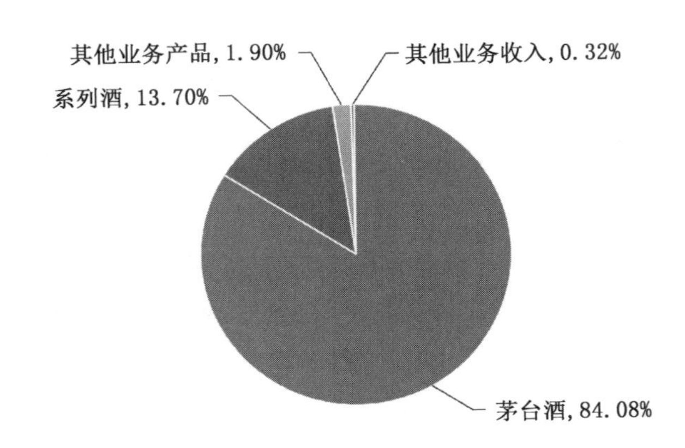

数据来源:贵州茅台2023年年度报告。

图6—1　贵州茅台2023年主营收入构成

年代梯级式的产品开发模式。公司产品形成了低度、高中低档、极品三大系列70多个规格品种,全方位跻身市场,从而占据了白酒市场制高点,称雄于中国极品酒市场。

3.核心竞争优势

贵州茅台的核心竞争优势源自其深厚的文化底蕴、独特的酿造技艺以及强大的品牌影响力。作为全球知名的蒸馏酒品牌,茅台不仅展现了中国大曲酱香型白酒的极致水平,也是中国传统文化和工艺的杰出代表。该公司的竞争力建立在“环境、工艺、品质、品牌、文化”五大核心要素上,并以其独一无二的原产地保护、不可复制的微生物菌落群、传承千年的独特酿造工艺以及长期贮存的基酒资源为核心势能,确保了其产品的独特和高品质。

(三)贵州茅台的ESG发展转型之路

1.遗产重负:行业特性与ESG表现的天然冲突

在探索ESG标准与行业融合的过程中,传统产业(如贵州茅台)面临巨大的挑战。茅台镇的酱香型白酒产业是地方经济和文化的核心,但这种对环境造成沉重负担的传统发展模式在全球环保意识增强下受到质疑。茅台在国际市场上的低ESG评级,反映了全球投资者对其环境和社会治理实践的关注。这种“遗产重负”象征着传统产业在可持续发展转型中的普遍问题。在早期发展阶段,作为行业龙头的茅台并未充分展示出与其地位相符的ESG责任感。由于其行业的特性以及产品在市场上的“理财”特征,茅台曾引发众多ESG争议。这些ESG风险一度对其股价造成了显著影响。

(1)赤水河污染危机:茅台酒产业的环境挑战(E)

“没有赤水河,就没咱茅台酒。”原茅台集团董事长李保芳直言不讳。

赤水河独特优良的水质浇灌出的有机高粱原料,赤水河谷千百年来形成的独有原料发酵微生物群,还有与周边地势共生而成的得天独厚的气候条件,共同酝酿了茅台酒独特的口感。“赤水河是茅台酒的生命。”所谓道法自然,赤水河体现得淋漓尽致。若无赤水河的优质水源,不仅是茅台,还包括郎酒、泸州老窖等数千家酒企的数千亿元产值将不复存在。赤水河作为国内唯一未经开发、污染或筑坝的长江支流,不仅对茅台等白酒企业至关重要,也是我国生物多样性的宝贵保护区,具有极高的生态价值。

然而,茅台镇,这个位于赤水河畔的“中国第一酒镇”,长久以来却承担着双重身份的重压。一方面,其世界闻名的酱香型白酒产业是当地经济的重要支柱,另一方面,这一产业的发展却与赤水河的生态环境形成了尖锐的对立。随着白酒产业的快速扩张,赤水河及其支流的环境问题逐渐凸显。仁怀市政府和相关企业在处理环境污染问题上的不足,特别是对赤水河的保护不力,成了外界关注的焦点。近年来,中央生态环境保护督察组的报告多次指出,赤水河流域内的白酒企业因违法建设、非法排污等问题,对流域的生态环境构成了严重威胁。赤水河干流虽然水质总体稳定,但仁怀市茅台镇 11 条支流中有 4 条水质达到劣Ⅴ类。这些支流曾因黑臭问题被媒体广泛报道,突显了产业发展与环保之间的激烈矛盾(见图 6—2)。

图 6—2 仁怀市赤水河支流石坝河曾因水质超标被通报①

2021 年,贵州省生态环境厅官网发布的文章进一步揭露了赤水河流域环境问题的严峻性。文章中指出,由于白酒企业的无序发展和污染治理不力,仁怀市的溪沟污染依旧严重,突显出生态环境的持续压力。尽管已采取包括关停部分企业、升级环保设施等整改措施,赤水河的环境恢复仍是一道难题。面对这一局面,茅台镇需要在生态保护与产业发展之间寻找到一个可持续的平衡点。在生态与经济的权衡中,茅台镇的每一项决策都受到社会广泛关注,旨在保护自然遗产的同时,也努力为未来一代创造一个更绿色、更健康的生活环境。作为茅台镇上的龙头企业,赤水河的水质情况同样关乎贵州茅台。这不仅因为赤水河

---

① 凤凰网. 中国第一酒镇茅台镇面临生态大考[EB/OL]. [2024-05-18]. https://news.ifeng.com/c/8FhHjvdbVea.

提供了制作茅台酒不可或缺的优质水源,更因为这条河流的健康直接关系到公司的长远发展和品牌形象。近年来,随着环保意识的提高和消费者对可持续生产方式的追求,贵州茅台面临着前所未有的压力,必须在增长经济效益与维护生态环境之间找到平衡点。

(2)酒香也怕巷子深,白酒营销是否理性?(S)

茅台酒作为中国高端白酒的标杆,其营销策略一直受到密切关注。然而,随着市场竞争加剧和消费者意识提高,茅台在推广过程中的做法逐渐引起公众和专业人士的质疑。特别是在广告投放和市场行为上,是否体现了企业的社会责任和行业道德,成为评估其营销策略理性与否的关键。

首先,茅台的广告支出巨大,但这些投入主要集中在提高品牌影响力和扩大市场份额上。相比之下,对于负责任营销(如推广理性饮酒等)的支出则相对较少。这种在广告和市场开发上的巨额投入与在社会责任上的相对忽视,引起了对其营销策略平衡性的质疑。

其次,在产品宣传中,茅台经常强调其酒的健康益处,比如季克良,茅台集团的第四任董事长,曾在《新华日报》上发表文章,宣称适量饮用茅台酒有益健康,并推广“国酒茅台,喝出健康来”的理念。茅台又在其宣传中多次提及“护肝论”,宣称饮用茅台酒能够抵抗肝脏疾病。这类宣传策略虽能吸引消费者,但也遭到了包括科学界在内的广泛批评。例如,五粮液的王国春在公开场合直言,茅台关于酒能保护肝脏的宣传缺乏科学依据,并且是对社会不负责任的行为。事实上,根据世界卫生组织的分类,酒精是一类致癌物,研究表明饮酒与多种癌症风险的增加有直接联系,且《柳叶刀·肿瘤学》的研究也显示即使是少量饮酒也会增加患癌的风险。

这些科学证据与茅台的营销信息形成鲜明对比,显示出茅台营销策略在合理性和社会责任上可能存在的缺陷。此类健康相关的宣传不仅可能误导消费者,还可能对公众健康构成潜在威胁。茅台作为行业领军企业,并没有在其广告和公关活动中体现ESG中白酒行业的实质性议题——“负责任营销”,缺乏诚信感与责任感。

(3)官场腐败硬通货?茅台酒的腐败危机与治理挑战(G)

2020年7月15日,《人民日报》旗下的“学习小组”平台发表了一篇名为《变味的茅台,谁在买单?》的文章,指出茅台酒频繁出现在大型腐败案件中,并已成为官场腐败的“硬通货”。文章发布后,市场对茅台的价值进行了重估,导致贵州茅台的股价大跌近8%,引发整个白酒板块的市值蒸发约3 352亿元人民币。这次争议揭示了企业在巨大商业成功背后隐藏的深层次问题。尽管茅台集团因其卓越的品牌价值和高端市场地位而备受尊崇,但其与腐败案件的频繁联系展示了企业治理结构中存在的漏洞。茅台集团的营销和销售系统成为腐败的高发地带,高级管理层涉及的贪腐案件不断被曝光。这些问题的根源与企业内部监督机制的不力有关。尽管茅台自上市以后建立了看似完整的公司治理结构,包括股东会、董事会及监事会,实际上这些机构往往形同虚设,无法有效执行其职责。这种监管机制的失灵为不正之风提供了滋生土壤。

茅台集团的问题还体现在其产品的市场定位上。茅台酒的稀缺性和高价值使其在官场和商界被视为一种资本化的货币，其价格受到市场供求以及官场中的“特殊需求”双重影响。当茅台酒变成腐败交易的媒介时，其价值和象征意义都遭到了扭曲，从一个文化和历史的象征变成了腐败的工具。这为茅台酒带来了高额利润的同时，也使其面临道德和法律上的重大风险（见图 6—3）。

图 6—3　中央八项规定遏制三公消费，纠正官场“酒文化”①

这种“领头羊光环”和“ESG 阴影”并存的情况，揭示了茅台在实现其商业成功的同时，未能充分承担起社会和内部治理责任。尽管作为行业标杆，茅台在财务和市场表现上取得了显著成就，但在道德和社会责任方面存在“隐形债务”。这种债务不仅关乎环境保护，更涉及其产品如何被社会利用，以及公司对这种利用的管理和回应。

为了应对这些挑战，茅台需要加强内部控制和透明度，确保监督机构能够独立有效地执行职责。此外，茅台也需要重新评估其市场策略，确保产品的正当使用，避免被滥用于不正当交易。通过这些措施，茅台不仅可以改善公司治理，还可以为中国及全球酒业树立更高的道德和治理标准。这不仅是对茅台集团的挑战，也是对整个行业未来可持续发展方向的重要考验。

（4）茅台与 ESG 评级：全球市场的信号与反应

A 股市值之王，却是 ESG 末等生？在 ESG 视角下看茅台，是另一种故事呈现。2021 年 7 月，MSCI 的评级让全球聚焦于茅台，其 ESG 评级被标记为最低级“CCC”，是当时全球市值 TOP 20 公司中 MSCI ESG 评级最低的公司（见图 6—4）。这一低评级为茅台敲响了警钟。MSCI 对 CCC 评级做出的解释为：一家公司因敞口大（high exposure）和未能管理重大 ESG 风险而导致其处于同业落后水平。

---

① 最新！洛阳市纪委发布“十条禁令”，紧盯这些行为[EB/OL]．[2024—05—17]．https://www.163.com/dy/article/F1LFNLN50514T95H.html.

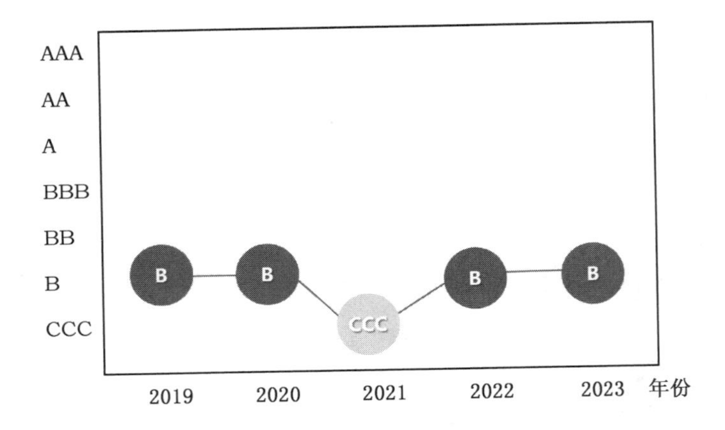

数据来源:MSCI官网。

图6—4　2019—2023年贵州茅台MSCI ESG评级变化

尽管MSCI的评级揭示了茅台在国际ESG标准上的不足,但这一评级可能并不完全反映公司的实际情况,部分原因是其在ESG信息披露和国际评级方面水土不服。它的ESG信息披露偏重国内的乡村振兴、产业扶贫、公益捐赠,报告风格上也是一本"好人好事故事集",然而这些都不是国际ESG评级的得分点。

这一评级导致海外基金在2021年一度减持贵州茅台的股票(见图6—5),反映出国际投资者对茅台ESG表现的担忧。

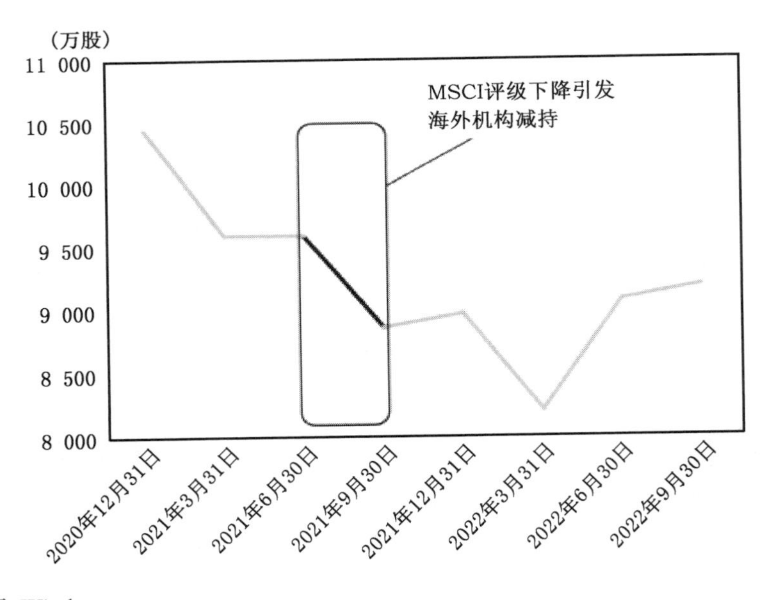

数据来源:Wind。

图6—5　海外机构投资者对贵州茅台持股数量

然而,国内投资者似乎对 ESG 评级的关注不如国际市场,茅台的强劲业绩和在国内市场的深厚影响力使得其股价维持稳定,甚至在随后几个月内出现反弹。究其原因,国内大型机构和零售投资者对茅台的忠诚度高,对公司的公益活动和地方支持给予了积极的评价,这些因素都有助于缓解国际评级的负面影响。

我们通过筛选国内纯 ESG 主题基金的重仓股发现,贵州茅台占据了显著比例。如图 6—6 所示,截至 2024 年一季度末,32 只纯 ESG 基金中,除了有一家基金未披露重仓证券外,剩下的 31 家纯 ESG 主题基金中有 7 家重仓贵州茅台。因此,虽然茅台的 MSCI ESG 评级一度影响了部分外资的投资决策,但在国内市场,由于投资者对于 ESG 评级的关注度相对较低,加之茅台强大的品牌力和稳定的业绩,其投资吸引力并未受到长期影响。长期来看,茅台仍被视为具有投资价值的资产,其国内外资本市场上的表现证明了其强大的市场地位和品牌力。

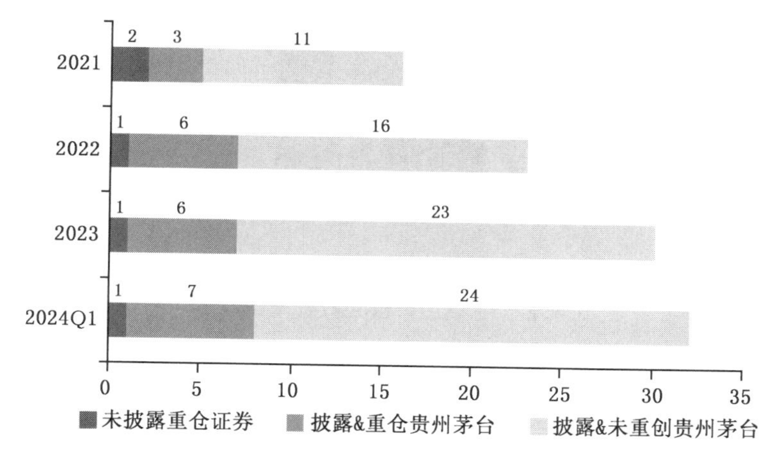

数据来源:Wind。

图 6—6 国内纯 ESG 主题基金重仓贵州茅台情况

2. 笃行不倦:贵州茅台的 ESG 持续实践

(1)顶层设计:自上而下的管理革新

在企业治理与可持续发展的领域中,自上而下的 ESG 战略制定与管理革新显得尤为关键。贵州茅台成立 ESG 推进委员会,同步设立环境、社会、治理三个分委会和 9 个工作小组,对标国际规范和先进实践,按照议题识别、整体规划、融入实施、改进创新四个步骤,系统梳理核心议题和重点项目,建立 ESG 实质性议题矩阵,优化公司整体的 ESG 管理体系,充分发挥管理机制效能,ESG 管理水平有效提升。

①ESG 治理架构改革

2023 年,贵州茅台在其 ESG 治理结构上进行了根本性改革,建立了明确的"决策—管理—执行"三级架构。董事会作为最高决策机构,下设 ESG 推进委员会,由总经理担任主任委员。此外,还成立了专注于环境、社会与治理的三个分委会,并通过设立办公室和专项工作小组,确保 ESG 事务的有效执行(见图 6—7)。此外,将 ESG 相关指标纳入经理层绩效考核,确保在安全、环保和企业管理等方面的行为与公司的整体目标保持一致。

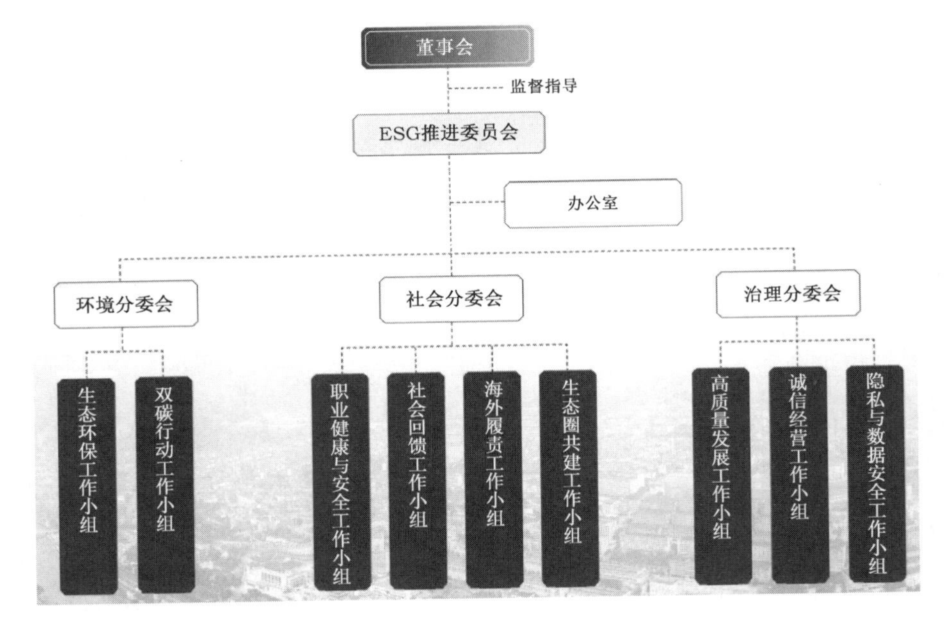

资料来源:贵州茅台 2023 环境、社会及治理(ESG)报告。

图 6—7 贵州茅台 ESG 治理架构

②ESG 战略目标推动

贵州茅台的 ESG 战略目标致力于将可持续发展的理念与公司的核心价值——茅台美学紧密结合,形成一套“五线”发展战略(见图 6—8)。这一战略不仅体现在公司的业务操作中,也贯穿于企业文化和品牌传达的每一个方面。具体而言,战略目标包括:以讲美行为基、兴美业为本、具美态为向、富美韵为责,不断满足人们对美好生活的向往,创造可持续价值(见图 6—9)。

(2)实质性议题识别流程优化

实施 ESG 战略的首要步骤是明确其内涵,即企业需要首先界定“ESG 对本身业务应包含何种具体事项”? 因此,贵州茅台实施 ESG 战略的核心步骤——实质性议题的识别与定义——显得尤为重要。茅台的实质性议题识别流程从有到无、内涵不断丰富的过程体现出其做好 ESG 实践的决心。

2021 年,贵州茅台首次发布的 ESG 报告中简要列出了公司治理、经济责任、环境责任和社会责任这四大类共 24 个小维度,初步构建了实质性议题的框架(见图 6—10)。然而,这种粗略的展示并没有详细解释这些议题的来源,未能明确是否反映了利益相关者的观点,同时其重要性的评估也显得模糊不清。

2022 年,尽管报告的格式进行了调整,议题被重新分类为管治、环境和社会三大领域,

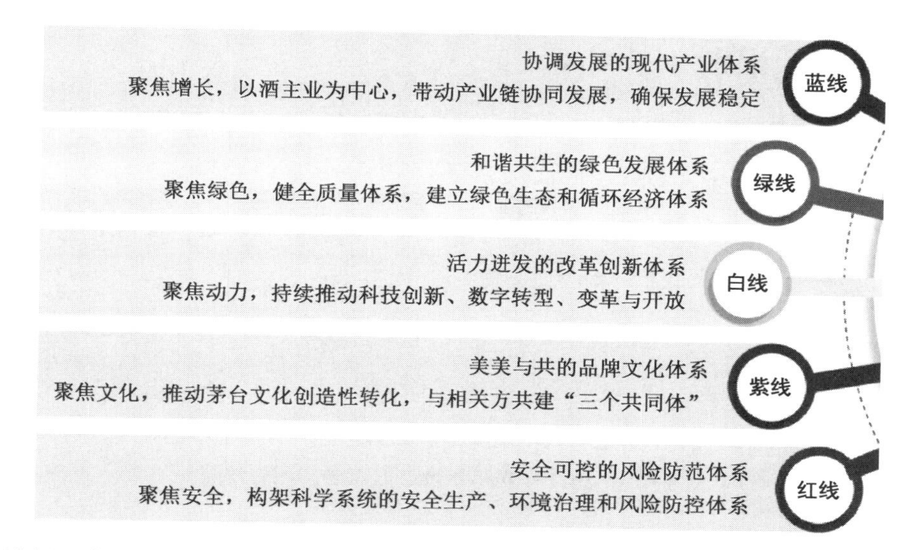

资料来源:贵州茅台2023环境、社会及治理(ESG)报告。

图6—8　2023年“五线”高质量发展战略

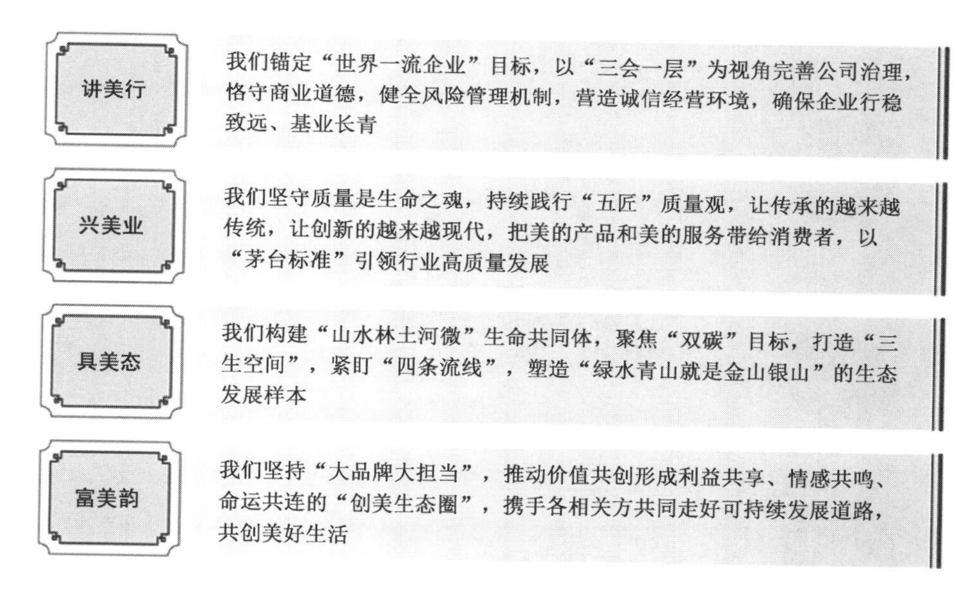

资料来源:贵州茅台2023环境、社会及治理(ESG)报告。

图6—9　2023年ESG战略目标

包括了26个小维度,显示了对分类的细微调整和内容的扩展。但是,这种简单的列举方式未能有效地突出这些议题的战略重要性。新增的6个小维度,如经营业绩和品牌建设,以及取消的维度(如可持续发展管理等),虽展现了议题的变化,但其重要性难以衡量。

进入2023年,贵州茅台在其ESG报告中对议题的识别和重视程度有了显著提升。通

实质性议题识别

贵州茅台结合公司发展战略和实际运营情况，以及国内外社会责任发展趋势、行业特性，梳理出与企业经营活动最为相关、利益相关方最为关注的议题，将其作为公司社会责任工作及社会责任沟通的重点，进一步推动公司可持续发展。

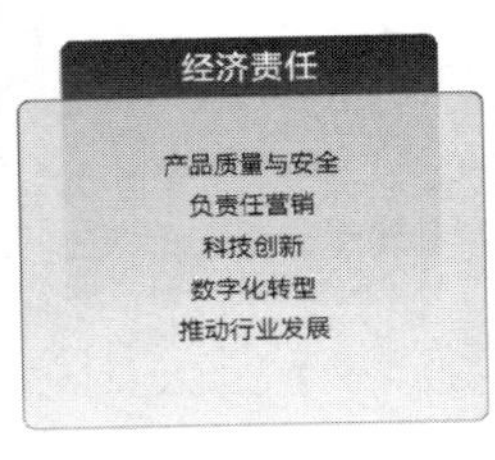

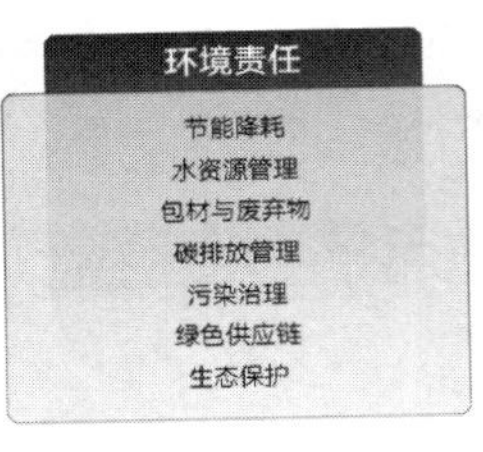

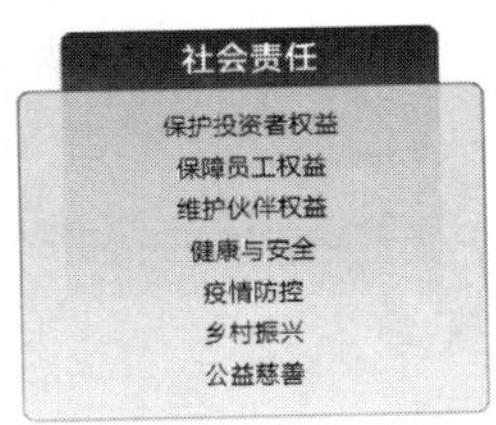

资料来源：贵州茅台 2021 环境、社会及治理(ESG)报告。

图 6—10　2021 年贵州茅台 ESG 报告实质性议题

过行业标准参考、媒体监测、问卷调查和会议沟通，公司从内外部各方面广泛收集信息，获得了超过 13 000 份有效反馈。基于这些数据，公司制定了一个以可持续发展的重要性和利益相关方关注度为坐标的实质性议题矩阵，重新组织评估了 17 个小维度，显著提升了对每个议题重要性的精确描述(见图 6—11)。

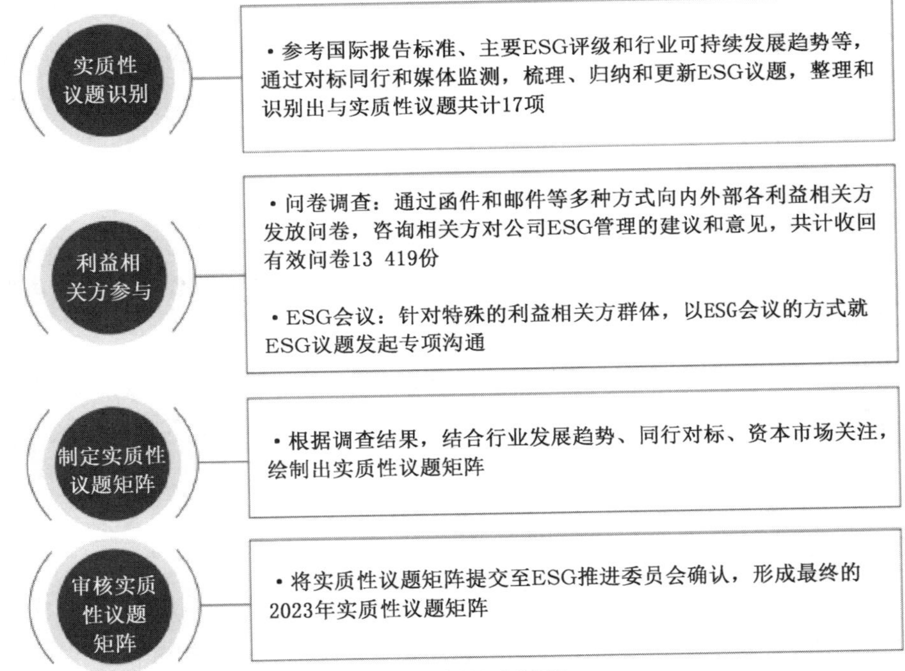

实质性议题识别流程

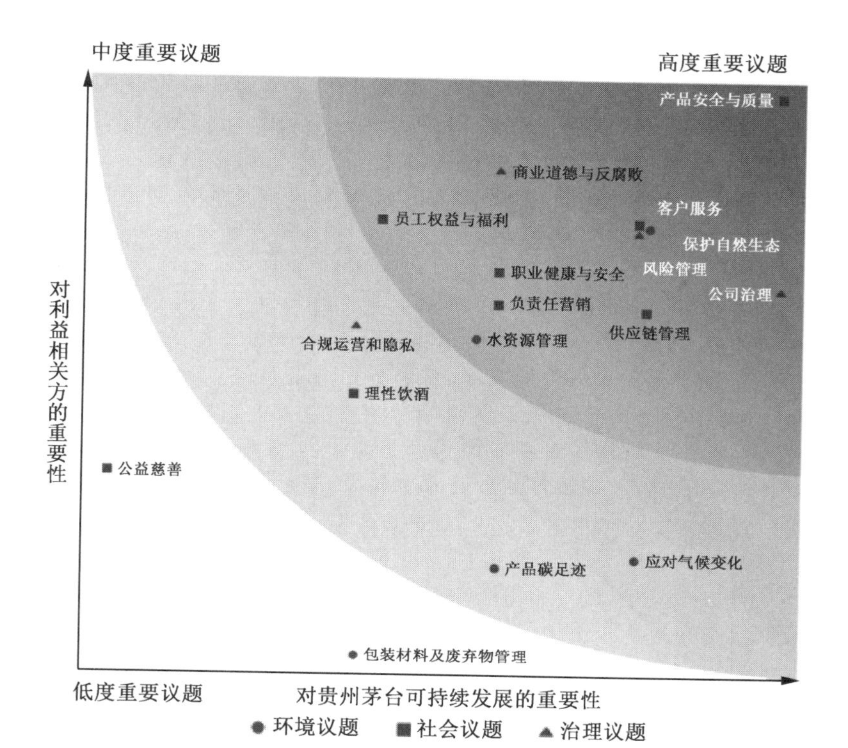

资料来源:贵州茅台 2023 环境、社会及治理(ESG)报告。

图 6—11 2023 年贵州茅台实质性议题流程和矩阵

这种方法与流程的改进不仅体现了贵州茅台对深化 ESG 承诺的决心,也精确地勾勒出各实质性议题的紧迫性。尤其是在环境领域,如水资源管理和自然生态保护等议题的重要性被明确标出,预示着公司未来在这些关键领域的投入和持续努力。

(3)ESG 信息披露质量全面提升

如表 6—1 所示,自 2021 年至 2023 年,贵州茅台在 ESG 信息披露方面取得了显著进展,披露质量全面提升。2021 年的 ESG 报告篇幅为 47 页,结构简易,主要以图片展示信息,数据披露较少且内容较为浅显。到了 2023 年,报告篇幅增至 117 页,结构变得系统且清晰,内容以结构化文本和图表形式呈现,数据披露不仅更具体和详尽,而且深度也有显著提高,使得整体理解更加深入。

表 6—1　　贵州茅台 2021 年与 2023 年 ESG 报告内容对比

年份	篇幅	结构	内容质量	数据披露	数据深度
2021	47 页	简易	图片为主	较少	浅显
2023	117 页	系统、清晰	结构化文本和图表	更具体、详尽	理解更深入

在 2023 年贵州茅台的 ESG 报告中显著提升了信息披露的质量,特别强调了水资源管

理的重要性。对于白酒企业而言,水资源和环境对于酿酒品质的影响至关重要。特别是对于贵州茅台,水不仅仅是自然生态的一部分,更是企业生存与发展的核心资源。从茅台主要产品水足迹(见图6—12)可以看出,原材料获取阶段与生产过程阶段都使用了大量的水资源。

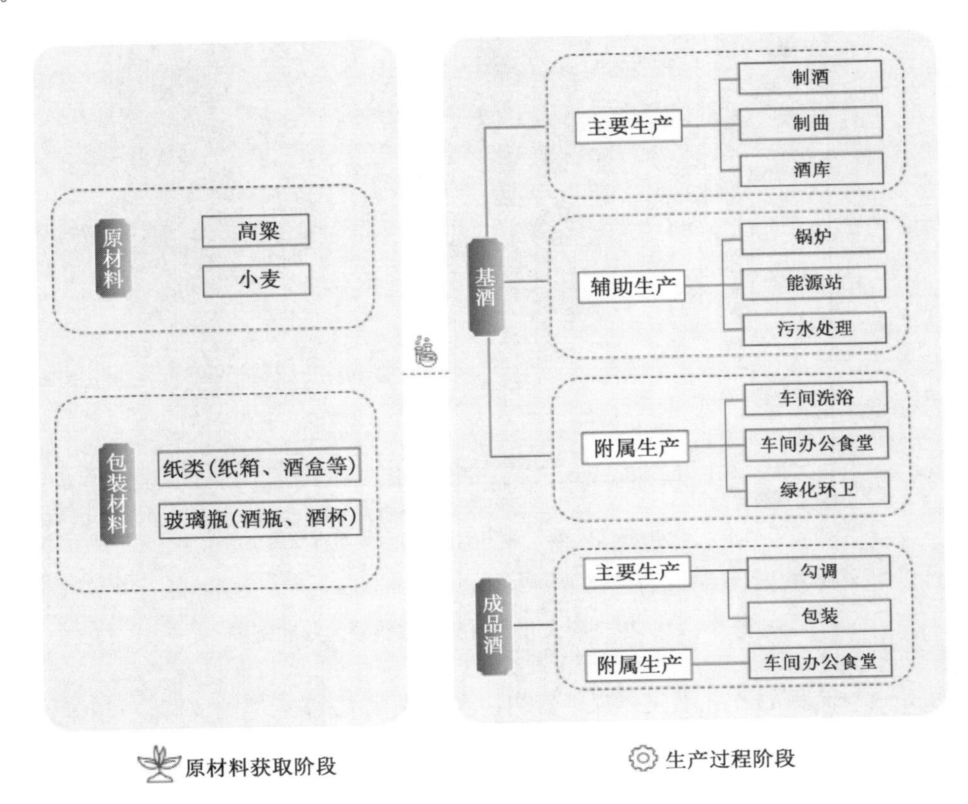

资料来源:贵州茅台2023环境、社会及治理(ESG)报告。

图6—12 贵州茅台主要产品水足迹

在水资源管理方面,贵州茅台通过不断的技术升级和系统改进,有效地减少了在原材料获取和生产过程中的水资源使用。2021年,公司在茅台产区和义兴产区共计减少用水约500万立方米。随后的2022年,通过系统升级进一步减少了201.57万吨水资源的使用,并将水资源消耗强度降至0.7吨/万元营收。2023年,茅台产区和义兴产区的节水效率分别实现了7.5%和2.5%的提升。在生产环节节省了23.2万立方米水资源,在非生产环节节省了16.7万立方米。此外,贵州茅台对水资源的消耗总量也在持续下降,从2022年的892.11万立方米降至2023年的847.96万立方米,降幅达到4.95%。

通过这些翔实的数据披露,贵州茅台不仅展示了其在水资源管理方面的具体成效,也体现了对环保责任的深刻理解和承担。这种对水资源管理透明度的提升,不仅有助于提高公众和投资者对公司环保努力的认识,也为整个行业树立了积极的标杆。

(4)文化传承与产品创新:贵州茅台的跨代市场策略

贵州茅台深耕传统文化,积极打造具有文化内涵的系列产品,如整合生肖、二十四节气、飞天、非物质文化遗产等元素,增强其市场吸引力。同时,公司创新推出"二十四节气"系列文化活动,通过打造节日文化IP,传播中华优秀传统文化,为全球提供一个独特的茅台视角了解中国(见图6—13)。

资料来源:贵州茅台集团官网。

图6—13 贵州茅台"二十四节气酒"等系列文化产品

在开拓年轻消费市场方面,贵州茅台意识到传统白酒市场的主要消费群体——中年及以上男性——与年轻消费者存在一定脱节。随着我国人口老龄化的加速,主力消费群体的年龄增长可能导致需求下降。年轻人的饮酒市场更开放,对低度酒和精酿酒的接受度较高。为应对这一挑战,贵州茅台通过"i茅台"App创造了多款产品的具体消费场景,增强与消费者的情感联结。例如,100ml小茅主打老友相聚的场景,而茅台迎宾酒则针对家庭待客场合,使不同产品更贴合具体的消费需求和体验。此外,贵州茅台还推出了多款跨界新品,如与蒙牛集团合作的"茅台冰淇淋",以及与瑞幸咖啡的联名新品"酱香拿铁",这些产品通过线上线下协同销售,不仅扩大了消费群体接触面,也突破了传统消费人群的界限(见图6—14、图6—15)。这些产品成为年轻人初步了解"酱香"口味与品牌文化的入门方式,同时通过连锁化运营提高了茅台在年轻群体中的渗透率,为未来的酒类消费培养品质和品牌意识。

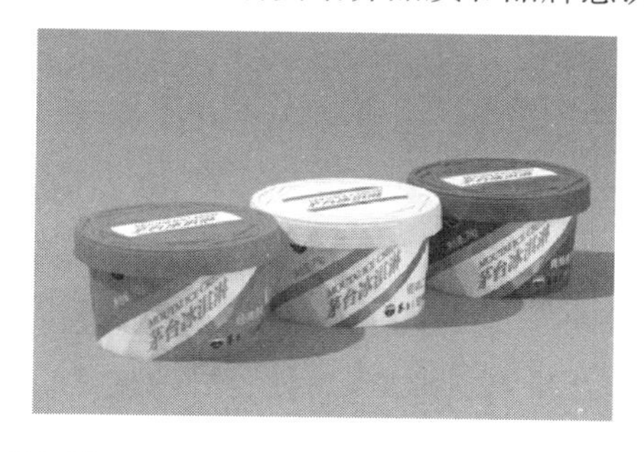

资料来源:贵州茅台集团官网。

图6—14 三款茅台冰淇淋

资料来源:贵州茅台集团官网。

图6—15 茅台联名产品“酱香拿铁”

在2023年茅台冰淇淋周年庆上,董事长丁雄军宣布,贵州茅台将增强对新产品(如酒心巧克力和含酒饮品)的研发力度,发展独具特色的产品线。这不仅体现了公司致力于满足多样化消费需求,还显示了其意图扩大市场覆盖范围,推动企业ESG责任向更广泛的社会目标转变。

(5)产业链的ESG整合:一滴水、一粒粮到一瓶酒完美嬗变

白酒产业作为资源密集型行业,涵盖了从作物种植到最终消费的长产业链,连接着原料供应商、生产者、经销商及广泛的消费者群体,涉及了多方面的ESG责任实践(见图6—16)。贵州茅台通过全面整合其产业链中的ESG实践,不仅加强了供应链管理并创新销售策略,而且通过技术创新加深了与消费者的联系,确保商业活动与社会环境责任的和谐统一。

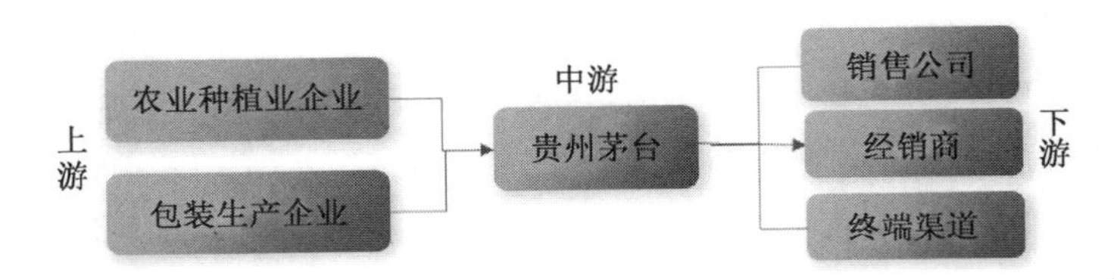

图6—16 贵州茅台产业链

①原料采购与农业可持续性

公司与地方政府和农户合作,提升高粱种植的可持续性,确保了原料品质并带动地方经济发展。在原料端,公司依赖于数千吨高粱和小麦,涉及农业的可持续发展。公司的供应链管理遵循“公司+地方政府+供应商+合作社或农户”的高粱基地管理模式,助力茅台酒用高粱示范基地建设,为原料基地农户免费提供绿肥种子和有机肥,开展高粱种植知识专题培训,加大农作物有机认证投入,持续提高原料种植标准。2023年种植420平方千米,收储14.14万吨,带动12万户农户增收致富。不断优化采购策略以适应气候变化带来的挑战,并确保原料品质。

②责任采购和供应商管理

茅台依靠过硬的产品品质,秉持“合作共赢、持续发展”的原则,坚持实施责任采购,通过严格的供应商管理和质量监控,保持了产品品质并维护了采购过程的公开透明,让其长年雄踞国内白酒一哥的位置。

在责任采购上,公司遵循“公开、公平、公正”的采购原则,依照详尽的《采购管理办法》,对所有采购活动进行细致监管,确保采购行为规范并减少风险。此外,通过设立采购信息发布平台,茅台保持了采购过程的透明度。

在供应商管理方面,茅台严格执行《供应商管理办法》,通过系统的供应商准入、分级管理和评估流程,确保供应商满足公司对供应能力和产品质量的高标准。公司还针对原料和包装材料供应商制定了专门的管理计划,强化监督和改进措施,同时组织小麦、高粱供应商培训以提升其生产管理和质量意识。此外,公司对8家包装材料供应商开展供货质量调查评估,对11家包装材料供应商开展“飞行检查”,稳步提高供货能力。

③经销商合作与市场秩序维护

公司与经销商合作维护市场秩序,通过规范管理和培训提升经销商的产品推介和市场营销能力,推动销售的数字化转型。在经销商管理方面,公司协同经销商共同维护市场秩序,推动经销商合法、合规经营。制定《总经销商产品(品牌)管理指导原则》《经销体系市场宣传推广管理办法》等制度,规范经销商市场行为;组织开展经销商培训,助力全面提升产品推介能力、文化传播能力和经营管理能力。加强与经销商合作,共同全力推动贵州茅台第三代专卖店和营销平台、门店管家,促进茅台销售数字化转型的迭代升级。

④“i茅台”平台推出与供应链优化

公司增强了茅台的销售策略和供应链控制,通过全链路营销管理模式提升了企业的核心运营能力。茅台的销售策略经历了转变,“i茅台”平台的推出,不仅改变了销售模式,增强了直销渠道占比,还通过全链路营销管理模式增强了对供应链的控制和优化。通过“i茅台”,公司建立了包括茅台商城、营销服务系统升级、仓储物流管理系统、流通溯源系统及金融结算平台在内的全链路营销管理模式。这种模式的实施,极大地提升了产品运营、品牌运营、市场运营、用户运营及数据运营的五大核心能力。其一,渠道上,“i茅台”作为数字化营销的重要载体,运用云计算、大数据、物联网等先进技术,能够直接触达C端消费者,增进直营、丰富渠道的同时,通过数字化技术掌握终端用户画像,实现精准营销,提高销售费用转化率。其二,价格上,该平台通过数字化手段实现“一瓶一码”,并紧密建设从产品到商品的全链路溯源体系,大幅加强对价格的掌控力。其三,文化上,“i茅台”结合“小茅”IP增强消费者互动感,同时在平台以插画形式植入茅台生产工艺、酿造历史、节日文化等内容,增强茅台与传统文化链接,还积极推动理性饮酒的社会责任,在消费者心中埋下茅台美的种子。

随着这一数字化转型,茅台能够更有效地管理其供应链,从而对原材料的需求预测更加准确,库存管理更为高效。数字平台的引入,不仅优化了销售流程,也为茅台提供了对供应链的即时反馈和监控能力,确保了供应链的灵活性和响应速度。此外,“i茅台”的上线还促进了与供应商的更紧密合作,通过数据共享和实时通信,加强了供应链各环节之间的协调和合作,有效地提升了整个供应链的透明度和可追溯性。

截至2023年12月31日,“i茅台”累计注册用户数5 386.3万人,月均活跃用户1 168.3万人。

从自然生态到供应链生态,以生产、经营、环保为一盘棋的思路践行ESG,贵州茅台始终站在全局的角度规划发展。这正是公司打造可持续发展能力的秘密武器,也是公司经久不衰的制胜法门。

3.道阻且长:茅台ESG进程中的挑战与不足

(1)ESG治理是否空有其形

根据2023年ESG报告,贵州茅台建立了“决策—管理—执行”三级ESG治理架构,并在常规实践中进行了创新。此外,贵州茅台披露已将ESG相关指标纳入经理层的绩效考核,进一步提高了ESG治理的闭环。然而,目前看来,贵州茅台在ESG治理方面的“痕迹”不甚明显。尽管公司声称“董事会是ESG事宜的最高负责机构”,2023年的年度报告中关于董事会的描述却并未明确提及ESG的具体活动或成果。这使得外界难以评估其ESG治理结构的实际效能及其在监管ESG进展方面的具体作用。

关于ESG治理架构,应有两个共识:首先,重要的不仅仅是披露ESG架构的设置,而是将ESG事宜提升至董事会层面确保高层关注;其次,董事会需要清楚掌握公司的ESG风险与机遇,确保公司的ESG表现与外部需求一致。对于ESG信息的披露,优秀的实践包括详细说明职责分工、相关政策文件及具体的工作细则,并在ESG报告中详细记录治理架构在过去一年的关键活动。此外,类似于年报中董事会的披露方式,应提供ESG相关委员会会议的详细记录,包括时间、地点、参与者、讨论事项及决议等,以及对于设立有ESG委员会的公司,应在年报中单独披露该委员会的工作报告。

综上所述,关键在于让利益相关者确信公司的ESG治理结构不仅仅是形式上的,而是真正运转并有效发挥作用,这才是ESG治理信息披露的核心。仅仅制作一张ESG治理结构图并不足以体现公司的真实ESG承诺和实践。

(2)ESG战略目标能否脱虚入实

在2023年的ESG报告中,贵州茅台披露了一系列新的ESG目标,这是其相比之前报告的一个亮点。报告中展示了贵州茅台“独具特色”的ESG愿景,包括“讲美行为基,兴美业为本,具美态为向,富美韵为责”等定性描述。然而,这些美丽的辞藻未能具体说明茅台将采取何种行动或预期达到的效果,使得战略体系显得理念性强但执行力弱。

对于环境目标,贵州茅台在报告中列出了基于2020年数据的具体绩效目标,包括降低二氧化碳排放、减少能耗和节水目标等。但目前缺少基准年的具体绩效数据,使得外界难以评估和跟踪其进展。此外,目标主要集中在环境维度,忽视了社会和治理因素的平衡,且大多数目标仅关注短期成果,缺乏前瞻性和系统性的长远规划。

尽管国际领先公司也可能未能完全达成 ESG 目标,但他们通过充分的解释和未来优化计划来维护市场信心。因此,贵州茅台也应考虑披露中长期目标,以帮助 ESG 分析师和投资者更全面地理解企业的未来发展轨迹和评估潜在的 ESG 风险与机遇。这需要企业基于科学严谨的研究和分析,制定并公开详尽的实施路径。

(3)ESG 信息披露完整性有待提高

茅台在公开 ESG 努力方面取得进展,但在关键问题如高层腐败事件上的报告不充分,影响了报告的完整性。茅台集团已经开始定期发布 ESG 报告,这本是一个积极的步骤,显示了公司在公开环境、社会和治理因素方面的承诺。当面临高层管理人员的腐败问题(如以董事长高卫东落马事件为例)时,公司却未能在其 ESG 报告中给予充分的关注和披露。

这种选择性报告的做法,即倾向于报道正面成就而忽略负面信息,可能会损害企业的信誉和投资者的信任。腐败治理作为企业 ESG 实践中的关键组成部分,其透明度是衡量企业治理质量的重要指标。对于茅台集团而言,高卫东落马事件本应作为一个警示,被明确地报告并讨论其对公司治理和风险管理的影响。

(4)ESG 信息披露真实性问题

茅台集团在其 ESG 报告中承诺"坚持公开、竞争、择优原则,杜绝一切形式的歧视",显示其对平等就业权益和多样性的承诺。然而,公司官网招聘广告中的年龄限制说明实际情况与这一承诺不符,从而引起了对茅台 ESG 信息真实性的质疑。

这种矛盾揭示了茅台在内部政策执行与外部信息披露之间的缺口,可能影响公众对其 ESG 报告真实性和可靠性的看法。此外,这还突显了茅台在监督和审核机制方面可能存在的漏洞,需要进一步加强内部控制和审核流程以确保 ESG 报告的准确性。

总的来说,茅台面临的这一挑战反映了许多企业在实施 ESG 时可能遇到的问题,提示企业需要在文化、系统和操作层面进行深入和全面的改革,以真正实现其 ESG 承诺。

(四)结语

在贵州茅台漫长的发展历程中,其作为白酒行业的领军企业,不仅在商业上取得了巨大成功,也建立了无可匹敌的品牌声誉。然而,随着全球对可持续发展和企业社会责任要求的不断提高,茅台不可避免地面临着一系列挑战与机遇。企业在享有"领头羊光环"的同时,也必须严格审视并改进其在 ESG 方面的表现。

从赤水河畔的环境保护,到内部管理的透明度和真实性,茅台的每一步都反映出其在传统与现代化之间寻求平衡的努力。尽管在技术创新和市场拓展方面取得显著成就,茅台在处理 ESG 问题上的不足仍然明显,这不仅影响了其在全球市场的信誉,也对其评级造成了直接影响。

茅台的未来取决于如何有效整合并提升ESG实践,确保治理结构不仅存在于名义上,而是真正渗透到企业运营的各个环节。在保持行业领导地位的同时,茅台必须认真应对生产过程中的环境影响,增强对社会的贡献,并持续优化治理架构。只有把商业成功转化为深远的社会价值,茅台才能在全球市场中维持其领先地位。这是茅台面临的一大挑战,也是对整个行业在可持续发展方向上的重要考验。是否能将ESG表现与市值和行业地位相匹配,将决定茅台能否从“隐形债务人”转变为行业的真正标杆,这是对其企业价值和社会责任感的终极检验。

案例分析

本文首先分析了白酒行业的ESG发展现状,揭示了国内外ESG评级的分歧。与全球饮料企业和国内其他行业相比,A股白酒企业在MSCI ESG评级中表现较差,但在国内的Wind评级中表现位于行业前列。接着,本文探讨了白酒企业在环境、社会和治理方面的风险暴露,识别了行业面临的主要挑战,并评估了现有的ESG信息披露状况。

随后,本文聚焦贵州茅台的ESG实践效果,通过横向对比其与同行业其他企业在MSCI和Wind等权威机构ESG评级中的表现,揭示了其优势和不足。此外,本文还将深入分析白酒行业领先企业的ESG报告,进行详细的数据比较,以进一步了解茅台在此领域的具体表现。纵向分析则追踪了贵州茅台历年的ESG数据,评估其在可持续发展方面的实际成就和存在的问题。通过全面的分析,本文为贵州茅台未来的ESG改进方向提供了具体建议。

综合来看,贵州茅台在环境保护和社会责任方面表现出色,超越了行业平均水平。然而,在公司治理方面,其得分低于行业平均,特别是在MSCI评级中,治理维度仅排第十,有较大改进空间。这些分析表明,尽管贵州茅台在环境和社会责任领域表现优异,但其整体ESG表现尚未完全匹配其行业领军地位,仍需进一步努力。

(一)白酒行业ESG发展现状

近年来,中国白酒行业作为传统特色产业,对国民经济,尤其是区域经济的发展,发挥了重要的推动作用。作为资源密集型产业,白酒行业涵盖了从作物种植到生产销售再到大众消费的长产业链,涉及广泛的利益相关方。因此,产业链不可避免地面临来自环境和社会的多方面影响。在全球可持续发展的背景下,为实现长期稳定发展和价值提升,白酒企业作为消费品行业的重要参与者,需要将其战略目标和运营管理与社会的可持续发展紧密结合,将ESG融入企业运营与管理。

将全面探讨白酒行业在ESG评级、风险管理、信息披露以及未来发展趋势方面的现状和挑战,旨在为后文对贵州茅台的分析提供必要的背景信息。通过对行业整体的分析,我们可以更好地理解贵州茅台在 ESG 实践中的表现。

1. 白酒行业 ESG 评级:国内外存在分歧

(1)国际 MSCI 评级偏低

截至 2024 年 3 月,A 股共有 20 家白酒上市企业,其中 14 家被纳入 MSCI ESG 评级体系。如表 6—2 所示,国内白酒企业的 ESG 评级均未超过 BB 级,其中,有 5 家企业评级为最低的 CCC 级[①]。在被评级的企业中,水井坊和洋河股份的 ESG 评级最高,均为 BB 级,属于"一般水平"一档;贵州茅台、五粮液、古井贡酒等 7 家企业评级为 B 级;舍得酒业、今世缘等 5 家企业评级为 CCC 级,处于"落后水平"一档。

表 6—2　　中国白酒上市企业 MSCI ESG 评级与分项得分

公司简称	ESG 评级	环境评分	社会责任评分	治理评分
贵州茅台	B	4	3	3.7
五粮液	B	3.8	3	3.4
山西汾酒	B	3.6	2.4	4.3
泸州老窖	B	4	2.5	4.4
洋河股份	BB	4.2	2.7	5.2
古井贡酒	B	3.4	2.4	3.6
今世缘	CCC	3.3	1.7	3.5
迎驾贡酒	CCC	2.8	1.4	2.9
舍得酒业	B	2.5	1.4	4.4
水井坊	BB	4.4	4.7	3.9
口子窖	CCC	2.3	1.4	4.3
酒鬼酒	B	3	2.5	5.1
老白干酒	CCC	2.8	1.9	4.3
顺鑫农业	B	3	3.3	4.1

数据来源:MSCI 官网,作者整理。

长期以来,中国白酒企业的国际 ESG 评级普遍偏低。与国内其他行业相比,白酒企业的 MSCI ESG 评级相对落后。数据显示,在被 MSCI 纳入 ESG 评级的 A 股 667 家上市公司中,评级为 BB 级及以上的公司有 256 家,占比 38.38%;而白酒企业中评级为 BB 级及以上的公司占比仅为 14.29%,远低于 A 股整体水平。

此外,与全球饮料企业(包括白酒和葡萄酒企业)相比,A 股白酒企业在 MSCI ESG 评级中的表现处于中等偏下水平。如图 6—17 所示,在 MSCI ESG 评级覆盖的全球 101 家饮

---

① MSCI ESG 评级是目前全世界范围内认可度最高、使用范围最广的 ESG 评级体系,评级结果从低到高依次为 CCC、B、BB、BBB、A、AA、AAA 共七级。

料行业公司中,BB 级企业占比为 14%,B 级和 CCC 级企业合计占比为 28%。相比之下,A 股白酒企业在 MSCI ESG 评级中多处于饮料行业的后 42%。

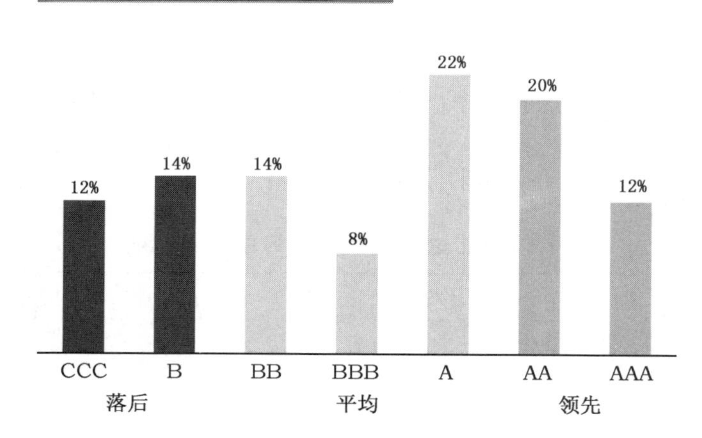

数据来源:MSCI 官网。

图 6—17 MSCI 全球饮料行业 ESG 评级分布情况

(2)国内评级偏高

然而,与 MSCI 不同,国内 ESG 评级体系对白酒行业的评价较为正面。根据可获得的数据,当前白酒企业的整体 ESG 评级并不低,这反映出国内评级体系的特定评价标准和视角。截至 2024 年 5 月,在中证指数的相关评级中,洋河股份和贵州茅台这两大白酒巨头被评为最高的 AAA 级,而五粮液和今世缘则被评为 AA 级。此外,山西汾酒和古井贡酒获得了 A 级。总体而言,在中证指数中,共有 8 家白酒企业被纳入评级,其中 6 家企业获得了 A 级及以上的评定,相较于 2023 年第二季度增加了 1 家。

如表 6—3 所示,在更为广泛的 Wind ESG 评级中,涵盖了全部 20 家上市白酒企业,结果显示没有一家企业的 ESG 报告被评为最低的 CCC 级。只有 5%的企业被评为倒数第二的 B 级,高达 40%的企业达到了 A 级及以上。这一比例远高于饮料行业的平均占比 31.67%,彰显了白酒行业在环境、社会责任和公司治理方面的领先地位。

表 6—3　　申万二级行业 Wind ESG 综合评分排行

排名	申万二级行业	Wind ESG 评分	排名	申万二级行业	Wind ESG 评分
1	股份制银行Ⅱ	7.07	26	城商行Ⅱ	6.19
2	乘用车	6.85	27	小金属	6.19
3	航天装备Ⅱ	6.82	28	玻璃玻纤	6.19
4	保险Ⅱ	6.81	29	生物制品	6.18
5	造纸	6.80	30	风电设备	6.15

续表

排名	申万二级行业	Wind ESG 评分	排名	申万二级行业	Wind ESG 评分
6	旅游零售Ⅱ	6.73	31	光伏设备	6.13
7	国有大型银行Ⅱ	6.66	32	软件开发	6.13
8	白色家电	6.52	33	军工电子Ⅱ	6.07
9	航空装备Ⅱ	6.51	34	文娱用品	6.04
10	普钢	6.50	35	电子化学品Ⅱ	6.04
11	化妆品	6.43	36	油服工程	6.03
12	医疗器械	6.41	37	IT服务Ⅱ	6.03
13	航运港口	6.36	38	动物保健Ⅱ	6.03
14	证券Ⅱ	6.33	39	冶钢原料	6.01
15	白酒Ⅱ	6.32	40	化学制品	6.01
16	医疗美容	6.32	41	计算机设备	6.00
17	个护用品	6.27	42	摩托车及其他	6.00
18	地面兵装Ⅱ	6.26	43	包装印刷	5.99
19	游戏Ⅱ	6.24	44	水泥	5.98
20	其他家电Ⅱ	6.24	45	铁路公路	5.97
21	轨交设备Ⅱ	6.24	46	工程机械	5.96
22	电力	6.24	47	农业综合Ⅱ	5.96
23	航空机场	6.23	48	环境治理	5.95
24	医疗服务	6.21	49	电池	5.95
25	能源金属	6.19	50	专业连锁Ⅱ	5.94

注:申万二级行业中Wind ESG评分排名50以后的数据未列出。
数据来源:Wind。

从申万二级行业的评分来看,白酒行业的均值为6.32,在所有行业中处于前列。这一点不仅突显了白酒行业在可持续发展方面的努力,也可能促使投资者和消费者对该行业的社会责任感和环境意识给予更高的评价。

(3)国内外ESG评级差异的原因

白酒公司MSCI的低ESG评级与ESG历史与文化维度有一定关系。从历史维度来说,世界上第一只基于社会责任投资理念的基金诞生于斯德哥尔摩,这只基金成立之初就将酒精和烟草类企业从资产组合中剔除。从文化传统上说,烈酒和化石能源、赌博、烟草、武器等行业一样,具有负面的社会影响,往往与“酗酒”“酒驾”联系在一起,对于有“禁酒令”传统的部分西方国家来说,白酒行业或与烈酒一样,本身是有“原罪”的。

从G维度与S维度来看,MSCI更关心公司治理结构、公司行为、ESG如何融入业务。

国内的上市公司更关注企业的外部行为,如做慈善公益等。而且国际机构不能完全理解中国企业在诸如共同富裕、疫情防控及乡村振兴等方面的具体措施及成果。

根据MSCI的行业分类标准,白酒属于饮料行业下的白酒与葡萄酒细分子行业。如表6—4所示,在该行业的ESG评级标准中,环境(E)维度的权重最高,为40％;社会(S)维度和公司治理(G)维度的权重分别为25％、35％。在环境维度中,水资源管理、包装材料及废物处理以及碳足迹是三项核心议题,这些反映了白酒行业对资源的重大依赖及其对环境的潜在影响。传统的白酒生产过程中水的使用量大,废水排放量也高,同时在生产过程中的能源使用和废物管理也是评价其环境影响的重要方面。因此,如何有效地管理这些环节,减少对环境的负担,成为提升整个行业ESG评分的关键。

表6—4　　MSCI白酒与葡萄酒行业ESG评级关键指标权重

维度	环境			社会		公司治理					
指标	水资源压力	产品碳足迹	包装材料及废弃物	产品安全与质量	健康与安全	董事会	薪酬	公司所有权	会计	商业道德	税务透明度
权重	20％	10％	10％	15％	10％						
合计	40％			25％		35％					

数据来源:MSCI官网。

进一步深入来看,中国白酒企业在提升其ESG评级中面临的挑战不仅仅是内部管理和技术改进问题,还有外部的文化和认知差异。例如,在社会责任方面,尽管许多中国白酒企业在公益活动和社区支持等方面做出了显著贡献,但这些努力在国际评级中的识别度和评价标准上仍存在差距。此外,中国白酒企业在披露环保措施、社会责任项目执行细节及其成效等方面的信息不够全面和透明,限制了评估机构对其全面性和效果的准确评价。这些因素共同作用,影响了中国白酒行业在全球ESG评级中的表现。

中国白酒企业需要在提升环境管理和技术创新的同时,加强与国际标准的对接,改善与全球投资者和利益相关者的沟通,以提高其在ESG评级体系中的表现。这不仅有助于企业在全球市场中提升竞争力,还能够为企业带来更广泛的社会和经济效益。

在Wind的ESG得分标准中,争议事件和管理实践各占30％和70％。管理实践进一步细分为环境、社会和公司治理三个维度,分别占总得分的28％、16％和26％。在具体的评分指标上,环境得分(总占28％)涉及废水、水资源、废气、气候变化和能源五个方面,权重分别为8％、6％、6％、4％和4％。强调了白酒与葡萄酒行业在资源管理和污染控制方面的关注。社会维度则关注客户、供应链、产品与服务及发展与培训,权重为6％、4％、4％和2％,反映了企业在业务中处理利益相关者关系的能力。公司治理维度包括董监高、股权及股东、ESG治理等方面,其中董监高的权重为7.2％,突出了高层管理在企业治理中的作用(见表6—5)。

表6—5　　Wind白酒与葡萄酒行业ESG评级关键指标权重

ESG综合得分(100%)					
争议事件(30%)					
管理实践(70%)					
环境(28%)		社会(16%)		公司治理(26%)	
指标	权重	指标	权重	指标	权重
废水	8%	客户	6%	董监高	7.2%
水资源	6%	供应链	4%	股权及股东	4.8%
废气	6%	产品与服务	4%	ESG治理	4.8%
气候变化	4%	发展与培训	2%	税务	3.6%
能源	4%			审计	3.6%
				反贪污腐败	1.3%
				反垄断与公平竞争	0.7%

数据来源:Wind。

Wind体系针对中国市场特点,细分了管理实践的多个指标,如废水处理和公司治理结构,因而更能体现中国企业的具体情况。相反,MSCI采用国际标准,强调全球问题(如气候变化),可能不完全适应中国企业的操作环境和文化特性。这种标准和期望的差异导致同一企业在Wind中可能表现较好,而在MSCI中评分较低。因此,中国白酒企业要提升国际ESG评级,需在理解各评级体系差异的基础上,改善管理实践和提高透明度。同时,国际评级机构也应考虑到地方特色和行业特点,以实现更公正的评价。

2. ESG风险暴露分析

在环境、社会和治理(ESG)方面,白酒企业如贵州茅台面临一系列复杂挑战,这些挑战直接影响其可持续运营和品牌声誉(见表6—6)。

在环境方面,白酒生产高度依赖于水资源,因此,水资源的有效管理至关重要。不仅需要确保水质以维持产品质量,还需要合理调配使用以避免与当地社区的资源冲突。此外,废物排放和能源使用也是大问题。废水和固体废物的处理不当可能导致环境污染,而能源消耗及碳排放需要通过实施严格的能源管理和采用可再生能源来控制。

在社会责任方面,产品质量与安全、负责任营销、劳工权益是白酒企业需要重点关注的领域。产品质量与安全问题直接关系消费者健康,一旦出现问题,不仅会对消费者造成伤害,还可能导致品牌信誉严重损失。负责任营销则涉及如何以诚信和透明度进行产品推广,确保广告内容的真实性和合法性,避免误导消费者,倡导适度饮酒。同时,忽视劳工权益可能引发员工不满和劳资纠纷,影响生产效率和企业声誉。此外,如果企业活动对当地社区产生负面影响,也可能遭到居民的抵制,从而影响企业的平稳运营。因此,企业必须全面考量其社会责任的履行,确保在维护品牌信誉和市场竞争力的同时,也能够保障利益相关者的权益和社区的福祉。

治理风险主要涉及合规、透明度和反腐败。不遵守法规可能导致企业面临罚款或更严重的法律后果,信息披露的不透明可能削弱投资者和消费者的信任,而贪腐行为会严重损害企业声誉。因此,企业需建立健全的合规体系,提高信息披露的质量和频率,并实施严格的反腐败政策。

表 6—6　　中国酒类企业 ESG 特色标准体系

环境(E)		社会(F)		治理(G)	
环境管理	环境管理制度和组织架构	产品责任	生产规范	治理结构	党组织
	环境风险防范与突发事件处理		产品质量与安全		股东大会
资源消耗	能源		负责任营销		董事会
	水资源		客户服务与权益		监事会
	原料物料	供应链管理	供应商管理		高级管理层
	废弃物		供应环节管理	治理机制	合规管理
	包装材料	员工权益	员工招聘与就业		风险管理
污染防治	废水		员工福利与保障		监督管理
	废气		员工安全与健康		信息披露
	固体废物		员工发展		高管激励
	噪声污染	社会影响	社会响应		商业道德
	恶臭污染		社区建设	治理效能	创新发展
气候变化	气候变化风险管理				可持续发展
	温室气体排放				
	低碳发展				
生态保护	土地利用				
	生物多样性				

资料来源:中国酒业协会。

3. ESG 信息披露状况

(1)编制依据和参考标准不统一

目前,部分中国白酒企业上市公司发布 ESG 报告,编制依据和参考标准不尽相同,其中通用的参考文件是全球可持续发展标准委员会《可持续发展报告标准》(GRI Standards)、中国社会科学院《中国企业社会责任报告编写指南》(CASS-ESG5.0)、国际标准化组织《ISO26000:社会责任指南(2010)》和中国国家标准《社会责任报告编写指南》(GBT36001-2015)等,此外还包括,上市公司发布 ESG 报告还需结合深圳证券交易所《上市公司规范运作指引》、深圳证券交易所《上市公司自律监管指引第1号——主板上市公司规范运作》、上海证券交易所《上市公司自律监管指引第1号——规范运作》、中国证监会《上市公司治理准则》及中国香港联交所《企业管治守则》《环境、社会及管治报告指引》等国内各监管机构发布的ESG披露政策文件。

(2)指标差异与口径不统一

由于国内各交易所对ESG报告披露内容、议题及格式等无统一规定,仅有指引性的建议,因此,各家酒企业上市公司的ESG报告内容全部为自主设计,对于关键信息并没有像欧美市场一样有统一的编码和制式,因此,呈现出报告内容、格式参差不齐的情况,特别是披露指标存在差异、数据口径不一致等问题。

(3)披露信息不平衡

大型企业如贵州茅台、五粮液等在年报和社会责任报告中,较为详尽地披露了ESG相关信息。然而,中小企业的披露水平参差不齐。

同时,现阶段白酒上市公司的ESG披露重点信息和指标重点集中于公司治理方面,包括管理体系升级、智慧平台、人才培养以及供应商管理等;以头部企业为代表的绝大部分酒类企业在社会公益上表现极为突出,在捐资助学、乡村振兴、解决就业以及抗震救灾等方面积极贡献力量,投入大量人力和资金支持公益事业;环境方面的信息披露大多符合国家相关标准,但在国际标准对接和具体环境数据披露上,仍需进一步规范和完善。

(4)负面信息披露不足

总体而言,企业对负面信息的披露较为保守,且ESG报告缺乏鉴证,信息披露的全面性和真实性有待提升。

4.行业趋势与未来展望

在详细探讨了白酒行业在ESG方面的当前表现后,未来的发展趋势与展望将侧重于以下几个关键领域:环境责任意识将继续增强,特别是在水资源管理和能源效率提升方面。社会责任的重点将侧重于提高供应链透明度和保护劳工权益,以响应消费者对道德采购的增加需求。同时,公司治理和合规性也将面临更严格的要求,尤其是在信息披露和治理结构方面。

技术创新将成为推动行业可持续发展的关键,通过现代化生产技术降低资源消耗,同时提高生产效率和产品质量。此外,ESG绩效与企业价值之间的联系将越来越紧密,良好的ESG记录将吸引更多责任投资,有助于提升企业的市场竞争力和长期财务表现。总之,白酒行业的企业需要在确保经济利益的同时,更加关注环境保护和社会责任,以实现真正的可持续发展。

(二)贵州茅台ESG实践效果评价

本章旨在深入分析贵州茅台的ESG实践效果,通过横向对比和纵向分析的方法,对其在环境、社会责任和治理三大领域的表现进行全面评估。我们将对比贵州茅台与同行业其他企业在 MSCI 和 Wind 等权威机构的 ESG 评级中的表现,同时追踪贵州茅台历年的 ESG 数据,揭示其在可持续发展方面的实际成就和存在的问题。

通过横向对比,我们发现贵州茅台在环境保护和社会责任方面的表现超越了行业平均水平,尤其是在水资源管理和节能减排方面,其努力和成就显著。然而,在公司治理方面,贵州茅台的表现仍有提升空间,与其行业领军地位尚存差距。纵向分析显示,贵州茅台在环境保护措施上取得了明显进展,通过各种节水和能效改进措施,成功降低了单位产品的水资源消耗和能源使用。然而,其在温室气体排放管理和环境影响透明度方面仍需加强。在社会责任方面,贵州茅台在员工培训、消费者权益保护和社会公益活动方面表现稳定,但对外社会责任的影响力和公众参与度还有提升空间。公司治理方面,虽然展示了较强的内部管理能力和透明度,但在处理高层管理人员腐败问题和内部控制方面需要进一步改进。

综合来看,贵州茅台的 ESG 表现在行业内处于领先水平,但与国际顶尖企业相比,尤其在环境保护和公司治理方面,仍需加强。相较于其在中国白酒行业的标杆地位,茅台的 ESG 表现仍有提升空间。为了实现从“隐形债务人”到行业真正标杆的转变,贵州茅台需要继续加大在 ESG 领域的投入,提升治理结构的透明度和效率,并扩大社会责任活动的范围和深度。

1. 横向对比

通过与同行业可比企业(申万二级行业白酒企业)的横向对比,我们发现贵州茅台在 E、S 维度上的成绩远超行业水平,但在 G 维度上表现不佳,且在 Wind 上的争议事件权重中表现不理想。然后,本文将贵州茅台与 A 股市值前五的白酒企业进行比较,重点研究实质性议题,发现产品质量与安全是核心议题。根据 SASB 准则、MSCI 评级报告和国外领先酒企的经验,水资源管理是关键披露环节。虽然部分企业重视水资源管理,但缺乏定量数据,战略目标与实际存在差距。研究还发现,由于标准不同和可持续性问题,无法横向比较。温室气体排放研究显示,贵州茅台的二氧化碳排放强度显著低于其他白酒企业。社会公益方面,贵州茅台捐赠超亿元,体现了企业社会责任。这些分析表明,尽管贵州茅台在环境和社会责任领域表现优异,但其整体 ESG 表现尚未完全匹配其行业领军地位,仍需进一步努力。

(1)MSCI、Wind 评级横向比较

在 MSCI 评级中,贵州茅台与行业平均 MSCI ESG 评分对比见图 6—18,贵州茅台在环境保护和社会责任方面的表现超越了行业平均,但其治理方面的得分却低于平均水平。贵州茅台与白酒企业 MSCI ESG 评分对比见表 6—2,在治理维度中,茅台的排名在 14 家公司中仅为第十(10/14),这与其行业领军地位相距甚远。同时,在环境维度中,贵州茅台与泸州老窖并列第三(3/14),位于水井坊和洋河股份之后,这一成绩虽然不俗,却未能充分体现其作为行业领头羊的领导力。社会责任方面,贵州茅台同样排名第三(3/14)。作为行业领导者,贵州茅台不应仅在特定领域表现优异,而且应在所有 ESG 维度上均展示出明显的行业领导地位。

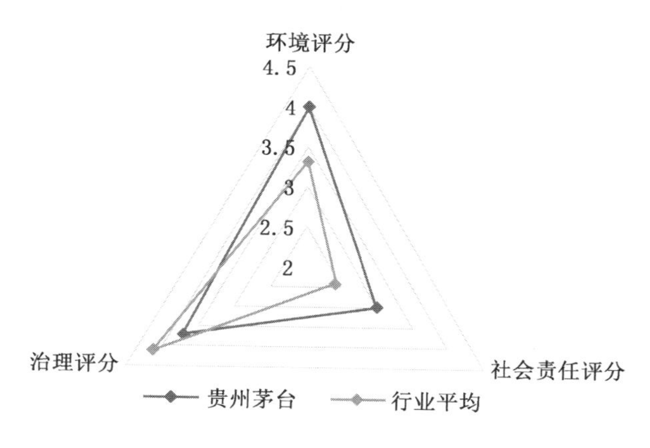

数据来源:Wind。

图 6—18 贵州茅台与行业平均 MSCI 评分对比

在 Wind 评级中,贵州茅台与行业平均 Wind ESG 评分对比见图 6—19,贵州茅台在环境保护、社会责任及治理三个方面均超过了行业平均水平。特别是在环境保护和社会责任方面,公司的表现不仅优于平均水平,而且领先幅度较大。然而,其在争议事件方面的得分略低于行业平均。根据 Wind 的定义,争议事件包括诉讼纠纷、经营风险、高管人事变动、产品价格波动、股价异动及其他相关风险。这表明尽管贵州茅台在多数关键领域表现出色,但在处理潜在争议和风险方面仍有改进的空间。贵州茅台与白酒企业 Wind ESG 评分对比见表 6—7,与 MSCI 排名结果不同的是,贵州茅台 Wind 评分环境和社会维度在 20 家公司中都是第一(1/20),稍显弱势的治理维度也排名行业前列(4/20)。

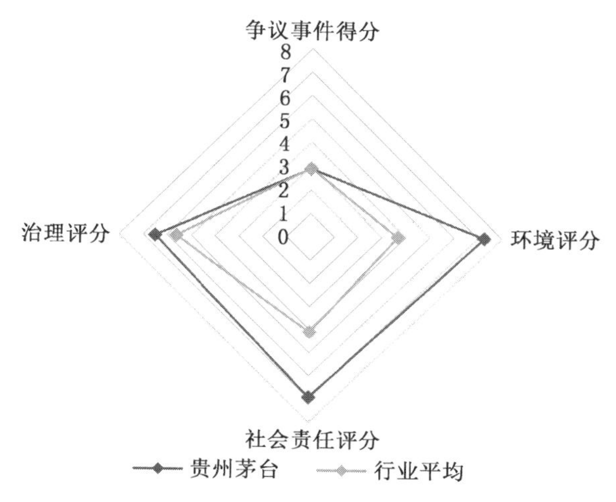

数据来源:Wind。

图 6—19 贵州茅台与行业平均 Wind ESG 评分对比

表6—7　中国白酒上市企业Wind ESG评级与分项得分

	ESG评级	ESG综合得分	争议事件得分	管理实践得分	环境	社会	治理
贵州茅台	A	7.71	2.90	4.80	7.27	6.92	6.39
舍得酒业	A	7.36	2.92	4.43	6.59	6.67	5.83
今世缘	A	7.36	2.94	4.42	5.78	6.43	6.83
五粮液	BBB	7.15	2.97	4.18	7.27	4.24	5.64
古井贡酒	A	7.04	2.99	4.05	5.52	5.88	5.99
水井坊	A	7.02	2.96	4.05	5.54	3.67	7.35
泸州老窖	BBB	6.99	2.87	4.12	6.93	5.05	5.30
洋河股份	BBB	6.96	2.87	4.09	6.42	6.48	4.85
口子窖	BBB	6.31	2.97	3.34	4.08	6.38	4.53
酒鬼酒	BBB	6.19	2.79	3.40	4.59	4.48	5.39
老白干酒	BBB	6.16	2.98	3.18	4.19	4.08	5.20
金徽酒	BBB	6.15	2.93	3.22	5.70	3.65	3.99
伊力特	BB	6.02	2.98	3.04	3.51	1.38	7.06
山西汾酒	BB	5.92	2.96	2.96	4.08	3.51	4.83
顺鑫农业	BB	5.55	2.88	2.67	2.83	4.24	4.62
迎驾贡酒	BB	5.34	2.79	2.55	3.51	0.70	5.58
天佑德酒	BB	5.30	2.83	2.47	3.64	2.14	4.27
金种子酒	BB	5.18	2.79	2.39	2.75	2.30	4.84
岩石股份	BB	5.08	2.17	2.91	2.48	5.09	5.39
皇台酒业	B	4.63	2.75	1.88	0.00	1.69	6.20
行业平均		6.27	2.86	3.41	4.63	4.25	5.50

数据来源:Wind。

(2)白酒巨头对比:A股市值前五企业信息披露比较

2024年5月1日,上海、深圳、北京三大证券交易所发布的《可持续发展报告(试行)指引》正式施行。根据这一新规,上证180、科创50、深证100、创业板指数的样本公司以及境内外同时上市的公司被纳入ESG报告强制披露名单,要求最晚在2026年首次披露2025年度可持续发展报告。

当前,A股上市公司中有11家白酒企业进入强制披露名单,本文选择了市值排名前五的白酒公司,对这些公司在环保、能耗和社会公益方面的表现进行了横向对比分析(见表6—8)。

表6—8　茅台与同业市值、营业收入及净利润对比

序号	公司	2023年年底总市值(亿元)	营业收入(亿元)			2021—2023年总营收复合年增长率	归母净利润(亿元)			2021—2023年归母净利润复合年增长率
			2021年	2022年	2023年		2021年	2022年	2023年	
1	贵州茅台	21 682	1 062	1 241	1 477	18%	525	627	747	19%
2	五粮液	5 446	662	740	833	12%	234	267	302	14%
3	山西汾酒	2 815	200	262	319	26%	53	81	104	40%
4	泸州老窖	2 641	206	251	302	21%	80	104	132	29%
5	洋河股份	1 656	254	301	331	14%	75	94	100	16%

数据来源:Wind。

①实质性议题对比

在ESG实质性议题的披露方面，全球性标准如SASB和MSCI为酒行业提供了详尽的框架和指南。SASB特别列出了酒行业的核心议题，包括能源管理、水资源管理、负责任的饮酒与营销、包装生命周期管理以及原料供应的环境与社会影响。同时，MSCI在其《饮品行业报告》中将饮品行业的实质性议题根据重要性排序，包括水压力、产品安全与质量、产品碳足迹、职业健康与安全、包装材料与废弃物。

相比之下，全球最大的洋酒公司帝亚吉欧(Diageo)在2021年的MSCI ESG评级达到了AAA，位于行业前9%，其ESG报告涵盖五大议题：防止使用有害酒精；确保负责任的酒类营销、零售；缓解或适应气候变化；包容并赋予妇女、少数群体和代表性不足群体的权利；确保获得清洁水、环境卫生。另一家酒业巨头保乐力加的ESG议题是：可持续发展农业；多元化及包容性；职业健康；循环经济(包括水资源保护、包装材料、碳足迹)；理性饮酒倡导。

表6—9梳理了全球性标准与全球酒业巨头普遍关注的核心议题。分析显示，水资源管理、负责任营销和碳足迹是被广泛关注的主要议题。

表6—9　　酒行业核心议题

酒行业核心议题			
SASB	MSCI《饮品行业报告》	帝亚吉欧	保乐力加
能源管理	水压力	防止使用有害酒精	可持续发展农业
水资源管理	产品安全与质量	负责任的营销、零售	多元化及包容性
负责任的饮酒与营销	产品碳足迹	气候变化	职业健康
包装生命周期管理	职业健康与安全	少数群体的权利	循环经济(包括水资源保护、包装材料、碳足迹)
原料供应的环境与社会影响	包装材料与废弃物	清洁水、环境卫生	理性饮酒倡导

在中国的五家白酒企业中，除山西汾酒外，其余四家已将实质性议题按照对企业发展的重要性(X轴)和对利益相关方的影响程度(Y轴)在坐标矩阵图上排序并可视化展示。进一步地，这些企业将矩阵划分为三种不同颜色的区域，每个区域用不同的颜色标示，分别代表不同的重要性级别。在这种视觉表示中，用三种颜色区分议题的优先级，为高度重要、中度重要和低度重要，清晰地突出了各议题的重点关注和处理的紧迫性(见图6—11)。

如表6—10所示，通过对实质性议题的重要性排序，我们可以看到产品的质量与安全是中国白酒企业普遍关注的核心议题。在贵州茅台、泸州老窖和五粮液中，这一议题均被排在第一位的重要性上，显示了企业对产品质量和消费者安全的极高重视。洋河股份也将其放在了前列，凸显了对品质管理的关注不亚于其他领先企业。虽然山西汾酒未明确重要性排序,但是产品质量与安全的议题依然在列。

表 6—10　　A 股市值前五白酒企业实质性议题对比

实质性议题						
重要性	贵州茅台	五粮液	泸州老窖	洋河股份	山西汾酒	
高度重要议题	产品安全与质量	质量与食品安全	食品质量与安全	职工健康与安全	经济	业绩表现
	公司治理	生态治理	数字化建设	员工权益与福利		现金分红
	客户服务	零碳酒企	信息安全	产品安全与质量保证	环境	绿色低碳
	保护自然生态	水资源管理	排放物与废弃物	水资源管理		水资源管理
	风险管理	职工健康与安全	党建引领	品牌建设与保护		排放与废弃物管理
	商业道德与反腐败	商业道德	文化弘扬	商业道德	社会	食品安全与质量
	供应链管理	守法合规	职业安全与健康	客户服务与权益保障		员工权益与健康安全
	职工健康与安全	排放物与废弃物				科技与产品创新
	员工权益与福利	客户服务				供应链管理
	负责任营销	公司治理				客户满意度
	水资源管理					文化传承
中度重要议题	合规运营与隐私	党建引领	员工培训与安全	员工培训与发展	治理	商业道德与反腐败
	理性饮酒	研发创新	商业道德	反腐廉洁		合规治理
	应对气候变化	技艺传承	公司治理	合规经营与风险管理		信息披露透明
	产品碳足迹	职工培训与发展	员工权益	原材料采购可持续性		
		职工权益	客户服务	供应链管理		
		乡村振兴	水资源管理	包容与多元的职场环境		
		理性饮酒	技艺传承	知识产权保护		
		文化传承	守法合规	信息安全与隐私保护		
		投资者权益	投资者权益	文化传承		
		数字化建设	经销商管理	创新发展		
		供应链管理	绿色包装	废弃物排放管理		
		责任营销	环境管理体系	投资关系管理		
			行业共进	包装材料管理		
			经营业绩	环境管理与生态保护		
			研发创新	ESG 管理		
			公益慈善	能源管理		
			供应链管理	负责任营销		
			能源管理	乡村振兴与共同富裕		
				社区发展与社会公益		
				碳排放管理		
低度重要议题	公益慈善	公益慈善	理性饮酒	三会运作		
	包装及废弃物管理	绿色包装	负责任营销			
		绿色物流	可持续采购			
			绿色物流			

资料来源:贵州茅台 2023 环境、社会及治理(ESG)报告。

在五粮液、洋河股份和贵州茅台中,水资源管理被认为是一个关键的披露环节,体现了这些企业对环境可持续性的高度重视。这一议题不仅在SASB的酒行业主要议题和指标中得到强调,同样在MSCI公开的“Beverages Industry Report”及国际大型酒企中也被视为极为重要。相比之下,泸州老窖对水资源管理的重视程度在其实质性议题排序中相对较低。

然而,虽然五粮液在实质性议题排序中高度重视水资源管理,但在具体的信息披露方面,与山西汾酒类似,五粮液并未披露具体的水资源定量数据。这一现象表明,尽管企业在策略上认识到了水资源管理的重要性,但在实际的数据透明度和披露细节上仍有待加强。这种缺乏定量数据的披露可能会影响利益相关方对企业水资源管理实际效果的评估和信任。

根据表6—10的整理,水资源管理、负责任营销和碳足迹是全球酒业巨头和全球性标准普遍关注的核心议题。在这一背景下,中国白酒巨头企业里,只有贵州茅台将负责任营销列为高度重要的议题。同时,与国际同行不同的是,中国的白酒巨头企业通常没有将碳足迹视为核心关注点。

②水资源管理

在水资源管理方面,虽然多数公司都会公布节水措施的数据,但真正能提供可比较和量化的水资源使用数据的企业非常少。例如,五粮液虽在实质性议题排序中高度重视水资源管理,但在具体的信息披露方面,并未披露具体的水资源定量数据。此外,由于缺乏行业内的统一标准,我们难以确定不同公司对水资源消耗量的定义是否一致,造成了数据的不具可比性。这种信息的缺失和不一致性使得我们无法准确判断贵州茅台在行业中的水资源消耗地位。

从现有数据来看,贵州茅台、洋河股份和泸州老窖的水资源消耗量分别为847.96万吨、602.55万吨和327.55万吨。我们希望对这些数据进行横向比较,但由于各家企业对水资源消耗的界定可能存在差异,这种比较可能并不准确。同时,五粮液和山西汾酒在最近两年的ESG报告中均未公布其水资源消耗的总量,这进一步限制了我们全面比较的能力。这些情况凸显了制定和遵循行业统一标准的重要性,以确保水资源管理数据的可比性和透明度。

特别地,泸州老窖在2022年宣布其水资源使用量减少了50%。这一信息本应有助于我们理解公司的水资源管理效率,但我们面临数据获取的挑战。为了计算该年度的具体水资源使用量,我们首先试图查找2021年的消耗数据,但遗憾的是,该年度的数据并未披露。我们进一步查阅了2023年的报告,希望找到与2022年相比的具体降低百分比,以便推算出2022年的水资源使用量。遗憾的是,相关的具体比较数据在2023年的报告中同样未披露,这使得我们无法准确计算出2022年的水资源使用情况。这种信息的缺失和不一致性突显了对行业标准化的迫切需求,以便更好地评估和比较各公司在水资源管理方面的绩效(见表6—11)。

表 6—11　　A 股市值前五白酒企业的水资源消耗量

		2023 年	2022 年	2021 年
水资源消耗	贵州茅台	水资源消耗总量：847.96 万立方米	水资源消耗总量：892.11 万立方米	
	五粮液	无定量数据	报告期内,循环水/再生水量合计:131.10 万立方米	
	泸州老窖	取自各种水源的新鲜水量 327.55 万吨	水资源消耗量降低:50%	公司生产酿造单位产品取水量远低于国家标准取水定额要求
	洋河股份	水资源消耗量：6 025 480 吨	水资源消耗量：5 255 654 吨	
	山西汾酒	无定量数据	无定量数据	

数据来源:贵州茅台 2021、2022、2023 环境、社会及治理(ESG)报告。

③温室气体排放

温室气体排放是当前 ESG 报告中的重点环境指标,这直接关联到中国实现未来碳达峰和碳中和的战略目标。2024 年 5 月 29 日,国务院印发《2024—2025 年节能降碳行动方案》,方案提出,2024 年单位国内生产总值能源消耗和二氧化碳排放分别降低 2.5%左右和 3.9%左右。

在选定的五家顶尖白酒企业中,除了山西汾酒之外,其他企业都已披露了温室气体排放数据。山西汾酒虽然设定了总体的降碳目标及其短期、中期和长期的具体目标,却未在最近几年的 ESG 报告中提供具体的排放数据。

随着对企业数据透明度要求的提高,我们可以看到在五家顶尖白酒企业中,贵州茅台和泸州老窖于 2023 年首次公开披露了其二氧化碳排放量。这一披露不仅增强了行业内的数据意识,同时通过计算同比变动,我们可以追溯到 2022 年的二氧化碳排放情况。数据显示,这两家白酒企业的二氧化碳排放量都显著减少。相较之下,五粮液和洋河股份这两家持续披露排放数据的公司,其 2023 年的排放量相比 2022 年却有所增加。这种对比引发了关于披露时机的进一步思考:贵州茅台和泸州老窖是否在认为有足够有利的结果后才选择公开披露?如果是这样,那么未来在披露策略的持续性和透明度方面,仍有值得进一步观察的空间(见表 6—12、图 6—20)。

表 6—12　　A 股市值前五白酒企业的温室气体排放量　　单位:吨二氧化碳当量

		2023 年			2022 年		
		范围一	范围二	范围三	范围一	范围二	范围三
温室气体排放	贵州茅台	244 895	9 883	—	256 166	56 701	—
	五粮液	400 809	51 756	7 825	381 100	103 000	13 500
	泸州老窖	133 430		—	160 411		—
	洋河股份	535 681		—	507 758		—
	山西汾酒	无定量数据					

注:2022 年贵州茅台与五粮液数据未披露,根据 2023 年数据及同比变动率估算得出。

资料来源:贵州茅台 2022、2023 环境、社会及治理(ESG)报告。

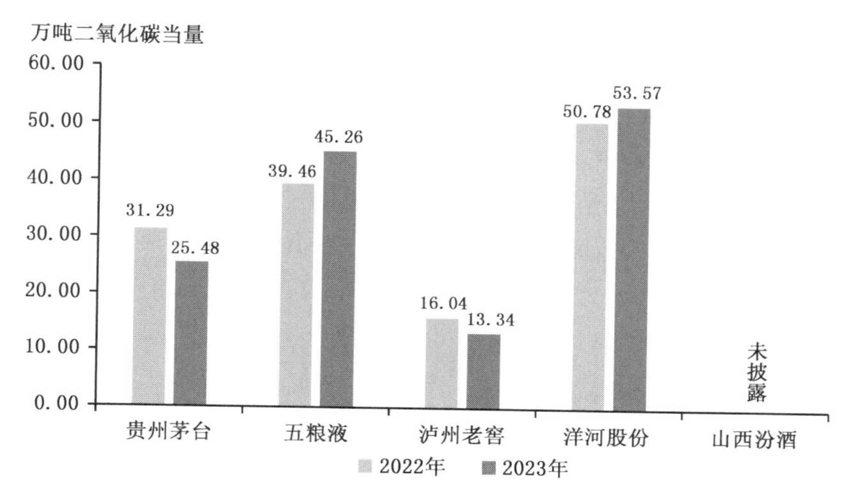

资料来源:贵州茅台 2022、2023 环境、社会及治理(ESG)报告。

图 6—20　A 股市值前五白酒企业温室气体排放量(范围一+范围二)

这些情况突显了企业在环境管理方面的不同策略和透明度水平,提醒我们在分析和评价企业环保绩效时,需谨慎考虑数据披露的完整性和时效性。

为了便于横向对比,将排放总量与企业的生产规模相关联,通过计算每单位营业收入所对应的温室气体排放量(见图 6—21),可以大致比较各家企业的排放强度。

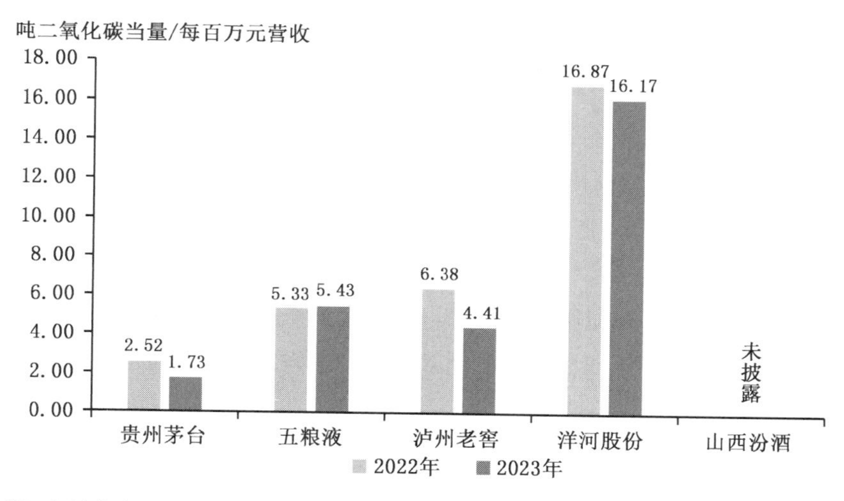

资料来源:贵州茅台 2022、2023 环境、社会及治理(ESG)报告。

图 6—21　A 股市值前五白酒企业温室气体排放强度(范围一+范围二)

在 2023 年,贵州茅台在四家顶级白酒企业中展现了出色的环保表现,其碳排放强度最低。具体来说,贵州茅台每获得 100 万元营收,仅排放 1.73 吨二氧化碳当量。相比之下,洋河股份的排放强度最高,同样的营收额会产生 16.17 吨二氧化碳当量,是贵州茅台的近9倍。

④社会公益:茅台捐赠额超亿元,但同比呈下降趋势

五家顶尖酒企秉持“以企业之力,回馈社会”的责任理念,积极投身于各类公益活动。如图6—22所示,在这些企业中,贵州茅台的捐赠额显著高于其他企业,凸显其作为行业领头羊的地位。然而,2023年贵州茅台的捐赠金额为11 925万元,相较于2022年的22 543万元出现了显著下降,这可能反映出公司在该年调整了其社会责任预算或捐赠策略。这种调整可能是对当前经济环境或公司战略方向变化的响应。

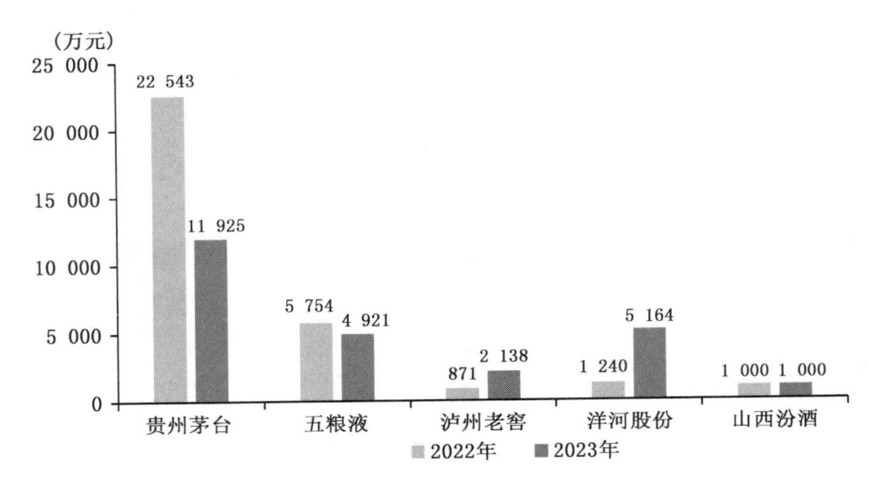

数据来源:各大公司年度报告。

图6—22　A股市值前五白酒企业的对外捐赠

2. 纵向对比

本节将通过纵向对比,深入分析贵州茅台在ESG实践中的成效和问题。重点关注其在治理改革、水资源管理、能源消耗、社会责任披露方面的变化,揭示数据不可比性、持续性问题以及与国家标准的差距。我们将对比贵州茅台2021至2023年在关键实质性议题识别上的改革,此外分析减水数据和能源消耗数据,评估其节水节能措施的成效。同时,分析社会维度的客户满意度、供应链管理和员工培训等数据,尽管披露频率和连续性存在问题,但公司在这些方面取得了显著进步。

(1)治理改革

贵州茅台在ESG治理方面逐步实现了更高程度的专业化和结构化,每一次变革都旨在提高其ESG实践的效率和透明度。特别是在实质性议题的识别方面(见表6—13),贵州茅台从2021年到2023年显著提升了系统性和参与性。2021年,仅简单列举了关键实质性议题,而到了2023年,公司披露了完整的实质性议题识别流程,向内外部利益相关方发放了13 419份有效问卷,并根据重要性绘制了实质性议题矩阵。

表 6—13　　贵州茅台 2021—2023 年实质性议题识别

	2021 年	2022 年	2023 年
关键实质性议题的识别	两行文字及简单列举	三行文字及简单列举	披露了整个实质性议题识别的流程和结果;向内外部各利益相关方发放问卷,共计收回有效问卷 13 419 份;按照重要性绘制出实质性议题矩阵

在反腐败议题的量化方面,贵州茅台虽然逐年有所改进,但仍然不足。根据表 6—14 的数据,贵州茅台的腐败与贿赂事件发生次数从 2021 年的 6 起增加到 2022 年的 8 起,2023 年则减少至 2 起。然而,公司未披露按 GRI 标准要求的四项反腐败信息,包括确认的腐败事件总数及性质、因腐败被开除或受到纪律处分的员工总数、因腐败相关违规事件导致与业务伙伴合同终止或未续订的总数,以及报告期内涉及腐败行为的公开诉讼案件及其审理结果(见表 6—15)。这些缺失的信息突显了公司在反腐败领域的信息披露方面的不足,需要进一步改进以满足国际标准。

表 6—14　　贵州茅台 2021—2023 年腐败与贿赂事件发生次数

公司	年份	ESG 维度	议题	发生次数
贵州茅台	2021	公司治理	腐败与贿赂事件	6
	2022	公司治理	腐败与贿赂事件	8
	2023	公司治理	腐败与贿赂事件	2

数据来源:Wind。

表 6—15　　GRI 议题标准:反腐败

GRI 议题标准:反腐败 披露项 205—3
1. 经确认的腐败事件的总数和性质
2. 经确认事件(其中员工由于腐败被开除或受到纪律处分)的总数
3. 经确认事件(其中因与腐败有关的违规事件,与业务伙伴的合同终止或未续订)的总数
4. 报告期内,对组织或其员工的腐败行为的公开诉讼案件及审理结果

资料来源:《GRI 标准》。

(2)水资源管理

在分析贵州茅台的水资源管理现状时,首先可以看到公司在减水/节水和水资源消耗方面的具体数据:2021 年,公司在茅台产区和义兴产区共计减少用水约 500 万立方米。随后的 2022 年,通过系统升级进一步减少了 201.57 万吨水资源的使用,并将水资源消耗强度降至 0.7 吨/万元营收。2023 年,茅台产区和义兴产区的节水效率分别实现了 7.5%和 2.5%的提升。在生产环节节省了 23.2 万立方米水资源,在非生产环节节省了 16.7 万立方米。同年,公司水资源的消耗总量从 2022 年的 892.11 万立方米减少至 847.96 万立方米,降幅达到 4.95%。

然而,这些数据在分析时暴露出了一些问题。

①数据不具有可比性

从减水/节水数据来看,一是单位问题,2021 年披露减水单位为万立方米,到了 2022 年单位变为万吨,到了 2023 年,单位变成百分比。二是对减水主体的界定问题。在 2021 年与 2023 年,强调的是在茅台产区和义兴产区年降低用水量。而 2022 年则指的是通过系统升级的减水量。同时,2023 年披露的在生产环节节水 23.2 万立方米,在非生产环节节水 16.7 万立方米的相关数据并没有可比对象。

从水资源消耗量来看,也存在单位问题。2022 年只是简单披露了水资源消耗强度为 0.7 吨/万元营收。2023 年报告披露水资源消耗总量为 847.96 万立方米。为了能将 2022 年与 2023 年的数据进行对比,需要查阅年报,寻找 2022 年营收为 12 409 984 万元,再乘以 2022 年水资源消耗强度为 0.7 吨/万元营收,才能得出贵州茅台在 2022 年共消耗水资源 868.7 万吨(868.7 万立方米)。2023 年报告中也披露了 2022 年的水资源消耗总量为 892.11 万立方米,与我们计算出的 868.7 万立方米只存在些许误差。

②数据不具有持续性

贵州茅台在 2021 年和 2022 年仅提供了模糊的减水数据,而直到 2023 年,公司才正式明确披露了具体的耗水量和节水成果,包括用水情况绩效、节水目标、节水措施和绩效。贵州茅台在 2021 年至 2023 年中简单的节水数据上都未做到可比性与持续性,贵州茅台在未来能否持续 2023 年披露的结果是一个待考虑的问题。

③造酒耗水量远远超过了国家标准

2022 年报告披露其水资源消耗强度为 0.7 吨/万元营收。通过计算,贵州茅台在 2022 年共消耗水资源 868.7 万吨,再按 2022 年实际产能:贵州茅台酒 56 810 吨、系列酒 35 075 吨,合计约 9.19 万吨计算,每吨茅台酒的耗水量约 94.53 吨。

2023 年共消耗水资源 847.96 万吨,再按 2023 年实际产能:贵州茅台酒 57 204 吨、系列酒 42 937 吨,合计约 10.01 万吨计算,每吨茅台酒的耗水量约 84.71 吨。

2023 年造酒耗水量相比 2022 年已同比下降 10.39%,但仍远远超过国标要求。不管是按现行国标,还是新的正在征求意见中的更高标准国标,茅台所公布的耗水量都显得有点多。但是,敢于公布就是一种进步。白酒行业的生产取水量涉及多项国家标准,一是国家标准化管理委员会发布的《取水定额第 15 部分:白酒制造》,由全国节水标准化技术委员会归口,主要起草单位包括中国食品发酵工业研究院、中国酒业协会白酒分会、中国标准化研究院、水利部水资源管理中心等(见表 6—16)。另一标准为原国家环境保护总局在 2007 年发布的环境保护行业标准《清洁生产标准白酒制造业》(HJ/T402-2007)(见表 6—17)。

表6—16　**贵州茅台造酒耗水量与国家标准1对比**

2022年造酒耗水量	2023年造酒耗水量	现行《取水定额第15部分：白酒制造》规定取水量	备注
94.53立方米/千升	84.71立方米/千升	现有企业原酒≤51立方米/千升	1吨=1千升=1立方米
		现有企业成品酒取水量≤7立方米/千升	
		新建、扩建、先进企业原酒≤43立方米/千升	
		新建、扩建、先进企业成品酒≤6立方米/千升	

数据来源：贵州茅台2023环境、社会及治理(ESG)报告。

表6—17　**贵州茅台造酒耗水量与国家标准2对比**

2022年造酒耗水量	2023年造酒耗水量	《清洁生产标准白酒制造业》规定浓(酱)香型白酒取水量	备注
94.53吨/千升	84.71吨/千升	一级清洁≤25吨/千升	1吨=1千升=1立方米
		二级清洁≤30吨/千升	
		三级清洁≤35吨/千升	

数据来源：贵州茅台2023环境、社会及治理(ESG)报告。

④数据展示"无凭无据"

贵州茅台在展示环境绩效数据时未提供相关的比较基准或计算方法等关键信息，同时缺乏第三方机构鉴证。

(3)能源消耗

贵州茅台在2022年披露了以每万元营收为单位的能源消耗强度，包括综合能耗、电量和天然气消耗强度，而2021年的数据则是按每千升产量计算。2023年，公司只披露了综合能源消耗量。由于公司未提供具体的营收和产量数据，我们需要借助官方数据来转换这些强度数据为总量数据，以便年度比较(见表6—18)。

表6—18　**贵州茅台能源消耗披露数据**

2021年[营收总收入：10 619 015.48万元，产量：8.47万吨(约84 700千升)]			
	披露值	总量换算值	强度换算值
综合能耗强度	1 630.83千克标煤/千升	138 131吨标煤	0.01吨标煤/万元营收
电量消耗强度	1 124.56千瓦时/千升	95 250 232千瓦时	8.97千瓦时/万元营收
天然气消耗强度	1 300.61立方米/千升	11 016 1667立方米	10.37立方米/万元营收
2022年[营收收入：12 409 984.38万元，产量：9.19万吨(约91 900千升)]			
	披露值	总量换算值	强度换算值
万元营收综合能耗	0.01吨标煤/万元营收	124 100吨标煤	1 350.38千克标煤/千升
电量消耗强度	6.68千瓦时/万元营收	82 898 696千瓦时	902.05千瓦时/千升
天然气消耗强度	8.18立方米/万元营收	101 513 672立方米	1 104.61立方米/千升

续表

2023年[营收总收入:14 769 360.50万元,产量:10.01万吨(约100 100千升)]			
	披露值	强度换算值	强度换算值
综合能耗	155 444.00吨标煤	0.01吨标煤/万元营收	1552.89千克标煤/千升

数据来源:贵州茅台2023环境、社会及治理(ESG)报告。

贵州茅台在2023年未披露电量和天然气的消耗强度数据,导致相关数据记录中断。根据已公布的综合能源消耗量,2022年的综合能源消耗量总量相较前一年有所下降,然而到了2023年,这一数字再次上升。此外,如果从每千升产量消耗的标煤量来看,同样可见2022年的消耗量下降,而2023年则有所回升。

(4)社会责任维度披露内容逐年增加

在社会(S)维度,贵州茅台的数据披露体现了其在提升客户满意度和优化供应链管理方面的卓越表现。此外,公司对员工培训的持续投入突显了对人力资源发展和价值增长的重视(见表6—19)。总体而言,贵州茅台在执行社会责任方面展示了积极的努力和明显的进步,这对提升公司的整体可持续性和社会形象极为有利。然而,从披露数据的频率和连续性来看,贵州茅台仍有改进空间。尽管部分关键数据直到2023年才开始披露,且2022年的数据披露存在间断,但这些因素影响了评估其长期ESG表现的能力。

表6—19　贵州茅台社会责任维度披露数据

披露维度	披露数据指标	2023年	2022年	2021年
客户	客户投诉数量(次)	9 957		
	每百万元营收客户投诉数量(次/CNY)	0.067		
	客户满意度(%)	97.65		88
供应链	供应商总数	432		502
发展与培训	员工培训覆盖率(%)	98	100	
	人均培训时长(小时)	43	42	

数据来源:Wind。

(三)贵州茅台面临的ESG挑战分析

1.外部ESG挑战

(1)市场动态与消费趋势

贵州茅台当前面临的一个主要挑战是市场需求因人口结构的变化而下降。随着中国15～64岁人口数量的减少和出生率的降低,白酒的未来产销量可能会受到影响。此外,"她经济"的崛起增加了对低度酒精产品的需求,这意味着贵州茅台需要在年轻消费者市场中更加注重创新和适应市场变化。

(2)环境政策与疫情冲击

贵州茅台在仓储和物流方面面临着环境政策和疫情带来的风险。中国的"双碳"政策要求在减少碳排放方面大幅调整,特别是在燃油使用、制冷和电力消耗方面。同时,疫情防控期间对冷链物流的依赖使得运营变得更加复杂,增加了合规风险和财务压力。

(3)供应链管理

供应链的韧性、多样化的采购来源以及供应商的ESG表现对贵州茅台的平稳运营至关重要。供应链管理的效率直接影响企业的业务持续性和产品质量。

2. 内部ESG挑战

贵州茅台在包装材料使用上面临环境挑战,尤其是玻璃、纸盒、铝制品和塑料的生产与回收过程对环境的影响较大。如何实现包装材料的轻量化和循环利用是亟待解决的问题。

在自身运营环节,酒类及饮料企业生产、酿造过程具有高水耗、高能耗和高排放等产业特点。贵州茅台需要在节水、节能和降低碳排放方面寻找创新解决方案,以提高生产效率并减少环境影响。

在产业链下游,如何平衡经济效益与社会责任成为一大挑战。贵州茅台需推动负责任的营销模式、数字化转型,并在倡导健康生活和理性消费的同时,确保企业的社会形象和市场地位。

(四)结论和建议

分析了白酒行业的ESG发展现状和贵州茅台的具体表现。结果表明,贵州茅台在环境保护和社会责任方面表现突出,超过了行业平均水平,但在公司治理方面仍有提升空间。特别是在MSCI评级中,治理维度得分较低,显示出较大改进空间。整体而言,贵州茅台在环境和社会责任领域的表现优异,但其ESG整体表现尚未完全匹配其行业领军地位,需要在治理透明度和效率上进一步努力。

为了全面提升其ESG表现,建议贵州茅台优化治理结构,增强信息披露的透明度和真实性,将ESG因素深度融入商业模式,并在供应链管理和社区合作方面实施更为积极的策略。这些措施将帮助贵州茅台不仅在环境和社会责任领域保持优势,同时提高公司治理质量,真正实现其ESG目标,进而维持其在全球市场中的竞争力和影响力。

1. ESG治理结构优化,实现脱虚入实

为确保贵州茅台的ESG治理结构不仅仅停留在理念层面,而是具有实际效用,我们建议进一步优化其ESG治理框架。具体来说,贵州茅台应加强董事会在ESG事务中的监督和决策作用,确保ESG议题在公司高层中得到足够的重视和有效的推进。此外,通过在年度报告中详细披露ESG相关的活动和成效,贵州茅台可以提高治理透明度,增强利益相关者对公司ESG实践的信任与认可。通过这些措施,贵州茅台将能够实现ESG治理的脱虚入实,从而更有效地推动公司的可持续发展战略。

2. 加强ESG信息披露的真实性和完整性

为提高贵州茅台在ESG信息披露方面的真实性和完整性,公司必须采取更为坚定和透明的措施。首先,茅台集团应确保其报告中涵盖所有关键ESG议题,包括水资源、能耗及温室气体排放等数据的持续性和可比性。这些数据应连续披露并接受独立鉴证,以保证信息的可信度。同时,公司还需全面公开高层管理人员的腐败问题,避免选择性沉默,确保信息的透明度和完整性,从而展示对高标准透明度的承诺。

此外,茅台需要加强其内部监督和审核机制,确保所有ESG信息的真实性和准确性。这包括定期审查内部政策的执行情况,以及严格控制外部信息披露,确保公开信息与公司实际情况一致,尤其是在招聘广告和公司宣传材料中体现的平等就业和多样性承诺。最后,茅台应当在企业文化、系统和操作流程中根植ESG原则,通过全面的内部教育和培训提升员工对ESG价值的认识和实践能力。

3. 积极构建负责任供应链

作为白酒行业的龙头企业,贵州茅台具备强大的议价能力和行业影响力,因此在构建负责任供应链方面负有重要责任。这不仅有助于推动产业链上下游企业履行社会责任,还能改善零售商的经营条件。为确保高质量、稳定的原材料和自然资源供应,茅台可以实施关键项目,如土壤健康、生物多样性保护、智慧农业和作物创新。通过为农户提供专业培训、工具和资金支持,茅台与农业社区合作,共同提升土壤质量,保护生物多样性,并促进优质农作物的培育,帮助农户保持高生产力和盈利能力。

在供应链管理方面,贵州茅台需要加强产品安全和质量控制。通过建立从原料供应到生产加工、质量验收、物流仓储到营销服务的全生命周期管理流程,实现全流程风险控制,确保管理体系的标准化和流程可追溯性。在环保包装设计方面,茅台应利用环境友好型材料,减少包装过程的碳排放,并与供应商合作减少不可回收塑料的使用,推广可再生材料,以促进包装的轻量化和可回收性。通过这些措施,茅台不仅能提升自身产品的环保标准,还能在消费者中树立废弃物资回收再利用的理念,推动行业标准的建立。

最后,在整个价值链的碳减排方面,茅台应与原料供应商、设备提供商及物流供应商等合作伙伴一道,通过绿色采购、采用高能效设备和部署电动车队等措施,减少整个价值链的温室气体排放,共同构建一个低碳价值链。这些措施将帮助贵州茅台在实现商业成功的同时,有效应对环境挑战,履行企业的社会责任。

4. 可持续运营创新

随着我国人口老龄化的加速,白酒行业可能面临主力消费群体因年龄增长导致的需求下降。年轻人的饮酒市场正逐渐分割市场份额。对此,建议白酒企业通过“互联网+”的产品创新,以培育年轻群体的消费兴趣和接触面。与此同时,随着全球绿色低碳步伐的加快,贵州茅台需要制定并实施净零排放战略。在自身运营方面,公司应通过投资绿色电力、使用可再生能源、采用新技术提升能源效率,积极实践低碳节能减排,致力于打造“碳中和”工厂,从而有效减少温室气体排放。这不仅是响应全球环保要求的重要举措,也是提升企业可持续发展能力的关键步骤。

酒类及饮料行业作为水资源密集型行业,水资源管理是其可持续发展的重要议题。贵州茅台应全力提升自身用水效率,改善社区的水质和水量。具体措施包括进行水源风险评估、水资源足迹分析、设立节水目标、推进高效水管理标准、开展节水实践以及合规排放废水。这些举措不仅能够改善企业运营所在地的水资源供应和水质,有效缓解地区缺水问题,还能提升企业的环保形象和社会责任感。

人才是企业最宝贵的财富。贵州茅台应努力为员工提供健康安全、公平和充满机会的工作环境,同时高度重视多元化与包容性,致力于让员工在工作中展现真实的自我,并结合自身特长成长。通过营造创新友好的工作环境,贵州茅台不仅能激发员工的创新思维,还能为品牌、产品与服务赋能,推动业务蓬勃发展。

5. 价值共创:伙伴与社区赋能

贵州茅台不仅需要注重业务发展策略,更应兼顾合作伙伴、消费者及社区的发展,共创价值、共享价值。建议贵州茅台继续拥抱创新与数字化转型,紧密连接经销商与客户,通过高端化、多元化的产品组合提升消费者体验。同时,贵州茅台应提倡责任营销和健康生活,积极开展消费者教育,倡导理性消费模式,以提高公众的健康福祉。此外,贵州茅台应牢记达则兼济同行者的理念,积极探索新的共同发展机会。为此,建议贵州茅台为价值链合作伙伴提供技术和资源支持,共同打造具有深远影响力的生态圈。通过这样的合作,贵州茅台不仅可以增强自身竞争力,还能推动整个行业的进步与发展,体现企业在实现商业目标的同时,积极履行社会责任的坚定承诺。

总的来说,贵州茅台虽然在ESG方面起步较国际同行稍晚,但已经开始迎头赶上,并取得了显著的进步。当然,ESG是一条漫长的道路,需要长期主义的信念和持续不断的调整与完善。三年太短,对贵州茅台而言,持续进步才是关键。

思考题

1. 在贵州茅台的ESG实践中,如何权衡公司长期以来的传统文化价值与现代可持续发展需求之间的矛盾?这对企业的品牌形象和市场定位有何影响?

2. 在公司治理和反腐败方面,贵州茅台应采取哪些具体措施确保治理结构的健全和高层管理人员行为的透明度?这些措施如何影响企业的长期可持续发展?

3. 贵州茅台在水资源管理方面做出了显著努力,但在数据可比性和持续性上仍存在问题。企业应如何改进数据披露,以增强透明度和可信度?

4. 在国际与国内ESG评级标准存在差异的情况下,贵州茅台如何有效调整其策略,以兼顾国内外市场的不同需求和期望?

5. 面对人口老龄化和消费群体年轻化的趋势,贵州茅台应如何通过创新与互联网的结合来吸引年轻消费者?

参考文献

[1]卜云峰,蓝式贤,田宇,等.高质量发展背景下强链补链供应链战略研究[J].中国储运,2024(1):172—174.

[2]何胜悦,毛国育.白酒上市公司ESG理念响应行为及响应效果研究——以贵州茅台、山西汾酒和金徽酒为例[J].商业会计,2024(8):90—94.

[3]黄博文.贵州茅台与瑞幸咖啡再携手,品牌年轻化尚待考验[N].每日经济新闻,2024—01—29:4.

[4]黄博文.联想提供环境信披样本 应对气候变化是ESG重要议题[N].每日经济新闻,2024—05—06:4.

[5]黄宗彦.贵州茅台可持续发展三种“武器”[N].每日经济新闻,2023—01—31:5.

[6]李斐然.财务赋能创新[J].财务与会计,2020,602(2):86—88.

[7]李宗平.贵州茅台ESG报告编制与披露研究[D].兰州财经大学,2024.

[8]刘雪,吴宝宏.基于SWOT分析法的贵州茅台财务战略研究[J].中国集体经济,2024(2):166—169.

[9]龙子午,张晓菲.ESG表现对企业绿色技术创新的影响——基于中国上市公司的经验证据[J].南方金融,2023(9):56—70.

[10]汪榜江,黄建华.企业可持续发展评价体系构建——基于环境、社会和治理因素[J].财会月刊,2020(9):109—118.

[11]王宇熹.ESG投资中的“漂绿”风险耦合机理与监管对策[J].财会月刊,2024,45(6):123—129.

[12]吴本杰.高毛利率下的低存货周转率——基于贵州茅台与五粮液存货管理三维度分析[J].商场现代化,2024(3):183—185.

[13]薛阳,李曼竹,冯银虎.制造业企业绿色供应链管理同群效应研究——基于价值网络嵌入视角[J].华东经济管理,2023,37(3):107—116.

七、新能源汽车注定该拿 ESG 高分吗?

——关于低碳“特长生”特斯拉如何跑赢 ESG 比赛[①]

内容提要　本案例分析了全球新能源汽车行业的领导者特斯拉在 ESG(环境、社会和公司治理)评估中的表现及其面临的挑战。虽然特斯拉以其在环境方面的卓越表现著称,尤其是在减少碳排放、绿色生产制造、智能能源管理系统以及循环经济方面取得了显著成果,但在社会责任和公司治理方面存在明显不足。这些不足导致特斯拉在 ESG 综合评分中未能达到市场预期,甚至一度被标准普尔 500ESG 指数剔除,引发了广泛的市场关注和争议。

案例详细探讨了特斯拉在社会责任方面的短板,如劳工关系紧张、工伤率高、消费者隐私保护不足以及社区关系处理不当等问题。此外,公司治理结构中董事会独立性不足、管理层监督不力、多样性和包容性缺失也为其 ESG 评分拖了后腿。尽管特斯拉在环境方面表现出色,但这些社会和治理方面的问题严重影响了其在 ESG 评级中的整体表现。

本案例的核心观点在于,特斯拉要想在 ESG 评估中取得高分,仅依赖环境方面的优势是不够的。公司需要在社会责任和公司治理方面采取更加积极的措施,以满足投资者和利益相关者的期望,并实现长期可持续发展的目标。通过综合提升 ESG 各个方面的表现,特斯拉才能在未来的市场竞争中立于不败之地。

案例介绍

(一)引言

2022 年 5 月 18 日,标准普尔公司做出了一个令市场哗然的决定:将电动汽车制造商特斯拉从其标准普尔 500ESG 指数中剔除。而标准普尔 500ESG 指数基于广泛的市值加权指数,旨在衡量符合可持续发展标准的证券的表现。这一事件引发了业界和投资者的广泛关注,特斯拉股价一夜之间暴跌 6.8%。

---

① 指导教师:温娇秀(上海财经大学);学生作者:吴静柔(上海财经大学)、杨千寻[中国地质大学(武汉)]、李舒玥(上海财经大学)。

(二)正文

首先,特斯拉作为一家以低碳著称的新能源企业龙头,在标准普尔 500ESG 指数中被剔除本就令人费解。此外,更令人大跌眼镜的是,埃克森美孚这家全球石油天然气巨头居然在标准普尔 500 指数中列全球十佳。于是,特斯拉的创始人马斯克开始炮轰 ESG,声称 ESG 是个骗局。按理新能源车代替燃油车、清洁能源代替化石能源,是符合 ESG 理念的,但标准普尔公司的做法与市场期待相反。代表新能源势力的特斯拉被踢出标准普尔 500ESG 指数,而代表化石能源的埃克森美孚成了标准普尔 ESG 表现最好的 10 家企业之一。这便与 ESG 评级的逻辑产生了冲突。

那么这场新能源行业龙头和 ESG 之间的冲突分歧,究竟是特斯拉的错,还是 ESG 的呢?标准普尔官方解释称,特斯拉的 ESG 评分未能达到入选标准,这一评分不仅考量环境表现,还包括社会和企业治理等多个维度。一方面,特斯拉在减少温室气体排放方面取得了显著成就,但公司在安全事故和种族歧视事件上的处理以及内部管理和文化问题,使得其在社会责任和治理方面的得分严重不足。一年后,特斯拉在 2023 年 4 月被重新纳入标准普尔 500ESG 指数,这表明标准普尔认可了特斯拉在 ESG 方面的努力。然而,特斯拉在社会和治理方面的评分依旧较低,分别为 20 分和 34 分,远低于环境方面的 60 分。另一方面,马斯克抨击的真正对象其实是 ESG 评价体系。目前,包括 MSCI、富时罗素、标准普尔等主流 ESG 评级机构通常采用指标权重法,针对环境(E)、社会(S)和公司治理(G)三个一级指标细分出若干二级指标和三级指标。对指标赋值结合权重计算得分,对应相应评级。即特斯拉的评分是上述框架下几十项细分议题综合考量的结果。正因细分指标庞大,分配在每个指标上的权重很小。因此,即便特斯拉在碳排放指标上表现良好,但其他指标不突出,整体评级结果表现一般。

低碳“特长生”特斯拉若想跑赢 ESG 比赛,仅依托环境方面的优势是不够的,必须在社会责任和治理方面采取更为积极的措施,全面提升 ESG 评级,满足投资者和利益相关者的期待,并实现长期可持续发展的目标。

(三)结语

基于此案例,以下分析报告将从环境、社会、治理、绩效、行业对比五个维度,深入剖析特斯拉的 ESG 表现和面临的挑战,并提出优化措施。

案例分析

“横看成岭侧成峰,远近高低各不同”——案例摘要

新能源汽车行业龙头特斯拉在标准普尔 500ESG 指数中被剔除,而石油公司埃克森美孚却位列 ESG 指数全球前十,由此引发了马斯克对 ESG 的炮轰,市场对 ESG 的质疑之声

甚嚣尘上。基于此案例，首先，对特斯拉 ESG 三方面的表现进行分析，发现特斯拉在环境方面(E)表现出色，在产品创新、生产制造、智能能源解决方案、循环经济与资源再生、供应链优化等方面有显著成就，在环境透明度方面尚存在一定困境。其次，明确特斯拉在社会方面(S)的短板，如在劳工关系与工作环境、消费者保护与产品责任、社区关系和社会责任方面存在挑战。再次，根据特斯拉在治理方面(G)的表现，发现其在董事会独立性、管理层监督、多样性、平等与包容性(DEI)方面仍需加强。此外，通过分析特斯拉的财务绩效，我们发现其 ESG 表现与财务绩效息息相关。同时，行业对比显示，特斯拉在 ESG 评级中表现良好，但在碳排放、废弃物管理、员工福利和公司治理等方面仍有改进空间。最后，针对特斯拉如何全面提升其 ESG 表现提出优化措施(见图 7—1)。

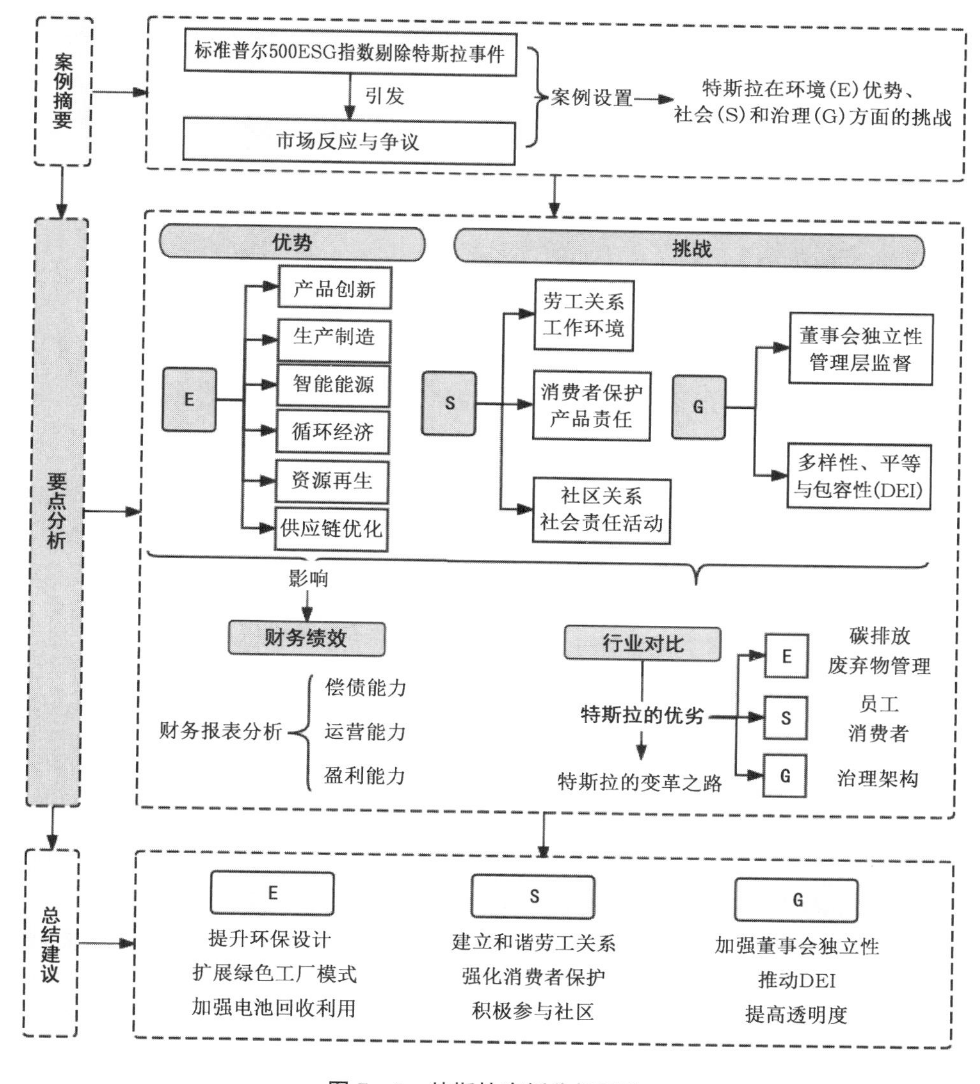

图 7—1　特斯拉案例分析思路

“不识庐山真面目,只缘身在此山中”——要点分析

(一)析低碳特长,扬环境优势——环境方面

1. 产品创新:环境友好型技术的典范

特斯拉的环境创新举措与可持续发展理论紧密相连,特斯拉通过产品设计和技术创新,实践了“从摇篮到摇篮”(Cradle-to-Cradle)设计理念,这与环境经济学中关于外部性内部化和资源最优配置的原则相吻合。

(1)环保驱动的设计理念

特斯拉秉持以环保为核心的设计哲学,特斯拉相信,通过构建一个集清洁能源生成、存储及消耗为一体的无间断生态系统,能有效削减人类对于化石燃料的依赖,并在应对气候变化挑战中发挥关键作用。这一理念,助力特斯拉塑造了一个闭环绿色能源模式:自太阳能屋顶捕获能量,至电动车运行,到借助家用储能装置调节供需平衡,以此实现能源使用的自给自足和清洁循环。

特斯拉的设计理念强调“从源头到终端”,也就是在产品设计之初便考虑到产品整个生命周期对环境产生的影响,涵盖了选取环境友好材料、精简生产工艺、减少废料产出、提效降耗、推动产品的可回收性和耐久性等多个维度。值得一提的是,特斯拉在生产过程中坚持采用再生材料。以特斯拉回收塑料瓶转化为织物的内饰为例,这个再生材料的使用减少了生产中对原生资源的依赖,降低了生产过程中的碳排放。由此可见特斯拉的设计旨在减少浪费,并通过模块化设计延长产品的使用寿命,使其产品能够维修和升级,而不是频繁更换。

(2)创新性的高效动力系统

特斯拉的电动驱动技术构成了其环保创新的基石,特斯拉致力于高度集成化、智能化驱动系统的开发,在确保车辆性能的同时实现低能消耗。特斯拉通过采用的尖端电动机与精密调校的动力总成设计,实现在低能耗条件下的高扭矩输出,保证新能源汽车即时的加速响应与高速行驶时的稳定性。优化齿轮传动比,使动力传递过程中大大减少能量损失,显著增强了汽车的续航表现。在电池科技前沿,特斯拉持续探索,不仅在电池容量与能量密度上取得一定的成就,还积极研发无钴电池等新型材料,以此减轻对稀缺资源的依赖和环境压力。其先进的电池管理系统,凭借精准的温控与充放电策略,保障了电池组长期高效稳定运行,延长使用寿命,减少了资源的重复利用需求。车辆设计上,特斯拉追求空气动力学的极致,通过流线型设计减少风阻,提升汽车的能效。同时在材料选择上大胆使用铝合金和复合材料,轻量化车身,减少能耗的同时也不牺牲强度。特斯拉运用集成化设计,比如一体式压铸件,简化生产流程并减轻重量,进一步提升了能效。此外,特斯拉的智能动力控制系统可以根据驾驶情况动态调整电机功率,如在下坡道时的动能回收机制将刹车能量转化为电能,提升能源利用效率,并通过软件持续更新优化算法,确保动力系统始终处于高效状态(见图7—2)。

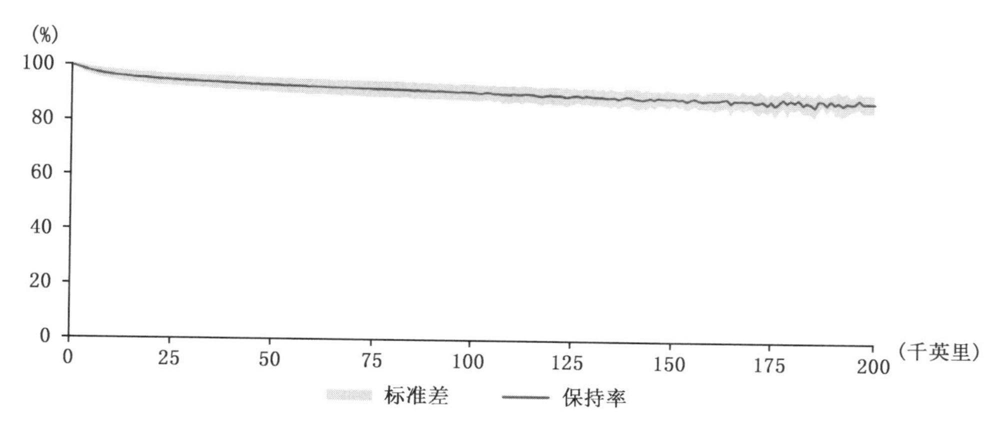

数据来源:特斯拉公司官网。

图 7—2 特斯拉 Model S/X 电池单位行驶里程的容量保持率

2. 生产制造:绿色工厂的实践

特斯拉的绿色制造实践体现了环境管理系统的高级形态,这与 ISO14001 环境管理体系标准一致,强调在生产过程中采取预防措施以减轻环境负担。特斯拉通过整合可再生能源和智能制造技术,实现生产过程的低碳化和资源高效利用,这符合工业生态学中的工业共生和生态工业园区概念。

特斯拉的 Gigafactory 是绿色制造理念的集大成者。这些工厂本身便被特斯拉设计成了环保理念的展示窗口,是高效能源利用的典范。Gigafactory 的屋顶布满了太阳能板,能够将太阳光直接转换为生产所需电能,大幅降低了生产过程中对传统电力网的依赖,有力证明了可再生能源在大型工业活动中的广阔应用前景。

在工艺流程策略上,特斯拉积极整合集成化和智能化技术,此策略体现特斯拉在高科技设备的部署上,也体现在特斯拉对生产流程的精炼与效率提升上。通过周密安排物料的流动路径与生产区域布局,特斯拉提升了资源使用的效能,削减了中间产品的库存积压及废料产出。加之智能管理体系的实施,确保了从原料投入产品出厂的每一步均在严格的质控下,最大限度减少了资源损耗,将对环境影响降至最低,体现了特斯拉制造体系的前瞻性和环境友好性(见图 7—3)。

3. 智能能源的解决方案:超越汽车的绿色愿景

特斯拉的智能能源管理系统是其绿色生态系统中不可或缺的一环(见图 7—4)。特斯拉的智能能源管理系统与 V2G(Vehicle-to-Grid)技术的应用,体现了能源互联网的先进理念,该理念强调分布式能源管理和智能电网的互动。这种系统性方法促进可再生能源的集成和能源系统的灵活性,符合能源经济学中对能源安全和可持续供应的关注。智能能源管理系统的核心在于其高度智能化与预测能力,它能够学习并适应驾驶者的习惯,它能够自动优化充电计划,会选择在电费较低的时段充电,帮助用户节省成本,同时缓解了电网在高

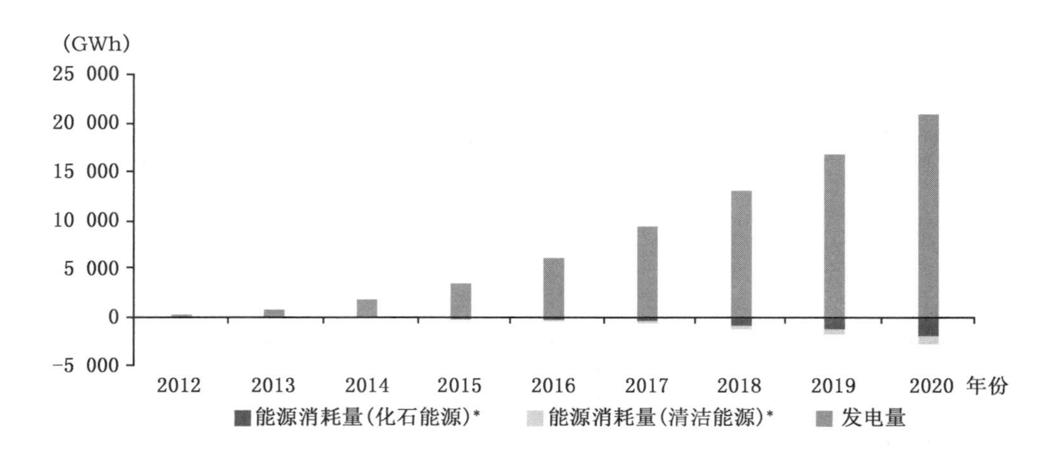

＊根据能源部和IEA提供的州和国家级电网数据进行估算。有关能源消耗量的详细解释,可参见附录。

数据来源:特斯拉公司官网。

图7—3 特斯拉太阳能电池板累计发电量与特斯拉各工厂的用电量对比

峰时段的压力,实现了能源分配的高效性。

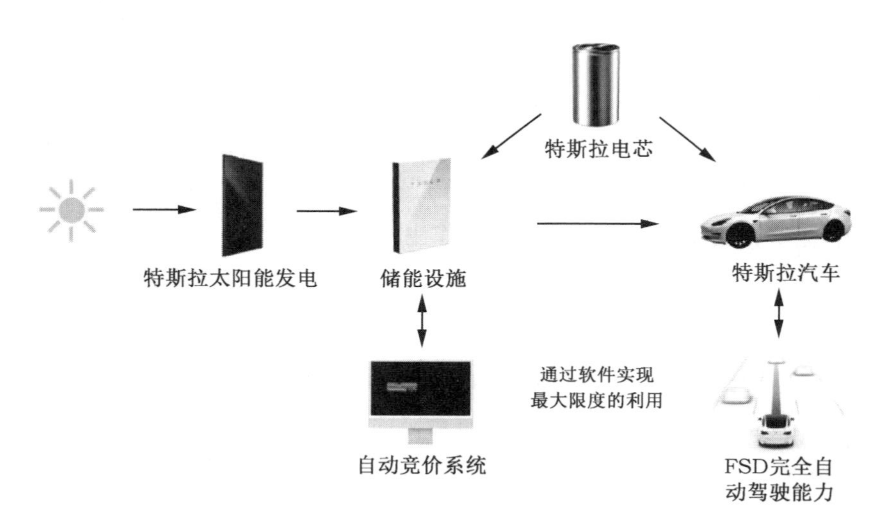

数据来源:特斯拉公司官网。

图7—4 特斯拉智能能源管理系统

同时,特斯拉正探索车辆到电网(V2G)技术,这标志着电动汽车不单纯只是交通工具,也是移动的储能单元(见图7—5)。在非高峰用电时段,特斯拉车辆可以充电储能。而在电网负荷高的时刻,这些车辆能够反向给电网馈电,平衡供需,极大地提升了整个能源系统的灵活性和韧性。V2G技术的成熟应用,将电动汽车转变为分布式能源网络的关键节点,对于可再生能源整合和电网稳定性具有深远意义。

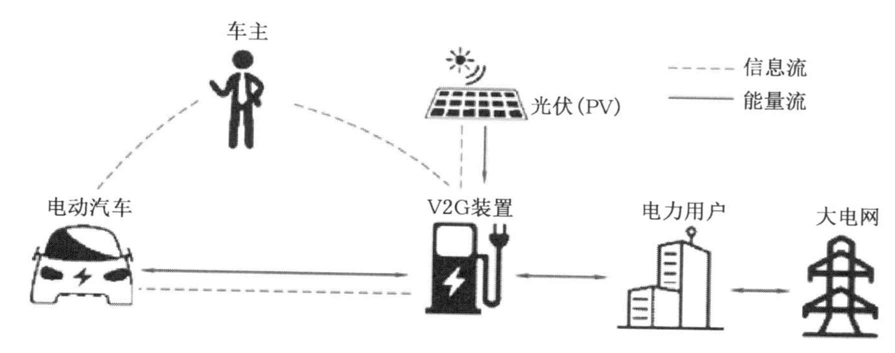

数据来源：特斯拉公司官网。

图7—5　特斯拉V2G技术概念图解

特斯拉智能能源管理系统与太阳能屋顶、Powerwall家用储能系统形成了紧密的协同，构建了一个自给自足的能源生态系统闭环。太阳能产生的电力既能满足家庭日常消耗，也能存储于Powerwall以备夜间或阴雨天气之需，多余电量则用于特斯拉汽车充电，完成了从能源生成至消耗的无缝连接，降低了对外部电网的依赖，减少了能耗和碳足迹。

4. 循环经济与资源再生：构建闭环价值链条的领航者

特斯拉在循环经济方面的努力与循环经济理论相辅相成，该理论提倡减少、重用、回收(Reduce，Reuse，Recycle)的3R原则。特斯拉的电池回收流程体现了产品全生命周期管理(Life Cycle Management)的实践，这在环境科学中被认为是减少资源消耗和环境污染的有效手段。特斯拉运用生命周期评估(LCA)，不仅在产品设计阶段就加入了可回收性和耐用性考量，而且在产品生命周期的末期建立了闭环的资源循环体系，以确保最大限度地再利用材料。

特斯拉深知电池是电动汽车中最重要且资源密集的组件之一，因此投入大量资源于电池回收技术的研发，以提高电池材料的回收率。如图7—6所示，其电池回收计划利用创新技术分离和提纯电池中的锂、钴、镍等贵重金属，这些材料随后被重新注入新的电池制造过程，减少了对原生材料的依赖，降低了资源开采和提炼过程中的环境损害。此外，特斯拉还探索退役电池的二次利用途径，将不再适合汽车使用的电池转用于固定储能系统，如电网级别的储能项目，或是家用和商业储能产品Powerwall，延长电池的使用周期，进一步实现了资源的高效循环利用。特斯拉公开报告其电池产品的环境表现数据，包括碳足迹、化学成分和资源回收情况，符合欧盟新电池法规中关于电池护照和透明度的要求。这种透明度增强了消费者和投资者的信任，同时展示了特斯拉在环境治理上的严谨态度。

5. 供应链优化：环境友好的关键一环

特斯拉的供应链管理策略与ESG中的“供应链管理与责任”原则一致，特斯拉强调供应链的透明度和道德采购，符合企业社会责任(CSR)理论中的延伸责任概念。通过绿色供应

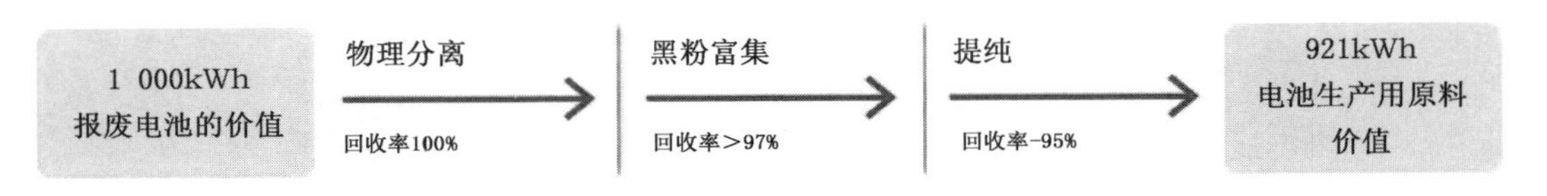

数据来源:特斯拉公司官网。

图7—6　特斯拉电池回收流程

链管理,特斯拉减少了公司的环境风险,同时促进了整个行业链的可持续发展,这与全球价值链理论中的升级和负责任的全球化原则相协调。

特斯拉不仅在自身生产中实施环保标准,更将这些要求扩展到供应商,确保整个供应链的可持续性。公司制定严格的供应商行为准则,要求合作方遵循环保和社会责任规范,从源头确保材料的道德和环境友好性,尤其是对关键矿物质(如钴)的供应链透明化管理,确保从开采到加工全程的环保与社会责任,有效减少了供应链的环境风险和潜在的社会问题。

特斯拉还致力于推动其供应链伙伴采用绿色技术,比如太阳能发电等可再生能源的使用,以及节能设备和工艺,减少生产中的碳足迹和资源消耗。通过技术共享和数据分析工具的运用,特斯拉提高了供应链的透明度和效率,减少了物流和库存管理中的浪费,同时增强了供应链的响应速度和灵活性。这种技术赋能策略不仅促进了资源的高效配置,也加深了与供应商的合作关系,为可持续发展项目提供了支持。

公司强调与供应商建立长期合作关系,共同投资于环保材料和清洁能源解决方案的研发,这种长期视角鼓励供应商向可持续技术的稳定投资,减少环境影响大的生产方式,带动了整个行业朝更加绿色的方向转变。特斯拉还将循环经济原则融入供应链管理,从产品设计阶段即考虑材料的可回收性,以及产品生命周期结束后的回收和再利用,通过与供应链伙伴共建闭环回收系统,确保产品和材料的循环再利用,减少了废弃物,提高了资源的循环率。

6. 挑战:环境领域的透明度之困

虽然特斯拉在环境方面表现卓越,但在透明度和可持续生产方面还存在一定的挑战。作为电动汽车行业的领头羊,特斯拉的产品直接推动了交通运输的绿色转型。然而,公司被排除在标准普尔500ESG指数之外,这一事件凸显出市场对于特斯拉在设定清晰、可衡量的减碳目标以及对外界公开其环保行动细节方面的期望值颇高。这意味着,特斯拉不仅要继续其在电动车领域的创新,还必须在公司整体的环境治理框架上下功夫,比如公开其长远的“碳中和”计划、详尽的减排路径和对环境影响的定期评估报告。这种透明度不仅能够增强投资者和消费者的信心,也是向更广泛的利益相关者展示特斯拉对环境责任承诺的关键。

(二)明社会短板,担社会责任——社会方面

然而,特斯拉在社会治理层面的挑战,为其ESG表现投下了另一重影子。劳动争议,如

长时间工作文化、员工福利问题以及工伤率，虽然公司逐步采取措施改善，但仍然面临公众审视，凸显了社会治理上的平衡问题。

1. 劳工关系与工作环境

特斯拉在劳工关系与工作环境领域面临的挑战，构成了其ESG框架下社会治理部分的核心议题。

特斯拉工厂，尤其是位于弗里蒙特的旗舰生产基地，多次引发了工作条件严苛和安全事故频发的热议。高工伤率的报道不仅超越了同行业的平均水平，甚至堪比某些传统高风险行业，这一定程度上反映了特斯拉的生产安全管理和员工保护措施的不足。高强度的劳动要求、频繁的加班文化，加剧了员工的身体与心理健康负担，影响他们的生活质量与工作满意度。

薪酬结构与福利待遇也是争议的来源之一，有声音指出特斯拉提供的薪资水平未达到行业基准，尤其在硅谷高昂生活成本的背景下，这无疑加剧了员工的经济压力。加之，公司与工会存在紧张关系，包括公司被指控侵犯员工组织权利和限制工作条件讨论等，反映了企业文化和管理风格上的摩擦，引来了国家劳工关系委员会的介入与法律纠纷，损害了企业的公众形象。

2. 消费者保护与产品责任

特斯拉的自动驾驶辅助系统，特别是Autopilot和“全自动驾驶”(FSD)功能，一直是舆论和监管关注的焦点。消费者和监管机构对技术的实际性能与宣传效果之间的差异表示担忧，担心过度营销可能误导消费者对系统真实能力的认知，从而在使用过程中放松警惕，引发交通事故。例如，德国消费者保护机构就曾因特斯拉对Autopilot功能的宣传提起了控诉，认为其声明夸大了系统的自动化程度。

特斯拉的车辆被报道过不少的安全事故，尤其是涉及自动驾驶功能方面，加深了市场对车辆安全性的忧虑，尽管特斯拉通过OTA(Over-The-Air)技术迅速回应问题，但也暴露了产品在上市前测试阶段可能存在疏漏，以及在技术成熟度和安全性验证上的挑战(见图7—7)。同时，频繁的产品召回可能会让消费者对特斯拉的产品质量产生疑问，影响其购买决策。

随着汽车智能化程度的提升，特斯拉车内摄像头和数据收集的做法同样引发了消费者对隐私保护的担忧。消费者认为，特斯拉对车辆数据的处理和存储方式不够透明，可能存在侵犯个人隐私的行为。特斯拉对此做出了回应，承诺严格遵守数据安全法规，保护消费者数据权益，但在全球数据保护法规日趋严格的背景下，这仍是一个需要持续关注的敏感话题。

全球市场的拓展对特斯拉提出了更高要求，不同国家和地区的消费者权益保护法律差异，要求公司在技术创新的同时，要具备高度的法律适应性和灵活性。以中国市场为例，特斯拉需要在创新与符合严格的行人保护标准之间找到平衡，这不仅涉及特斯拉的产品设计的调整，也可能影响市场准入和销售策略。此外，在中国发生的几起消费者在特斯拉门店

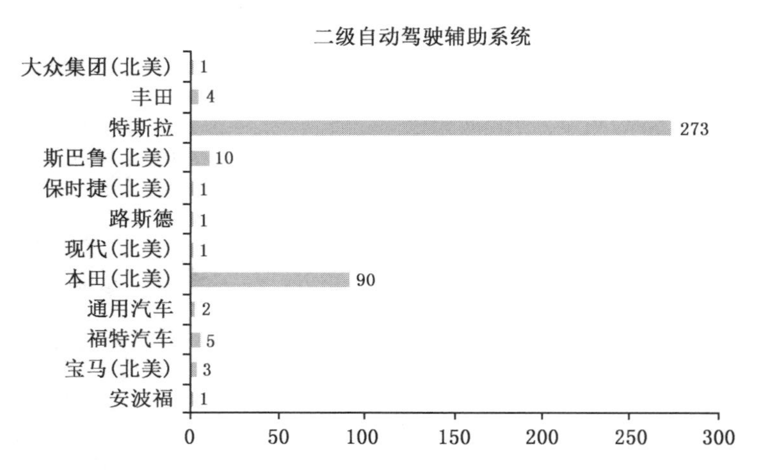

数据来源:特斯拉公司官网。

图7—7 2021年汽车公司自动驾驶事故统计数据

抗议的案例,也考验着公司处理危机和维护消费者权益的能力。

3. 社区关系和社会责任

特斯拉在新工厂选址与建设过程中,常常遭遇环境保护主义者的反对和社区居民的担忧。例如,特斯拉在德国柏林附近建设超级工厂时,遇到了来自环保组织和当地居民的强烈反对。抗议者主要关注工厂对自然保护区的影响,包括水资源的消耗、野生动物栖息地破坏,以及施工期间的噪声和尘埃污染等方面。此外,当地社区担心工厂的规模和交通流量可能会改变地区面貌,对基础设施造成压力,从而影响居民的生活质量。所以,特斯拉需要在推动产能增长的同时,妥善处理与地方社区的关系,确保项目在环保、社会责任和经济发展之间取得平衡。

尽管特斯拉在推动电动汽车普及和可持续能源方面做出了显著贡献,但特斯拉在公益捐赠和社会责任活动上的参与度和透明度有时受到公众和媒体的质疑。例如,相比其他大型企业,特斯拉在慈善捐款和社区支持项目上的公开记录较少,这可能影响其在公众心中的社会责任形象。因此,特斯拉公司需要更加积极主动地展示其在社会责任领域的努力和成效。

(三)知治理不足,善公司治理——治理方面

1. 董事会独立性和管理层监督

特斯拉董事会的独立性问题主要源自其独特的治理结构和首席执行官埃隆·马斯克的强大个人影响力。马斯克作为特斯拉的灵魂人物,他的远见和创新能力是推动公司快速发展的重要因素之一,但因此也引发外界对于董事会能否在必要时独立于马斯克做出决策的质疑。特别是,考虑到董事会成员与马斯克在其他商业实体中的交叉投资联系,如在

SpaceX 和其他科技初创企业的共同投资，这些联系加剧了外界对董事会在处理涉及马斯克个人利益事务时，能否保持决策独立性的疑虑。尽管特斯拉已采取相关措施以增强董事会独立性，诸如引入新的独立董事成员与设立专项委员会来监督马斯克的活动，但这些举措的有效性仍需通过实际案例的考验，尤其是在应对马斯克引发的公共争议和法律挑战时，董事会的应对策略与决策速度成为评估其独立性与监督效能的试金石。

特斯拉在管理层监督方面的挑战，主要体现在对马斯克个人行为的规范上。马斯克频繁活跃于社交媒体即兴互动，尤其是通过 Twitter 平台发表未经审核的言论，曾多次触发市场波动和监管机构的介入，这对特斯拉内部的管理层行为监督机制构成挑战，削弱了投资者对该公司治理结构的信心。例如，马斯克关于特斯拉私有化的不当推文引发的美国证券交易委员会(SEC)调查及其后续法律纷争，一定程度上表明了特斯拉在监督和约束公司最高管理层行为方面尚存空白(见图 7—8)。

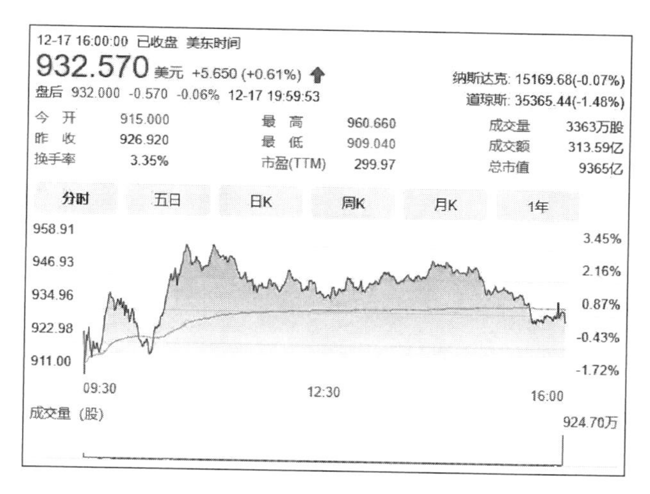

图 7—8　马斯克不当推文后特斯拉股价波动

2. 多样性、平等与包容性

特斯拉在多样性、平等与包容性(DEI)的实践过程中，面临一系列深刻而复杂的挑战，这些挑战不仅折射出企业文化与管理层面的内在矛盾，也对公司的长远发展和社会形象构成了显著影响。

特斯拉高层管理团队在性别和种族上比例失衡，映射出组织内部的多样性和包容性缺失。在特斯拉 2020 年的多样性报告中，公司领导层中男性占比高达 78%，白人员工占比为 59%。这种失衡在高层管理中的体现，可能会向下渗透，影响整个组织的文化和决策过程。同时领导层的高度集中性可能阻碍了不同背景人才的上升通道，这种做法限制了多元化思维在决策过程中的融合，进而影响公司的创新潜力和竞争力。此外，这种结构上的不平衡还可能加剧组织文化中对多样性的忽视，形成一种隐性或显性的排斥氛围(见图 7—9、图 7—10)。

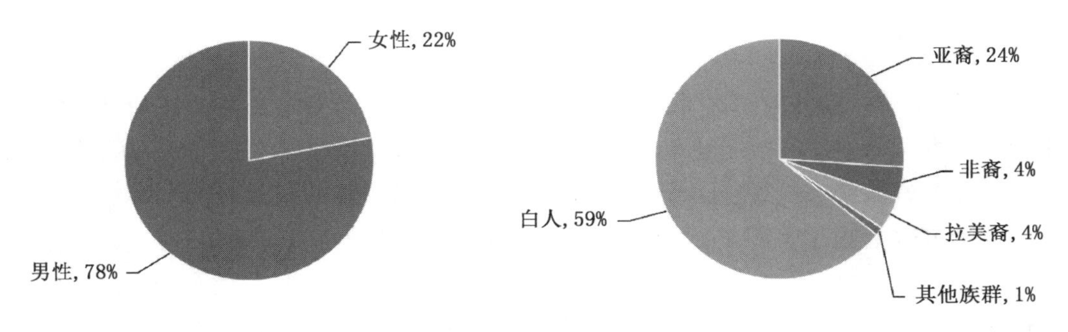

图 7—9 女性在特斯拉美国员工中的占比　　图 7—10 不同族裔在特斯拉领导层中占比

特斯拉公司内部关于歧视的指控,特别是种族歧视案例的层出不穷,这一定程度上展现出特斯拉在维护平等职场环境上的不足,特斯拉 CEO 埃隆·马斯克对 DEI 政策的公开批评,如称其为另一种形式的歧视,加剧了外界对公司是否真正致力于创建一个包容性环境的质疑。这种态度与言论的不一致,可能削弱了员工的归属感和外界的信任,对吸引和保留多样化人才构成了直接挑战。

特斯拉在对外沟通其 DEI 进展和挑战时的透明度不足,导致外界难以评估特斯拉实际改进的程度。这种信息不对称削弱了公众和投资者的信心,也可能影响潜在人才的选择,他们越来越倾向于选择那些在 DEI 方面有着良好记录的雇主。因此,增强透明度,定期发布详细的 DEI 报告,展示具体改进措施及其成果,对于重塑特斯拉的公共形象至关重要。

(四)观市场表现,探财务绩效——绩效方面

企业积极履行 ESG 责任是否以及如何影响企业财务绩效的问题备受各界的广泛关注,关于企业 ESG 表现与其财务绩效之间的关系,学术界目前存在不同的见解。一种观点认为 ESG 表现能够对企业的盈利能力产生正面影响。例如,徐建中等(2018)提出,企业在环境保护方面的投入能够促进研发创新和清洁生产,这有助于提升产品竞争力和附加价值,从而对盈利水平产生积极作用。刘轶芳等(2024)发现企业 ESG 表现能够提升投资者信心,进而显著改善了企业经济效益。此外,企业积极履行社会责任不仅能够提高其声誉和品牌形象,吸引消费者、投资者和合作伙伴,还能够扩大生产规模,促进收益增长,提高企业价值。另一种观点则认为,ESG 活动可能会增加企业的支出,与企业价值呈负相关关系,即那些 ESG 表现较好的企业在财务绩效上并不一定表现优异。还有第三种研究认为 ESG 表现对企业价值没有显著影响。由于目前还未形成统一结论,可能会影响企业推动 ESG 理念的积极性。

ESG 评级所关注的许多实质性议题都能从多角度影响公司的财务绩效。根据 MSCI 评级结果,特斯拉 2019—2023 年的 ESG 评级分别为 B、BBB、A、AA、AA,整体呈提升趋势,

那么这是否会影响特斯拉的财务绩效？由此，本文将从财务绩效方面分析特斯拉的财务报表整体、偿债能力、营运能力、盈利能力，进而探究 ESG 表现与财务绩效的关系。

1. 财务报表整体分析

(1)资产负债表主要项目分析

从表 7—1 可以看出，特斯拉公司的流动资产从 2019 年的 121.00 亿元增长至 2023 年的 496.20 亿元，增长近三倍。这主要得益于公司销售额的增加和现金流的改善。非流动资产同样呈现稳步增长，从 2019 年的 222.10 亿元增加到 2023 年的 570 亿元。这表明特斯拉在扩大生产能力、增加研发投入和购置固定资产方面进行了大量投资。总资产因此也实现了显著增长，增长了近两倍。流动负债从 2019 年的 106.70 亿元增加到 2023 年的 287.50 亿元，增长近一倍半。非流动负债在此期间呈现出先下降后略有上升的趋势，从 2019 年的 155.30 亿元降至 2021 年的 108.40 亿元，然后增至 2023 年的 142.60 亿元。这反映了公司在长期财务规划和债务管理方面的策略调整。总负债从 2019 年的 262.00 亿元增加到 2023 年的 430.10 亿元，增长速度略低于资产增长，这与特斯拉 ESG 评级整体评分上升趋势相契合。

(2)利润表主要项目分析

表 7—1　　2019—2023 年特斯拉公司资产负债表主要项目分析　　单位:亿元

项目	2019 年	2020 年	2021 年	2022 年	2023 年
流动资产合计	121.00	267.20	271.00	409.20	496.20
非流动资产合计	222.10	254.30	350.30	414.20	570.00
流动负债合计	106.70	142.50	197.10	267.10	287.50
非流动负债合计	155.30	141.70	108.40	97.31	142.60
总资产	343.10	521.50	621.30	823.40	1 066.00
总负债	262.00	284.20	305.50	364.40	430.10

数据来源:CSMAR 数据库。

从表 7—2 可以看出，特斯拉公司的营业收入呈现显著增长趋势。从 2019 年的 245.80 亿元增长到 2023 年的 967.70 亿元，五年内增长了近三倍。这主要得益于公司电动汽车市场的不断扩大、产品线的日益丰富以及全球销售网络的扩张。营业成本也相应增长，但增速略低于营收。这意味着随着销售量的增加，特斯拉在一定程度上实现了规模经济，单位产品的成本有所降低。营业利润在 2019 年出现负值(—0.69 亿元)，这是由于当年研发投入较大所致。研发投入较大，说明其在低碳减排技术方面加大了力度，这正是其在环境方面的优异成绩在财务方面的反映。

表 7—2　　2019—2023 年特斯拉公司利润表主要项目分析　　单位:亿元

项目	2019 年	2020 年	2021 年	2022 年	2023 年
营业收入	245.80	315.40	538.20	814.60	967.70
营业成本	205.10	249.10	402.20	606.10	791.10
毛利	40.69	66.30	136.10	208.50	176.60
研发费用	13.43	14.91	25.93	30.75	39.69
营销费用	26.46	31.45	45.17	39.46	48.00
营业费用	41.38	46.36	70.83	71.97	87.69
营业利润	—0.69	19.94	65.23	136.60	88.91
持续经营税前利润	—6.65	11.54	63.43	137.20	99.73
持续经营净利润	—7.75	8.62	56.44	125.90	149.70
净利润	—7.75	8.62	56.44	125.90	149.70
归属于普通股股东净利润	—8.62	7.21	55.19	125.60	150.00
归属于母公司股东净利润	—8.62	7.21	55.19	125.60	150.00
全面收益总额	—8.03	12.61	53.35	121.70	151.90

数据来源:CSMAR 数据库。

从 2020 年开始,营业利润转为正值,并呈逐年增长趋势。这表明特斯拉在提升产品竞争力和运营效率方面取得了积极成果。净利润和归属于普通股股东及母公司的净利润也呈现出增长态势,表明公司在实现盈利的同时,也为股东创造了价值。全面收益总额从负值转为正值,并逐年增长,表明特斯拉公司的整体经济效益正在不断提升。由此看来,特斯拉 ESG 表现的提升,在一定时期内有助于其利润的增长。

(3)现金流量表主要项目分析

从表 7—3 可以看出,特斯拉公司的现金流量净额显示经营活动中产生的现金流入不断增加,表明公司的主营业务在不断产生稳定的现金流,其产品或服务的销售带来了可观的收入,说明特斯拉在市场中获得了足够的竞争力,能够持续实现盈利。虽然投资活动持续产生负的现金流量净额,但这是由于特斯拉正在积极投资于其长期增长和业务发展。同时,公司在筹资活动方面表现出灵活性,从 2021 年开始,筹资活动的现金流量净额由正转为负值,表明公司开始偿还债务或回购股票,转向更为稳健的财务策略,依赖内部资金满足其运营和投资需求。由此,特斯拉 ESG 表现的提升,在一定时期内有助于维护财务健康状况。总体而言,特斯拉公司的现金流量净额表明其财务健康状况良好,有足够的现金流支持其未来的投资和扩张计划,这也有助于特斯拉积极践行 ESG 责任,提升其 ESG 表现,实现良性循环。

表 7—3 **2019—2023 年特斯拉公司现金流量表主要项目分析** 单位：亿元

项目	2019 年	2020 年	2021 年	2022 年	2023 年
经营活动产生的现金流量净额	24.05	59.43	115.00	147.20	132.60
投资活动产生的现金流量净额	−14.36	−31.32	−78.68	−119.70	−155.80
筹资活动产生的现金流量净额	15.29	99.73	−52.03	−35.27	25.89

数据来源：CSMAR 数据库。

2. 偿债能力指标分析

(1)资产负债率

资产负债率是企业负债总额与资产总额之间的比例，反映了企业的资产中有多少是由负债支持的。从表 7—4 可以看出，资产负债率从 2019 年的 76.36%下降到 2023 年的 40.34%，特斯拉公司的资产负债率在五年间经历了显著的下降。特斯拉公司资产负债率的下降表明公司在逐步减少债务融资，增加权益融资或内部积累，这有助于降低财务风险，提高财务稳健性。

表 7—4 **2019—2023 年特斯拉公司偿债能力指标**

偿债能力	2019 年	2020 年	2021 年	2022 年	2023 年
资产负债率(%)	76.36	54.49	49.17	44.26	40.34
流动比率(倍)	1.13	1.88	1.38	1.53	1.73
速动比率(倍)	0.8	1.59	1.08	1.05	1.25

数据来源：CSMAR 数据库。

(2)流动比率

流动比率从 2019 年的 1.13 增加到 2020 年的 1.88，然后在 2021 年降至 1.38，接着在 2022 年回升至 1.53，最后在 2023 年上升至 1.73。流动比率的波动表明特斯拉公司在短期偿债能力方面存在一定的不稳定性。较高的流动比率通常意味着公司有足够的流动资产覆盖其流动负债，从而具有更强的短期偿债能力。特斯拉公司在 2020 年和 2023 年具有较高的流动比率，这与其在这些年份的营运资本管理和现金流状况有关。

(3)速动比率

速动比率从 2019 年的 0.80 增长到 2020 年的 1.59，然后在 2021 年下降到 1.08，接着在 2022 年略降至 1.05，最后在 2023 年回升至 1.25。速动比率与流动比率类似，也呈现出一定的波动性。速动比率更侧重于公司能够迅速转换为现金的流动资产，以偿还其流动负债。虽然速动比率在 2021 年和 2022 年略有下降，但整体而言，特斯拉公司的速动比率在改善，表明其快速偿债能力在增强。

总体而言，特斯拉公司在过去几年的偿债能力指标呈现出一定的波动性，但整体上呈现出改善的趋势。尽管在某些年份中，流动比率和速动比率有所下降，但资产负债率逐年下降,公司的长期偿债能力和财务灵活性增强,从而能更好地应对市场变化和潜在的经济风险。特斯拉ESG评级提升,有助于增强投资者和债权人的信心,信心可以转化为更好的市场机会,降低融资成本,提高资金使用效率,从而提高特斯拉的偿债能力,从而能够更好地应对市场波动和潜在的经济压力。

3. 营运能力指标分析

(1)应收账款周转率

从表7—5可以看出,应收账款周转率从2019年的21.63次增长到2023年的29.96次,应收账款周转率整体呈上升趋势。应收账款周转率的提高表明特斯拉公司应收账款的回收速度加快,客户信用管理有效,坏账风险降低,资金利用效率提高。

表7—5　　2019—2023年特斯拉公司营运能力指标

营运能力	2019年	2020年	2021年	2022年	2023年
应收账款周转率(次)	21.63	19.65	28.34	33.49	29.96
存货周转率(次)	6.15	6.51	8.16	6.52	5.98
总资产周转率(次)	0.77	0.73	0.94	1.13	1.02

数据来源:CSMAR数据库。

(2)存货周转率

存货周转率从2019年的6.15次增长到2021年的8.16次,然后下降到2023年的5.98次。存货周转率的波动反映了特斯拉公司在库存管理和供应链效率上的变化,下降的趋势暗示公司面临库存管理上的挑战,或者是由于市场需求的变化导致。

(3)总资产周转率

总资产周转率从2019年的0.77次增长到2023年的1.02次,整体呈上升趋势。总资产周转率的提高表明特斯拉公司利用其总资产产生销售收入的能力在增强。这是由于公司资产利用效率的提高,或者销售收入的增加。

总体而言,特斯拉的营运能力呈现出积极的趋势,但仍需持续关注和改进。特斯拉公司的营运能力在过去几年中得到提升,体现在应收账款周转率、总资产周转率的上升上。然而,存货周转率的下降,提示公司需要加强库存管理和提高供应链效率,这恰恰也折射出特斯拉在公司治理方面可能存在的一些缺陷。

4. 盈利能力指标分析

从表7—6和图7—11可以看出,销售毛利率从2019年的16.56%提升到2021年的25.28%,这表明特斯拉优化其成本结构,保持了销售收入的稳定增长。值得注意的是,2021年至2022年,销售毛利率几乎保持不变,仅从25.28%小幅增加到25.60%。然而,到了2023年,销售毛利率突然下降到18.25%,这是五年来的最低水平。这可能是由于市场竞争加剧、原材料成本上升、产品降价因素导致。此外,特斯拉在社会责任方面的负面事件,如Autopilot系统在美国的事故占据了涉及先进辅助驾驶系统的事故近70%,可能也会引发消费者对特斯拉安全性的担忧，由此影响销量，造成销售毛利率下降。

表7—6　　2019—2023年特斯拉公司盈利能力

盈利能力	2019年	2020年	2021年	2022年	2023年
销售毛利率(%)	16.56	21.02	25.28	25.60	18.25
净资产收益率(%)	−14.94	4.99	21.04	33.53	27.94
总资产净利率(%)	−2.69	1.67	9.66	17.38	15.87

数据来源：CSMAR数据库。

(1)销售毛利率

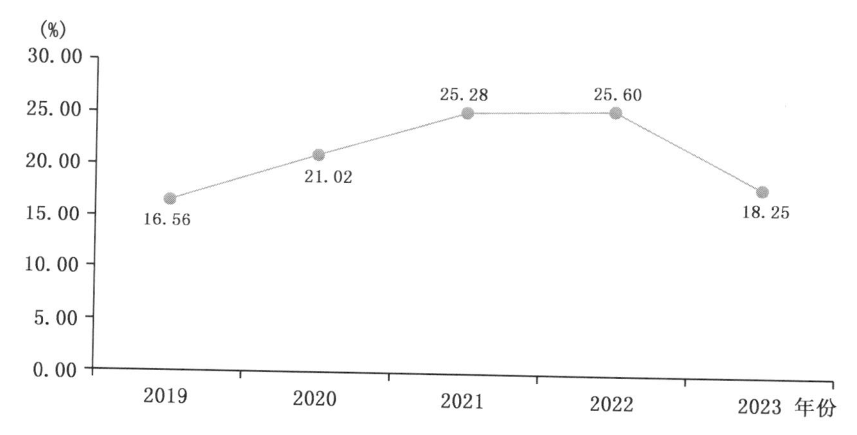

数据来源：CSMAR数据库。

图7—11　2019—2023年特斯拉公司销售毛利率

(2)净资产收益率(ROE)

净资产收益率从2019年的负值(−14.94%)跃升到2020年的正值(4.99%)，然后持续增长至2023年的27.94%。ROE的显著改善表明特斯拉公司在利用股东权益产生净利润方面的能力不断增强。这反映了公司盈利能力的提升以及资本运用效率的提高。特别是2021年至2023年间，ROE保持在高水平，显示出特斯拉的强劲盈利能力和资本管理能力。

(3)总资产净利率(ROA)

类似于ROE，总资产净利率也从2019年的负值(−2.69%)增长至2020年的正值(1.67%)，并持续增加到2023年的15.87%。ROA的增长意味着特斯拉公司利用其总资产产生净利润的能力得到了显著提升。这表明公司在资产管理和运营效率方面取得了显著进步。尽管2023年的ROA略低于2022年的水平，但仍保持在健康的水平上。

总体而言，特斯拉公司在2019—2022年保持着较高的销售毛利率，净资产收益率和总资产净利率显著增长，这表明其盈利能力和投资回报整体比较可观。然而，2023年这三大比率的下降是一个值得关注的信号，公司需要进一步分析其背后的原因，对社会责任等方面的负面事件给予充分重视,并采取相应的措施维持其长期的盈利能力与投资回报。

(五)审行业地位,鉴态势分析——行业对比

在整车上市公司2023年MSCI ESG评级当中,特斯拉被评为AA级,而在中国主要整车上市公司MSCI ESG评级当中,也可以发现ESG表现不凡的车企。作为我国经济活动的重要参与者,汽车行业承担着极为重要的经济责任、环境责任和社会责任。全面推动可持续发展在企业经营管理中的战略引领作用,正逐渐成为中国汽车行业企业高质量发展的重要工作。良好的ESG表现有助于提升企业价值。企业积极践行ESG理念,主动降低生产经营对环境的影响、积极承担社会责任并不断完善公司治理,在创造社会价值的同时也提高了企业声誉、增强了自身市场竞争力,还有助于降低融资约束水平和风险,进而提升企业财务绩效和内在价值,实现社会效益和经济效益的双赢。为了更好地评估特斯拉的ESG表现及为给出提升其ESG评级的建议,本部分将针对新能源动车同行业进行对标分析,指出特斯拉目前在ESG领域尚未布局或者考量的内容。对此,选取了同行业ESG表现较佳的企业进行剖析(见表7—7)。

表7—7　2019—2022年主要新能源汽车公司MSCI ESG评级

企业	2019年	2020年	2021年	2022年	2023年
特斯拉	B	BBB	A	AA	AA
比亚迪	A	A	A	AA	A
吉利汽车	BBB	BBB	BBB	A	AA
东风汽车	BB	BB	BBB	BBB	BB
长安汽车	BB	B	B	B	A
上汽集团	B	B	B	B	CCC

资料来源:MSCI数据库。

1. 环境保护

(1)碳排放对比

特斯拉在减少碳排放方面表现出色,尤其是在范围二(外购电力)的排放上,表现优异。其温室气体排放强度低,每辆车的排放低于大多数同行(见表7—8)。

表7—8　各大车企排碳承诺与预期

企业	减碳承诺			减碳预期
	提出脱碳目标	制定减碳时间表与路线图	开展范围一、二、三碳核算	排放目标与全球目标一致性
特斯拉				失调
丰田汽车	√		√	严重错位

续表

企业	减碳承诺			减碳预期
	提出脱碳目标	制定减碳时间表与路线图	开展范围一、二、三碳核算	排放目标与全球目标一致性
比亚迪				失调
本田汽车			√	对齐
理想汽车-W			√	对齐
小鹏汽车-W	√			失调
吉利汽车	√	√	√	严重错位
长城汽车	√			严重错位
蔚来-SW				失调
北汽蓝谷				失调

数据来源：各企业 ESG 报告。

同时，特斯拉在范围三（全生命周期）排放中占比低，新能源车的碳足迹控制效果明显。然而，特斯拉在供应链排放方面仍有提升空间，范围三排放占比较高。此外，数据获取和计算方法的准确性问题也需改进，以提高数据透明度。特斯拉和大众集团的温室气体管理目标已获得科学减碳倡议组织（Science Based Targets initiative，SBTi）的认可。而国内企业尚未取得该组织的联系与认可，这一点特斯拉走在了行业前端。

（2）中外车企的废弃物管理披露

在新能源电车行业中，电池回收的重要性不容忽视。随着电动车的普及，废旧电池数量不断增加。电池回收不仅能够有效减少有害物质对环境的污染，还能回收宝贵的金属资源，如锂、钴和镍，减少对新矿物的依赖。此外，电池回收有助于降低生产成本，提高资源利用效率，从而推动整个电动车产业的可持续发展。因此，建立完善的电池回收体系是实现绿色出行目标的重要一步。新能源汽车销量 2022 年增长 78%，电池装机量增长 130%，但是在快速发展过后是电池和汽车的产能过剩。这就需要加快绿色体系建设，如动力电池拆解梯次利用，就是把动力电池拆解下来经过拆解技术和再组装技术，大电池变小电池，重复利用，能够完整推进整个新能源汽车行业的绿色发展（见表 7—9）。

表 7—9　　各大车企议题实践情况

议题实践情况		理想	比亚迪	小鹏	特斯拉	本田	蔚来
废弃物管理与循环经济	危险废弃物处理	√	√	√			
	固体废弃物处理与循环利用	√	√	√	√		√
	动力电池回收	√	√	√	√	√	√
	整车报废回收	√					√

数据来源：各企业 ESG 报告。

特斯拉和大众集团已经建立了自己的电池回收生产线,而在中国,新能源车企如比亚迪、蔚来、理想和小鹏等还没有采取相应的措施。目前,国内的电池回收主要由电池和电池材料生产厂商布局,例如宁德时代(300750.SZ)旗下的邦普循环和赣锋锂业等。

2.社会治理

(1)利益相关者——员工

电动汽车市场需求正在迅速增长,各大厂商纷纷加快产能扩张。然而,在这一快速扩张过程中,新能源车企在社会绩效管理方面存在诸多需要改进的地方。首先是劳工和员工相关的问题。汽车生产企业通常规模庞大,雇用大量制造业员工和管理人员。从而,企业有一套针对各个岗位以及业务线工作人员的管理标准与模式是十分重要的。否则将会出现劳工纠纷,导致企业运作出现问题,影响该板块的得分。国内部分车企被指员工福利和工作环境差、加班时间长、招聘流程不规范等问题;这些行为在公众和潜在求职者中引发了负面评价,损害了公司的公众形象。总的来说,随着电动汽车市场的快速发展,新能源车企需要更加重视社会绩效管理,尤其是在劳工权益和员工福利方面。只有在提升产能的同时,保障员工的合法权益和工作环境,才能实现企业的可持续发展并赢得公众和市场的信任。

从图7-12可以明显看出,车企高层管理中性别多样性严重不足,这几乎是车企行业的通病。而车企高层管理中性别多样性不足的可能原因包括以下几点:首先,汽车行业传统上被认为是男性主导的领域,尤其是在工程和制造等方面,女性的参与度相对较低。其次,女性在职业发展过程中可能面临更多的障碍,如性别偏见以及工作与家庭平衡的挑战,导致她们在高层管理职位上的比例较低。此外,一些企业缺乏支持女性职业发展的政策和文化环境,如缺少弹性工作安排、职业培训和晋升机会,这也限制了女性在高层管理中的比例。这样的现象可能会限制企业在决策、创新和管理上的多样化思维和能力。故特斯拉等车企应该在员工招聘、工作、留存、工作环境、福利待遇等方面思考是否存在性别歧视而进一步进行员工性别优化与改进,此问题从未来汽车行业长远发展来看不可小觑。

(2)利益相关者——消费者

与同行相比,特斯拉在产品安全方面具有以下优势和特点:

主动安全技术领先:特斯拉的自动驾驶系统(Autopilot)和全自动驾驶(FSD)功能在行业内具有领先地位。虽然其他汽车制造商也在开发自动驾驶技术,但特斯拉通过其OTA软件更新不断改进和增强这些功能,使其车辆在主动安全性方面保持领先。

软件更新的优势:特斯拉通过无线软件更新(OTA)提供持续的安全功能改进,而许多传统汽车制造商在车辆出厂后无法轻易进行软件更新。这种持续改进的能力使特斯拉能够迅速修复漏洞、优化性能,并添加新功能。

电池安全管理:特斯拉在电池管理系统(BMS)和电池组设计方面的技术也处于行业领先地位。尽管其他电动汽车制造商(如比亚迪、蔚来等)在电池技术上也有很大投入,但特

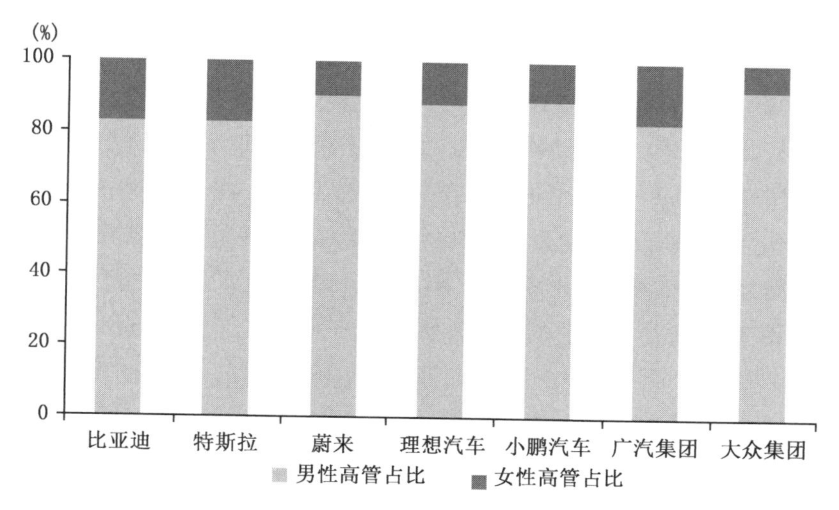

数据来源：企业公开披露资料、妙盈研究院。

图 7—12　各车企高管性别结构

斯拉的多层保护机制和热管理系统被认为是最先进的之一。

碰撞测试成绩：特斯拉车型在全球各大碰撞测试中的表现尤为出色。例如，特斯拉 Model 3、Model S 和 Model X 在 NHTSA（美国国家公路交通安全管理局）的碰撞测试中均获得五星安全评级。此外，Model 3 在欧洲的 Euro NCAP 测试中也表现优异。这些成绩显示了特斯拉在车辆结构设计和碰撞安全性方面的领先地位。

数据驱动的改进：特斯拉通过大量的数据收集和分析来改进其安全系统。相比之下，一些传统汽车制造商在数据收集和实时分析方面的能力相对较弱，这使得特斯拉能够更快速地响应和解决安全问题。

行业创新：特斯拉在电动汽车安全方面的创新也推动了整个行业的进步。例如，其对电池起火和热失控的处理经验和技术，为其他制造商提供了宝贵的参考。

尽管如此，其他新能源汽车制造商也在积极追赶。例如，比亚迪在电池技术方面也取得了显著进展，蔚来汽车在换电技术和智能化方面有独特的优势，传统汽车制造商如大众和奔驰也在电动车领域加大投入，并在安全技术上不断提升。

总体而言，特斯拉在产品安全性方面的创新和领先优势显著，但随着市场竞争的加剧和其他厂商技术的不断进步，整个行业的安全水平也在逐步提升。

3. 公司治理

在特斯拉 2023 年所披露的 ESG 报告中，不难发现关于公司治理的篇幅几乎没有。在妙盈数据库中找到的相关企业披露信息表明特斯拉和理想指定审计委员会作为监管统筹机构，且特斯拉称其职责仅包含对 ESG 披露和 ESG 报告的会计评估范围内的事务负责。这说明特斯拉并未构建完整的 ESG 公司治理体系，公司高管也未对 ESG 治理有相关发展布局,其ESG治理架构在工作范围上十分有限,且没有设置显著性专门机构,在这点上已经受到市场的诟病,这一现状相对于国内车企也远远落后。而研究表明,股东作为一个多元化群体,其愿望和需求并不限于财务绩效。企业应当有更多元的目标,应该采取行动满足不同利益相关者的需求。从股东利益最大化到ESG表现,企业目标呈现多元化发展趋势,不再仅以财务绩效为唯一目标,非财务绩效(ESG表现)的影响力越来越大。

在新能源车企中,比亚迪和蔚来的ESG治理架构相对完善。比亚迪的董事会对集团的ESG策略和报告承担全部责任,并在2021年设立了CSR委员会和专责ESG工作组。实际执行由ESG工作组和商业督导小组共同负责。蔚来则建立了明确的三层ESG治理架构,由专门的ESG委员会和指导团队分别负责监督、协调和执行。出色的ESG绩效往往依赖于一套权责明确、高效清晰且强有力的ESG治理架构。一个有效的ESG治理架构应覆盖各个层级,全面负责ESG、可持续发展和气候变化相关的职责和事项。一个成功的策略是设立专门的委员会和领导团队,以及工作小组来推动和执行ESG理念。深化践行社会责任理念、完善ESG治理,是新时代对汽车行业的必然要求,也是汽车行业融入国际主流、接轨国际规则的客观需要。所以特斯拉的ESG治理是否能做好,还要走很长的路,第一步就是从内开始进行自我建构,形成自己的ESG标准稳步发展。

“不畏浮云遮望眼,自缘身在最高层”——案例总结

诚然,减碳是以“特长生”特斯拉为代表的新能源汽车ESG表现的一大亮点,也符合我国力争2030年前实现“碳达峰”、2060年前实现“碳中和”的目标。但是新能源汽车公司的ESG表现还包括很多其他内容。除了环境方面的表现,新能源汽车还应当注重公司社会责任和公司治理方面的表现。低碳“特长生”特斯拉欲拿到ESG高分,可从以下方面努力:

(一)环境方面(E)

1.深化环保设计理念,扩展绿色工厂模式

特斯拉应进一步深化其环保设计理念,不仅在产品设计上注重环境友好,更应推广至整个产品生命周期的管理,包括使用和废弃阶段的环保措施。特斯拉的Gigafactory作为绿色制造的典范,应进一步扩展其模式,包括在其他生产基地实施类似的环保措施,如增加太阳能板的使用,优化能源管理和废物回收系统。

2.创新智能能源管理,加强电池回收利用

特斯拉应继续在智能能源管理系统上进行创新,如开发更智能的能源调度算法,优化V2G技术,以及探索与智能家居系统的整合。应与供应商建立更紧密的合作关系,共同开发环保材料,推广绿色物流,减少供应链中的环境影响。此外,特斯拉应加强电池回收技术的研发,提高电池材料的回收率,并探索退役电池在其他领域的再利用,如固定储能系统。

(二)社会方面(S)

1. 建立和谐劳工关系，优化职工薪酬福利

特斯拉应通过改善工作条件、减少工伤率和提供足够的休息时间来改善劳工关系，同时建立有效的沟通渠道，让员工能够表达自己的关切。并且，应定期审查薪酬结构，确保其竞争力，并提供全面的福利计划，以减轻员工的经济压力，提高员工满意度。

2. 强化顾客安全保护，增强顾客信任程度

特斯拉应确保其自动驾驶辅助系统的安全性，避免过度营销，并提供透明的产品信息，以增强消费者信任。同时，应加强数据保护措施，确保消费者隐私不被侵犯，并对外公布其数据保护政策，提高透明度。

3. 积极参与社区发展，主动承担社会责任

特斯拉应通过与当地社区合作，积极投身于环境保护项目，如植树造林、清洁能源推广和生态保护计划。同时，公司可以设立教育基金，支持环境科学课程，培养下一代对可持续发展的认识。此外，特斯拉还可以参与社区基础设施的升级，如建设充电站网络，支持公共交通系统的电动化，以及改善社区交通设施，从而提高居民生活质量，促进社区的可持续发展。

(三)治理方面(G)

1. 提倡团队多样包容，加强反对性别歧视

特斯拉应通过多元化招聘和晋升政策，提高女性和少数族裔在高层管理团队中的比例，创建一个真正包容的工作环境。制定并执行强有力的反歧视政策，确保所有员工都能在没有歧视的环境中工作，并提供培训以提高员工对多样性和包容性的认识。

2. 主动进行信息披露，积极回应公众期待

特斯拉应主动提高透明度，通过定期发布全面的 ESG 报告，向公众和投资者展示公司在环境、社会和治理方面的表现和进步。如多样性、平等与包容性(DEI)的具体举措和成效、碳足迹和能源效率的改善，以及公司治理结构和政策的更新。此外，特斯拉还应提供第三方审计的验证，确保信息的真实性和可靠性，从而建立和维护公众的信任，同时响应投资者对企业社会责任的期待，展示其对可持续发展的承诺。

3. 适应全球法律环境，建立法律合规团队

特斯拉应确保其全球业务遵守当地的法律法规，特别是在消费者权益保护方面，并及时应对法律环境的变化。特斯拉在全球运营时必须确保其业务活动与当地法律法规相符，特别是在消费者权益保护、数据隐私和环境保护等领域。公司应建立一个法律合规团队，持续监控和评估不同国家和地区的法律变化，确保迅速响应并调整业务策略。此外，特斯拉应积极参与法律制定过程，通过与政策制定者沟通，为新兴技术制定合理的法规提供意

见,同时保障公司利益和消费者权益。通过这种前瞻性的合规管理,特斯拉能够在全球市场中稳健发展,同时树立负责任的企业形象。

思考题

特斯拉在环境方面的卓越表现是否能够弥补其在社会责任和公司治理方面的不足?如何平衡环境、社会和治理三方面的表现,以提升整体ESG评级?结合案例分析,提出特斯拉在社会责任和公司治理方面的改进措施,以便在未来的ESG评估中取得更高的综合评分。

参考文献

[1]周谧,甄文婷.新能源汽车与传统汽车的生命周期可持续性评价[J].企业经济,2018(1):129—134.

[2]李海芹,张子刚.CSR对企业声誉及顾客忠诚影响的实证研究[J].南开管理评论,2010,13(1):90—98.

[3]郝皓,张继,张骞.循环经济下我国动力电池回收逆向物流发展对策[J].生态经济,2020,36(1):86—91.

[4]王琳璘,廉永辉,董捷.ESG表现对企业价值的影响机制研究[J].证券市场导报,2022(5):23—34.

[5]徐建中,贯君,林艳.基于Meta分析的企业环境绩效与财务绩效关系研究[J].管理学报,2018,15(2):246—254.

[6]刘轶芳,李霞,郑依依,等.我国企业ESG表现对其经济效益的影响研究——基于沪深上市企业[J].中国环境管理,2024,16(1):34—41,26.

[7]田敏,李纯青,萧庆龙.企业社会责任行为对消费者品牌评价的影响[J].南开管理评论,2014,17(6):19—29.

[8]王琳璘,廉永辉,董捷.ESG表现对企业价值的影响机制研究[J].证券市场导报,2022(5):23—34.

[9]Chen,Y.,Li,T.,Zeng,Q.,et al. Effect of ESG Performance on the cost of Equity Capital:Evidence from China[J]. International Review of Economics &Finance,2023,83:348—364.

[10]高玲玲,牛雨虹,徐珂.考虑ESG因素的新能源汽车企业价值评估——以比亚迪为例[J].财会月刊,2024,45(1):95—101.

[11]龚文.ESG与碳中和实现的路径与思考[J].中外企业文化,2023(12):6.

[12]刘杰勇.企业ESG表现与财务绩效的关系类型差异及原因分析[J].财会月刊,2024,45(9):56—61.

[13]朱琳.建立ESG系列团体标准,助推中国汽车行业持续高质量发展[J].可持续发展经济导刊,2024(Z1):19—22.

八、胡努特鲁电厂案例分析[①]

内容提要　胡努特鲁电厂是土耳其最大的混合电站，由中国能建华东院设计，上海电力、中航国际成套设备有限公司和土耳其当地股东方共同开发建设。电厂装备了两台66万千瓦的燃煤发电机组，配套建设了烟气脱硫和脱硝装置，总装机容量132万千瓦，年供电量超90亿度，满足400多万土耳其人的用电需求，并带动了当地1 500多人就业。2022年，电厂两台机组顺利投入商业运行，引入了中国高端燃煤发电技术，采用"烟塔合一"二次循环冷却方案，将烟气排放浓度降至世界公认标准的1/5以下。2023年5月，电厂一期21兆瓦光伏发电项目实现全容量并网，标志着中国技术、中国方案、中国设备在土耳其的成功落地，推动了当地能源结构的转型。电厂的建设对当地经济和就业产生了积极影响，同时也高度重视环境保护。尽管电厂毗邻地中海，是濒危物种绿海龟和易危物种蠵龟的产卵繁殖区，但电厂的建设并未对海龟的生存造成影响。胡努特鲁电厂的成功，体现了共建"一带一路"倡议的精神，即共商共建共享，跨越不同文明、文化、社会制度、发展阶段差异，开辟了国际合作的新框架。本文将从电厂建设前、建设过程中以及建成后的环境、社会治理、经济发展等方面展开分析，并得出实用的建议和结论。

案例介绍

胡努特鲁电厂，是上海电力在土耳其的境外投资，它是土耳其中间走廊计划和我国"一带一路"建设的双赢，也是ESG驱动能源高质量发展的典范。对于境外投资也有一定的借鉴作用。面对与中国完全不同的法律、社会和环境时，我们不仅要关注可持续发展，更要做好法律国别尽调。土耳其区域位置优越，是亚洲、欧洲和非洲三大洲交界处，基础设施完善，具有利好的投资政策。在国内政策方面，土耳其政府注重吸引外国投资，自从20世纪80年代开始，推行自由和开放的经济政策。颁布了多项针对外商投资的激励计划，土耳其

---

① 指导教师：高桂林（首都经济贸易大学）；学生作者：杨婷（首都经济贸易大学）、郑馨思（首都经济贸易大学）、汪帅（首都经济贸易大学）。

公布的官方报告中,投资主要在于可再生能源和提高能源效率。在对外合作方面,土耳其签订了多项保护外国投资的国际条约,比如《双边协定》和《避免双重征税协定》。这些协定加强了土耳其和其他国家的合作,减少了贸易壁垒。

土耳其虽然不是欧盟成员国,但是很多政策向欧盟靠拢,比如2006年土耳其开启了有关环境和气候变化政策的入盟谈判,2014年土耳其部分通过了欧盟的《工业排放指令》。欧盟一直致力于全球气候治理和绿色转型,将大量资金投入可持续性、低碳经济和绿色新政。土耳其作为新兴经济体,也是欧洲公共银行、欧洲投资银行和欧洲复兴开发银行气候融资的最大接受国。上海电力胡努特鲁电厂项目严格按照欧盟环保要求、土耳其当地要求和国际通用标准规范及相关技术标准设计,采用降低煤耗、节约成本、减少排放的技术,有效提升项目的经济性和节能环保性,为土耳其经济发展做出贡献。我们对项目中的欧盟环保要求、土耳其当地要求和国际通用标准进行了梳理。

在欧盟环保要求中,重要的一环就是环评,《环境影响评估指令》规定,对环境产生重大影响的项目必须获得开发许可和对其影响进行评估。欧盟还对燃煤电厂环境保护及排放做出规定,比如“最佳可行技术”文件,该法令本质上是欧盟官方环境控制参考性文件,是针对NOx的排放指标给出的范围值,同时也给出了达到排放水平所采用的最佳可行技术。IED标准,则是为了提高标准执行有效性。关于欧盟气候治理相关法案,我们主要说一下和电厂相关的法案,包括前面提到的工业排放指令和净零工业法案,工业排放指令针对不同燃料的排放限额有所规定,净零工业法案给2050年达到净零排放的企业提供最佳条件。应在不降低环境保护水平的前提下,实现任何简化所需评估和授权的可能性。关于燃煤电厂污染物控制技术,其中有我们熟知的碳捕捉和碳储存技术(Carbon Capture and Storage, CCS)。由于胡努特鲁电厂所在地是属于生物多样性热点地区,里面的绿海龟是濒危保护动物,我国和土耳其又是生物多样性公约的缔约国,因此该地区受生物多样性公约的保护。梳理土耳其当地要求,我们发现,同样关注的内容也是环评和对濒危动物的保护。比如土耳其环境法和土耳其报告环境影响评估条例都提到建设基础设施(比如火电厂)需要进行环评。土耳其农业及林业部有关于保护海龟的通知。土耳其《工业空气污染控制条例》也规定了采用最佳生产处理技术,减少企业对环境的有害影响,碳排放量不超过本条例规定的排放限值。关于ESG披露国际标准,主流的GRI、SASB、ISO26000等信息披露标准各有侧重,体现出不同国家、地区差异化的制度特征。不同的披露标准也导致ESG信息披露框架和评价指标的不同,从而对披露质量和信息获取程度产生极大的影响。因此把ESG分成E、S、G三个部分。E-环境管理体系(EMS),全世界都公认ISO14001(环境管理体系认证),最近有了新的修订内容,相关方可以提出和气候变化相关的要求。S的标准有两大体系可供参考,一个是ISO26000(社会责任指南),一个是SA8000(社会责任标准)。G的标准主要是两大体系,一个是ISO37000(组织治理),一个是G20/OECED公司治理原则。

案例分析(一)

(一)环境方面分析

1. 胡努特鲁发电厂的客观地理环境

胡努特鲁发电厂位于土耳其阿达那省尤穆塔勒克县,该城市位于土耳其南部伊斯肯伦湾沿岸。那里是许多爬行类、无脊椎动物的栖息地,还是全球濒危动物鸢尾类鸟类和濒危植物蓼科酸模属的生存家园,生物多样性价值十分突出。这些动植物都受到《保护欧洲野生动物与自然栖息地公约》和世界自然保护联盟(IUCN)的保护。例如,被 IUCN 评定为“濒危”等级的绿海龟(Chelonia Mydas),在海洋生态系统中扮演着重要的角色,和鱼群、海底珊瑚等植物组成了一个十分复杂的生态环境。每年 4 月至 9 月,绿海龟都会从海底游到就近的沙滩交配、产卵、孵化,因此这段时间也被土耳其定为海龟保护季。海滩附近温度和沙滩环境是影响海龟生长和繁衍的重要因素,如果海滩附近温度在 28℃以下,孵化出来的海龟都是雄性,如果海滩附近温度在 31℃以上,孵化出来的海龟就是雌性。在 28℃～31℃之内,雄性和雌性都有可能。而沙滩是否污染、被破坏则会影响绿海龟对巢穴的选择。所以生物学家以及环境科学家都会通过绿海龟每年的繁殖情况了解海洋生态环境状况和质量。因此海龟的筑巢地在当地受到法律保护,土耳其农业及林业部关于保护海龟的第 2009/10 号通知有着明确规定。除绿海龟外,该地区还有极危物种非洲鳖(Trionyx Triunguis),三种特有植物阿勒颇松(Pinus Halepensis)、黄芪属豆科植物(Astragalus Subuliferus)和圆叶柴胡(Bupleurum Polyactis),两种全球濒危植物物种黄花鸢尾(Iris Xanthospuria)和蓼科酸模属植物(Rumex Bithynicus)以及 10 种欧洲濒危物种。每年会有 17 种鸟类在尤穆塔勒克县越冬或繁殖,所以该地区还受到《生物多样性公约》(中国和土耳其均是公约缔约方),以及《保护欧洲野生动物与自然栖息地公约》保护。

土耳其位于地中海盆地,是全球气候脆弱程度最高的地区之一。土耳其国家气象服务局报告表明,2018 年土耳其发生了 871 起极端气候事件,土耳其两个对气温增加易感地区之一就是西地中海(Western Mediterranean)区域,即伊斯肯德伦湾所在地。土耳其的地理位置处于安纳托利亚断层带,安纳托利亚断层带是一个地震活动非常活跃的区域,2011、2020、2023 年均发生过 6 级以上地震,对发电厂的建设是个非常大的挑战。

2. 土耳其政府在环境监管中的态度以及土中两国合作的政策背景

在胡努特鲁发电厂建设之前,土耳其的空气污染状况较为严重。阿达那省是土耳其最重要和发展最快的地区之一,集工业、农业和贸易发展与交流于一体。伊斯肯德伦湾大区域土壤、水和动物重金属含量的研究发现,工业和农业活动已对该地区造成了严重污染。①尤穆塔勒克所在的伊斯肯德伦湾土壤中的重金属含量已经超过土耳其和世卫组织的标准,即胡努特鲁等任何新建煤炭发电厂项目只会加剧环境污染。这被认为对公共健康和生计尤为不利:鉴于该地区具备理想的气候条件、地理特征、土壤肥力和灌溉条件,当地的主要经济活动是农业。阿达那省的空气污染与工业发展、交通业直接相关,并呼吁当地政府在制定政策时重点考量土耳其的空气质量改善策略。② 有学者专门研究了土耳其地震对空气污染的影响,地震释放的危险物质如石棉、铅等其他毒素,以及不当的废弃物处理和采矿业、炼油设施的存在,都对空气、土壤和水源造成了显著威胁。③ 据欧洲环境署(EEA)的调查,土耳其97.2%的城市人口已经处于不利于健康的可吸入颗粒物(PM10)浓度中。④ 目前土耳其政府已经批准巴黎气候协议,并且表明了土耳其的主要目标是在2030年之前将温室气体排放量减少21%。⑤ 土耳其24家地方政府(代表土耳其25%的人口)承诺将履行责任,到2030年前将全球升温控制在1.5℃之内。2014年12月,土耳其修订了《工业空气污染控制条例》(SKHKKY),引入了更为严格的污染限制标准。2020年土耳其修订了《土耳其环境法》,明确了废物产生者负责废物处理的责任并提高了相应处罚力度,还包括对重点空气污染区域或特定时间段采取管理措施,保护生物多样性等内容。土耳其法院在早些时候取消了一所位于布纳兹(Burnaz)海岸新煤炭发电厂的修建,原因在于其对环境、空气质量以及气候变化的影响较大。土耳其温室气体的排放一半以上来自能源和工业部门,实现可再生能源开发、提供能源利用效率、改进能源使用技术成为土耳其本土投资开发的重点需求,因此需要寻找新的能源合作伙伴。

我国在可再生能源技术领域的先进经验和专业知识,特别是在太阳能和风能的开发与应用方面,对土耳其能源结构的转型和升级具有深远的影响和重要意义。随着全球能源需求的不断增长和环境保护意识的提高,土耳其正致力于构建一个更为多元化和可持续的能源系统,以减少对化石燃料的依赖,降低温室气体排放,并提高能源安全。我国在太阳能领域的技术进步,包括高效率的光伏电池、先进的太阳能跟踪系统以及创新的太阳能集成解决方案,为土耳其提供了宝贵的技术支持和合作机会。通过引进和吸收我国的先进技术,土耳其可以有效地提高太阳能发电的效率和可靠性,加快太阳能项目的开发和部署,进而

---

① YÜzereroğlu, T. A., Gök, G. & Çoğun, H. Y. et al. Heavy Metals in Patella Caerulea (Mollusca, Gastropoda) in Polluted and Non-polluted Areas from the Iskenderun Gulf (Mediterranean Turkey)[J]. Environ Monit Assess, 2010(167):257—264. https://doi.org/10.1007/s10661-009-1047-x.

② Pekdogan, Tugce, Mihaela Tinca Udriştioiu & Hasan Yildizhan et al. From Local Issues to Global Impacts: Evidence of Air Pollution for Romania and Turkey[J]. Sensors, 2024(24):1320. https://doi.org/10.3390/s24041320.

③ Zanoletti, A. & Bontempi, E. The Impacts of Earthquakes on Air Pollution and Strategies for Mitigation: A Case Study of Turkey[J]. Environ Sci Pollut Res, 2024(31):24662—24672. https://doi.org/10.1007/s11356-024-32592-8.

④ 欧洲环境署(EEA),https://www.eea.europa.eu/en,访问日期:2024—5—18.

⑤ 土耳其将通过巴黎协议加强应对气候变化的斗争[EB/OL]. https://baijiahao.baidu.com/s?id=1711957178021529913&wfr=spider&for=pc,访问日期:2024—5—18.

推动其太阳能产业的发展和成熟。我国在风能技术方面也已经积累了丰富经验,包括大容量风力发电机组的设计、制造和维护,以及风电场的规划、建设和运营。这些技术和经验可以帮助土耳其优化风能资源的开发,提高风电的发电效率和经济效益,同时确保风电项目的可持续发展和环境友好性。此外,我国在智能电网、储能技术以及能源管理等方面的创新,也为土耳其构建智能化、高效化的能源系统提供了有力的技术支持。通过智能电网技术,土耳其可以实现不同能源形式的有效整合和优化调度,提高能源供应的稳定性和可靠性。而储能技术的应用,则有助于解决可再生能源的间歇性和不稳定性问题,保障能源供应的连续性和灵活性。

我国与土耳其在能源领域的合作不仅有助于土耳其实现能源结构的转型,也促进了双边经贸关系的发展和科技交流。通过技术交流、联合研发、项目合作等多种方式,两国可以在可再生能源领域实现互利共赢,共同推动全球能源的可持续发展。通过深化合作,两国可以共同应对全球能源和环境挑战,推动实现绿色、低碳、可持续的能源未来。

3. 胡努特鲁发电厂在环境方面的具体做法

基于土耳其的特殊地理条件,以及土耳其与我国在能源、科技、环境治理等方面的多重合作,胡努特鲁电厂的开发与建设包含了两国政府的合作和期许,也承担了经济发展、环境治理以及当地社区接受度的多重考验和压力。

胡努特鲁发电厂在设计初始就考虑了土耳其阿达那省尤穆塔勒克县的地理条件,胡努特路发电厂的抗震等级设计达到了 9 级。2023 年 2 月,土耳其连续发生了两次 7.8 级强烈地震,地震的能量相当于 130 颗原子弹的爆炸,胡努特鲁电厂离震中仅有 110 千米,已经处于强震区域,周围的 3 家电厂都因为地震而受到严重的影响,无法正常运行,胡努特鲁电厂也受到强震冲击,但仅有一处发电厂受到冲击,整体上并无更大的损失。胡努特鲁发电厂引入了中国最高端的燃煤发电技术,采用“烟塔合一”二次循环冷却方案,有效降低了烟气排放浓度至世界公认标准的 1/5 以下。这表明在建设过程中,电厂高度重视减少污染物排放。电厂建设配套了烟气脱硫和脱硝装置,这些环保设施有助于减少二氧化硫和氮氧化物的排放,进一步保护空气质量。

由于发电厂的选址是濒危物种绿海龟和易危物种蠵龟的产卵繁殖区,因此发电厂在管理组织上专门成立了海龟保护组织部门,分配专门人员负责海龟保护工作,清理海滩的垃圾和污染。还设置了专门的文明施工队,定期清理海滩上的塑料和垃圾,以防海龟误食,海龟保护部门的工作人员还要在海龟繁殖期将沙滩清理干净,保障刚孵化出来的小海龟能够没有阻碍地游进海里。此外,项目部在这期间都会严格执行各种规定,白天禁止噪声及海滩休闲活动,夜间禁止施工和强光照明,充分保障海龟繁殖的自然环境。在海龟保护季邀请专家宣讲,让员工以及在海滩上游玩的公众能够学到更多关于海龟保护的常识。

胡努特鲁发电厂的环评与建设并非完全顺利,在火电项目的环评过程中,对 PM10 的评估依旧参照2014年更新之前的宽松法规。然而,更新后的法规已经设定了日均和年均的污染标准,但环评报告所采纳的月度监测数据仍旧沿用了2014年的旧标准,这使得环评在预测项目可能造成的实际污染水平和健康风险时,存在偏差和误导。尽管环评报告试图评估空气污染的累积效应,却未披露其评估所依赖的具体数据。鉴于多个工业项目与居住区的接近性,公众对环评方法和结果的疑虑加深。预计胡努特鲁燃煤电厂的 CO_2 排放量将达到500万吨以上,这一预测凸显了准确评估污染及其影响的必要性。鉴于该燃煤电站位于阿达纳市中心,了解当地政府的态度变得尤为关键。胡努特鲁燃煤电站与曾被取消的发电厂位于同一区域,另有一所距离努特鲁燃煤电站20千米的煤炭发电厂也被取消,理由是拟建区域内有特有植物和两栖物种。2019年9月11日,胡努特鲁燃煤电站收到尤穆塔勒克政府罚款,原因是在未取得许可的情况下建设码头。由于无照施工,罚款金额为900万土耳其里拉(约990 000美元)。码头建设已经对当地野生动物产生了负面影响。土耳其环保组织认为胡努特鲁燃煤电站至少违反了两项土耳其法律规定,即林业和水务部关于海龟保护的第2009/10号年度报告,以及2014年更新的《土耳其工业空气污染控制条例》(SKH-KKY)。

该项目还有违部分国际标准和法律:违反了《欧洲野生动物和自然生境保护公约》第4条和第6条(未能保护濒危物种及其栖息地),土耳其是该公约的缔约方。此外,该项目不符合欧盟《大型燃烧装置的最佳可行技术参考文件》,没有达到规定的排放限制。该项目未遵守《生物多样性公约》第8d、8k和14c条,未能保护自然栖息地、维持(从而执行)濒危物种保护立法,未能保障"就可能对生物多样性产生重大不利影响的活动交流并协商"。中国和土耳其都是《生物多样性公约》缔约方。土耳其环保组织注意到项目环评对空气污染数据研究方法有缺陷,且对累积影响和濒危物种分析不足。因此,环评不能作为可信或有效文件。根据国际最佳实践和规范,环评应当严谨、透明、系统且准确。因此,当地环保组织认为胡努特鲁燃煤电厂的环评不能被认定符合上述基本标准。此外,国际上也正在从煤炭融资转型。由于环境、气候和金融的原因,超过45家银行和金融机构逐渐将其资产和投资从煤炭行业转移出去。亚洲开发银行、欧洲复兴开发银行和世界银行等多边银行正在退出或将其融资转离煤炭行业。土耳其环保组织发布的资料中还提到中国发布数项积极的绿色金融政策,指导中国海外投资。中国海外投资和绿色金融政策的共同点是中国投资者须遵守东道国法律以及国际标准和规范,例如《绿色信贷指引》第二十一条要求:"银行业金融机构应当加强对拟授信的境外项目的环境和社会风险管理,确保项目发起人遵守项目所在国家或地区有关环保、土地、健康、安全等相关法律法规。对拟授信的境外项目公开承诺采用相关国际惯例或国际准则,确保对拟授信项目的操作与国际良好做法在实质上保持一致。"《绿色信贷指引》第四条要求,"银行业金融机构应当有效识别、计量、监测、控制信贷业务活动中的环境和社会风险,建立环境和社会风险管理体系,完善相关信贷政策制度和流程管理",以及第十九条"银行业金融机构应当加强信贷资金拨付管理,将客户对环境和社会风险的管理状况作为决定信贷资金拨付的重要依据。在已授信项目的设计、准备、施工、竣工、运营、关停等各环节,均应当设置环境和社会风险评估关卡,对出现重大风险隐患的,可以中止直至终止信贷资金拨付”。基于对项目影响的分析,土耳其环保组织认为胡努特鲁燃煤电站不符合《绿色信贷指引》要求,因此任何银行贷款理应撤回或终止。

4. 环境污染问题的妥善解决

土耳其胡努特鲁电厂在建设之初,绿发会等国际国内环保组织以及相关机构都对其可能产生的环境与空气污染提出了担忧和质疑,主要集中于该电厂的污染物排放以及冷却水污染问题。为了应对这些外界质疑,胡努特鲁电厂在设计施工过程中体现出了充分重视环保,积极履行社会责任的良好姿态。在脱硫、脱硝、工业废水、生活污水等方面的投资超过7亿元人民币。

其一,关于空气污染的影响,根据欧洲环境署(EEA),土耳其97.2%的城市人口已经处于不利于健康的可吸入颗粒物(PM10)浓度中。2014年12月,土耳其《工业空气污染控制条例》(SKHKKY)对污染提出更严苛的限制。然而在胡努特鲁火电项目的环境影响评估中,对PM10值的要求是基于2014年之前发布的旧版、不太严格的《条例》版本进行评定。此外,更新后的条例规定了每日与每年的污染限制;然而,项目环评中规定的月测量数据也采用了过时的2014年之前污染限制要求;因此就项目实际污染和健康风险来看,环评对污染的预估不准确且具有误导性。虽然项目环评包括对当地空气污染的累积评估,但并没有披露在评估过程中采用的数据,由于数个工业厂址与社区紧邻从而引发众人对方法和相应结果的关注。为了应对这些外界的质疑,胡努特鲁电厂也采取严格的污染物排放标准,并采用了先进的污染物排放预处理技术。由于该项目坐落在地中海岸边,为了尽量减少对环境的影响,项目一体化建设脱硝、除尘、脱硫系统,不断优化设计和工艺,降低二氧化硫、氮氧化物、一氧化碳等有害气体排放量。例如,为了降低煤耗、减少污染物排放,项目部采用压力等级最高的超超临界燃煤发电技术,极大提高燃煤机组的效率,减少总用煤量,降低污染物排放。同步配套建设烟气脱硫和脱硝装置及专用煤码头,采用循环水冷却塔烟塔合一建造技术,使烟气排放浓度降低到世界公认标准的1/5以下。

其二,冷却水造成的重金属环境污染。关于伊斯肯德伦湾大区域土壤、水和动物重金属含量的研究为我们提供了充分的证据。结论是工业和农业活动已对该地区造成了严重污染。通过研究表明,尤穆塔勒克所在的伊斯肯德伦湾土壤中的重金属含量已经超过土耳其和世卫组织的标准,即胡努特鲁等任何新建煤炭发电厂项目只会加剧环境污染。这被认为对公共健康和生计尤为不利:鉴于该地区具备理想的气候条件、地理特征、土壤肥力和灌溉条件,当地的主要经济活动是农业。为了降低胡努特鲁电厂发电降温冷却水对环境的不利影响,将项目一次循环冷却水方案优化为“烟塔合一”二次循环冷却水方案。烟气物通过冷却塔热力抬升后排放,使烟气在高空中得到了充分的扩散和稀释,大大降低落地浓度。排水量大幅降低为一次循环方案的1.7%,海水取水点大幅后退了1 000米,排水温升由原来的7℃降到小于1℃,这些都大大减小了对海洋生态环境的影响。优化卸煤设备,运用链斗式卸船机方案,从根本上杜绝了原煤污染海水的现象。通过加装覆盖胶带、安装防护罩等方式,有效防止了粉尘的扩散和污染。原煤储存采用欧罗仓,相较传统露天和仓储煤场,欧罗仓全封闭、无扬尘。

5.生物多样性的保护

胡努特鲁燃煤电站所在地——尤穆塔勒克县是生物多样性热点地区,具有《保护欧洲野生动物与自然栖息地公约》保护地位的诸多物种,包括世界自然保护联盟(IUCN)红色名录中爬行类、植物、无脊椎动物。其中最受关注的,是项目所在地是绿海龟的筑巢区域,该物种被IUCN评定为“濒危”等级。根据土耳其农业及林业部关于保护海龟的第2009/10号通知,该物种筑巢地受法律保护。除绿海龟外,该地区还有极危物种非洲鳖(Trionyx Triunguis),分布于尤穆塔勒克县潟湖的淡水系统。每年4月1日至9月30日是海龟交配、产卵、孵化季,也是土耳其自然保护和国家公园总局严格巡查的海龟保护季,规定从海岸边界线向陆地方向1 000米范围内均为海龟保护区,在此保护季和保护区内施工,必须严格执行各种规定,比如白天禁止噪声、海滩休闲,夜间禁止施工和强光照明等。

由于项目旁是濒危动物绿海龟的产卵地,每年4—9月,绿海龟到这里的沙滩上产卵。为了保护这一珍稀濒危物种,不影响其产卵,胡努特鲁电厂项目部主动邀请土耳其海龟保护专家进行全员管理培训,按照《海龟保护专项规定(专家签字版)》严格落实。之后,土耳其胡努特鲁电厂员工依照培训内容设置并采取了多种措施。一是在海龟产卵期码头工程停止施工;二是设计了跨海龟产卵地大桥;三是在产卵区附近采用长波长光源,控制亮度和散射;四是不定期组织志愿者清理沙滩上塑料袋、塑料罐等垃圾和杂物,为小海龟返回大海提供便利。海龟属于冷血动物,它们的性别取决于繁殖时的环境温度。也就是说,如果发电厂对当地气候造成显著影响的话,就会影响海龟的性别。但实际情况和人们担忧的刚好相反,发电厂来到这里后,并未影响海龟的自然繁殖和性别比例。2023年7月,土耳其专家连续第三年进入海龟保护核心区,发现海龟繁殖和海龟生存得非常好,存活数量比往年有很大提升,再次肯定了中国建设者采取的措施和责任。工程期间,土耳其国家广播电视台两次将焦点投向土耳其胡努特鲁电厂。报道肯定了项目在生态环境保护方面作出的努力,对项目采取的各项环保措施表示赞赏。报道进一步增强了土耳其民众对项目的认识和理解。

6.应对气候变化和可再生能源结构转型

土耳其位于地中海盆地,是气候脆弱程度最高的地区之一。土耳其国家气象服务局报告表明,2018年土耳其发生了871起极端气候事件,这是自1940年以来,年发生极端气候相关事件数量创下新高。土耳其两个对气温增加易感地区之一就是西地中海区域,即伊斯肯德伦湾所在地。据估计,胡努特鲁燃煤电厂在建成投产后的CO_2排放量将超过500万吨。2019年12月,土耳其24家地方政府(代表土耳其25%的人口)承诺将履行责任,到2030年前将全球升温控制在1.5℃之内。而位于阿达纳省省会阿达纳市的胡努特鲁燃煤电站则面临着更为严格的气候变化影响标准。阿达纳市市长 Zeydan Karalar 曾公开发表声明，强调阿达纳市对减缓气候变化的决心。考虑到土耳其面临的气候危机，以及政府对应对气候变化的承诺，土耳其社会组织认为，建造一座煤厂将有损于土耳其短期和长期利益。

为了应对这一严峻的国内形势，更好地开展胡努特鲁电厂的建设工作，并获得国际社会和本国政府的支持。该项目充分利用了厂区屋顶、空地、边坡以及周边丘陵地带建设新能源项目，将土耳其胡努特鲁电厂转型为混合电站。在全球能源结构进行“低碳化”转型的大背景下，电厂增加清洁能源发电，能够有效降低用电率，提升电厂的经济性和竞争力，增加电厂在复杂市场环境下的抗风险能力。有利于电厂在土耳其树立低碳、清洁的品牌形象，有利于上海电力在土耳其的深耕发展。根据土耳其能监会的混合电厂政策，土耳其胡努特鲁电厂最多可获得 100 兆瓦可再生能源容量额度。截至 2022 年 6 月，已获得 47.9 兆瓦可再生容量的接入许可，已获得 80.73 兆瓦环评许可证书，计划 2022 年建设 47.9 兆瓦光伏电站。在取得以上对气候变化和可再生能源结构转型的成就后，胡努特鲁电厂打算继续以胡努特鲁混合电站为依托，继续在土耳其并辐射周边国家开发新能源项目，增加可再生能源装机容量，为促进解决全球气候变化问题贡献企业力量。

（二）社会方面

1. 震中供电助力重建

胡努特鲁电厂位于土耳其的阿达纳省，这里是地震频繁的地区。在 2023 年 2 月，土耳其连续发生了两次 7.8 级强烈地震，地震的能量相当于 130 颗原子弹的爆炸，震中的建筑物几乎都被夷为平地，道路也被破坏，造成了 5 万多人死亡。胡努特鲁电厂离震中仅有 110 千米，已经处于强震区域，周围 3 家电厂都因为地震而受到严重影响，无法正常运行，胡努特鲁电厂也受到强震冲击，2 号发电机组在地震后出现氢气泄漏问题，一旦处置不力，可能导致停机，甚至危害人身安全。

然而，地震后的灾区又急需用电，发电机组不可能完全停下。土耳其能源部多次来电，要求作为阿达纳省主力电源点的胡努特鲁电厂务必承担起灾区能源保障的重任。在此危急时刻，土耳其胡努特鲁电厂立刻成立专业组织机构，制定了相应的技术措施，在不停机的情况下隔离泄漏的氢冷气，从而保障了 2 号机组可以可靠发电。通过四天三夜的奋战，胡努特鲁电厂最终通过抢修解决发电机氢气泄漏问题，保障了两台机组的正常运转。胡努特鲁发电厂凭借有效地应对，保障了电厂在地震后稳定运行，成为当地唯一一家没有间断运行的发电厂，让当地人民感到惊讶和欣慰。胡努特鲁电厂在为地震灾区撑起一方电力保护伞的同时，也为灾区恢复通信、实施搜救、应急抢修提供了重要援助，为地震抢险和电力保供立下汗马功劳，受到土耳其能源部高度评价。同时也受到境内外媒体的广泛关注，仅中国中央电视台就通过 3 个频道、8 档栏目、9 次播出胡努特鲁电厂震后持续稳定运行的有关情况。胡努特鲁电厂在救灾中的突出贡献和优秀的应对措施,也极大地提高了我国在国际社会中被认可度,成功树立了我国是负责任的国际大国形象。

2. 拉动当地社会经济发展

胡努特鲁电厂的主要设备是两台66万千瓦的燃煤发电机组,配套建设烟气脱硫和脱硝装置,项目总装机容量132万千瓦,投产后每年向土耳其供应电力超90亿度,保障了400多万土耳其人用电,并带动当地1 500多人就业。其中,胡努特鲁电厂项目积极雇用当地员工,土耳其籍员工始终维持在600至850人之间。目前,已有250余名土耳其电力人才在中方的培养下走上了电力运维岗位。两台机组全部投产以后,可常年为当地提供超过500个直接就业岗位。除胡努特鲁电厂直接招收的员工外,胡努特鲁电厂项目部共接触属地分包商82家,经筛选具备引进条件的有45家,并建立属地分包资源库,引进合格材料供应商、施工分包商共计14家,属地员工最高峰达700余人。成立属地K8劳务公司,直接面向苏古组村周边7个村、市、县招聘人员,解决普通工种、勤杂工等80余人就业。2019年至今,仅苏古组村村民失业率就从25%降到4%。同时为加大属地化人才的培养,胡努特鲁电厂项目在当地招聘了上百名没有经验的大学生和高中毕业生,开展分层分类个性化培训。采用学分累计制,建立个人培训档案,严格落实考核激励机制。通过理论、仿真机培训及调试锻炼相结合,探索出一套适用于海外项目的人才培养模式,一共有350余名土籍人员走上生产岗位,搭建起以土籍员工为主的生产调度体系,更有部分土籍员工通过培养、锻炼走上了中层管理岗位。

另外,项目施工过程中大量采购当地原材料。截至目前,已经本地化采购近130万吨各类建设材料。通过当地安保、差旅交通、后勤物业等服务间接拉动了当地经济和就业,为当地经济社会发展做出积极贡献。自2019年项目开工伊始,胡努特鲁电厂项目部大量走访、调研土耳其属地建筑施工资源结构、施工能力、建材市场供应情况,询价属地钢材、建材、五金劳保、气体供应、机械租赁、人力资源、生活办公等市场价格,开展物资招标采购。仅2019年项目部属地采购钢筋、管材、板材、油漆涂料及二三类材料累计约1 600万美元,极大提振了当地经济。

对于电厂附近民生的改善,胡努特鲁电厂不仅仅局限于就业和产业的促进,还注重于具体生活生产的改善,如解决农田用水。与胡努特鲁电厂所毗邻的苏古组村虽相邻地中海,但每年夏季来临,长时间不降雨导致的干旱会直接影响周边村民的农作物收成。苏古组村长找到项目部,希望中国企业提供帮助。因为电厂拥有先进的海水淡化系统设备,不仅可以淡化海水,还能去除海水中的污染物,并将其转化为可循环利用的淡水资源,直接作为农田灌溉用水。“电厂的工业淡水被重新利用,用于农业灌溉,农民是从中受益的,到目前为止,我们没有看到任何由电厂引起的环境问题。”苏古组村村长阿里·多安说道。当地村民卡基说:“我们以前没有水用,但电厂建设后,我们受益它的用水,直到今天。我有一个橄榄园,通常7年才能收获一批橄榄,但有了这些水,4年就能收获一批。”

3. 促进国际合作履行国际职责

中国企业走向海外，既要全面履行合同、奉献精品工程，更要履行企业海外社会责任，向世界展现中国形象。胡努特鲁电厂项目由中国国家开发银行作为牵头行的银团提供融资支持。在融资上开拓新的思路与方法，结合土耳其电力市场的特点，创新了信用结构，构建了适合中国企业“走出去”的创新融资架构。项目总融资额为 13.81 亿美元，银团参与行有中资银行和土耳其当地银行。该项目的融资模式区别于传统的买方信贷融资，融资架构充分遵循国际惯例，在像土耳其这样无购电协议（PPA）的类似欧洲地区自由竞争电力市场，在“无追索/有限追索”项目融资和公司融资模式之间，探索了一种新型融资信用结构。由中国出口信用保险公司提供海外投资保险，以循环备用信用证融资方式安排项目融资。传统的电力项目融资都需要 PPA，但本项目没有 PPA，银行基于土耳其的电力市场情况，以及项目自身的综合经济性判断，认为项目具备可融资性，风险可控，给予了大额融资，这是一个新的突破。和由所在国财政担保的项目相比，本项目更具备项目融资的特点。

新冠疫情在全球肆虐、土耳其疫情暴发蔓延三年多来，项目部一直在与疫情赛跑、在疫情中奋斗，始终在“一带一路”重点项目中破解疫情难题，实现工程履约，体现央企实力，凸显大国形象。2020 年上半年，为防止疫情输出到国外，中国与土耳其的国际航班中断了几个月，国内技术及管理人员无法来到项目现场。此时工程刚全面铺开，正是需要大量人员的时候。由于大型火电建设技术含量高，当地人员无法胜任，项目组积极与其他在土耳其中资企业联系，寻找其他项目已完工的中方施工队伍补充进来。根据现有人员实际情况，调整有关工序，尽一切力量艰难地把工程往前推。同时，积极联系大使馆、国务院国资委、国家电投总部和参建单位等，极力促成包机事宜。在 8 月初，包机成行，加上商业航班，共为项目补充了 450 多人，极力保障了胡努特鲁电厂项目施工的有序进行。

（三）治理方面

胡努特鲁电厂由土耳其 EMBA 发电有限公司（以下简称“EMBA 发电公司”）具体承担了建造、维护、运营等一系列工作，而 EMBA 发电公司是上海电力股份有限公司（以下简称“上海电力公司”）的控股子公司。因此，要想研究相关公司治理问题，我们不妨对上海电力公司开展具体分析。上海电力公司作为国家电力投资集团有限公司的重要成员，始终致力于构建高效、透明、廉洁的公司治理结构。下面将就上海电力公司在董事会多样性、高级管理层薪酬政策、透明度以及反腐败措施等方面展开探讨。

1. 董事会多样性

从 2018 年开始，上海电力公司的董事会结构遵循国家电投的“和文化”理念[①]，强调党

① 上海电力股份有限公司 2018 可持续发展报告[R]. 第 8 页.

的领导在企业治理中的核心作用。上海电力公司历年来持续推进董事会职权改革,从内外两方面保障董事会多样性和决策合理性。在内推动结构和决策机制的创新与优化,落实和维护董事会的重大决策权、选人用人权和薪酬分配权。并积极参与国家电投的“双百行动”综合改革试点,公示设立了“长三角区域统筹协调专项领导机构”和“国家电投管理提升行动”,在决策层面注重区域协调和管理提升,董事会成员来自不同的专业背景和经验,体现了对多元化和专业性的重视;在外注重与股东、市场的沟通,依法依规召开股东大会、董事会和监事会,提升公司治理水平,增强了信息透明度,为董事会的多元化提供了良好的外部环境。2021 年,上海电力公司设置了提名委员会和薪酬与考核委员会等专门委员会[①],确保决策过程的公正性和专业性。董事会女性占比和外部董事占比进一步提高。截至 2023 年,上海电力的董事会由 13 名董事组成,内部董事 2 名、国家电投集团派出专职董事 4 名、其他股东中国电力派出董事 1 名和长江电力派出董事 1 名、独立董事 5 名,比例合理。[②] 这种结构确保了董事会的多样化和专业性,有助于公司在复杂市场环境中做出明智的决策。

2. 高级管理层薪酬政策

上海电力公司的薪酬政策体现了“按劳分配、效率优先”的原则,强调员工收入增长与绩效挂钩。公司推行“干得好、挣得多”的理念,通过绩效激励机制,确保管理层的工作效率和企业效益得到提升。对外,上海电力公司将薪酬政策与公司经营特点和行业环境相结合,以市场为导向,确保薪酬与公司发展和行业地位相匹配,重视对投资者的关系。在内,上海电力的薪酬政策更加注重股东利益、市场需求和社会责任的结合。强调“股东权益”和“市值管理”,设有严格的考核机制和奖惩制度,高级管理层的薪酬与公司市值和股东回报紧密相关。同时,深化各项改革和管理提升,薪酬与改革成效和管理效率挂钩。并在 2021 年实行股权激励计划,将核心管理技术骨干纳入激励范围,构建“薪酬特区”。实行项目跟投机制建设“两副牌”,实现核心骨干员工和公司风险共担、收益共享的中长期激励约束机制,促进了公司的稳定发展。

3. 透明度

上海电力公司在透明度方面做出了一系列举措。积极参与国家电投的“JYKJ”一体化体系[③],加强了内外部沟通,提升了信息的公开度。上海电力公司坚持“真实、准确、完整、及时”的原则,依法合规履行信息披露义务,设有专门的投资者关系管理团队和媒体关系团队,以解答投资者和社会公众的疑问和关注点。上海电力公司以投资者需求为导向,定期发布企业社会责任报告,高质量完成报告和临时公告的编制,详细披露了其在能源结构优化、节能减排、安全生产、社会责任等方面的工作,提高了信息的可读性和相关性。近年来,上海电力公司还把透明度进一步提升,详细披露了资产规模、清洁能源装机容量、发电量、

① 上海电力股份有限公司 2021 可持续发展报告[R]. 第 7 页.

② 上海电力股份有限公司 2022ESG 报告[R]. 第 54 页.

③ 上海电力股份有限公司 2018 可持续发展报告[R]. 第 46 页.

环保排放数据、成本控制、财务数据等关键信息，主动向利益相关方报告其在环境、社会和治理方面的表现。这体现了对透明度的承诺，也展示了公司在环境保护和社会责任方面的积极态度。2022 年，上海电力公司在信息披露工作评价中获得上海证券交易所的最高评级 A 级(优秀)[①]，这标志着上海电力公司在信息披露的规范性和质量上达到了行业领先水平。截至 2023 年，上海电力公司连续两年在信息披露工作评价中获得 A 级评价，证明了公司在信息披露的持续性和稳定性。公司通过优化信息发布的质量和频率，确保了市场参与者能够及时、准确地获取公司的最新动态，从而增强了市场信心。

4. 反腐败措施

上海电力公司坚决落实全面从严治党，强化党风廉政建设，强化风险控制与管理体系，严格遵守国家法律法规。公司通过法治央企的建设，持续完善治理结构，落实依法治企，确保了企业运营的合规性和可持续性。2020 年，上海电力公司成立了“改革三年行动、对标世界一流管理提升”专项领导机构[②]，强调了“廉洁自律”的企业文化。建立完善的内控监督体系，以预防和治理腐败行为。在上层制度构建上，上海电力公司设立独立的监察部门和审计部门，通过加强审计与内控，加快实施“双百行动”综合试点改革，提升决策过程的透明度，确保企业运营的合规性。同时，公司积极参与国家电投的反腐败工作，强化监督体系，预防腐败现象发生。在对员工政策上，上海电力公司坚决反对性别歧视和强迫劳动，杜绝雇用童工，体现了对社会责任的高度重视。通过参与国家电投的“映山红”公益品牌活动和各类志愿服务，积极履行社会责任，增强员工道德意识，对全体员工进行反腐败培训和教育，确保员工了解并遵守公司的反腐败规定。上述举措有助于预防腐败行为的发生。此外，上海电力公司重视对海外项目的合规管理，通过海外项目的属地化经营和本地就业政策，提高了管理的透明度和合规性，确保在海外市场的运营中遵守当地法律法规，在 2022—2023 年，上海电力公司一体推进“三不腐”(不敢腐、不能腐、不想腐)常态长效机制建设[③④]，全年未发生贪污腐败诉讼案件。这表明公司的反腐败工作取得了显著成效，形成了良好的企业风气。

5. 小结

上海电力公司在公司治理方面取得了显著成效。董事会多样化确保了决策的科学性，高级管理层薪酬政策激励了员工的积极性，透明度的提高增强了投资者信心，而反腐败措施则维护了公司的稳定和声誉。上海电力公司在遵循国家电投集团的指导思想和战略目标的同时，不断优化内部治理结构，提升管理效率，不仅提升了公司的市场竞争力，也树立了良好的企业形象，为可持续发展奠定了坚实基础。

---

① 上海电力股份有限公司 2023ESG 报告[R]. 第 4 页.
② 上海电力股份有限公司 2020 可持续发展报告[R]. 第 56 页.
③ 上海电力股份有限公司 2022ESG 报告[R]. 第 52 页.
④ 上海电力股份有限公司 2023ESG 报告[R]. 第 57 页.

案例分析(二)

(一)行业对比

土耳其作为"新钻国家"[①]是继"金砖国家"后又一蓬勃发展的新兴经济体,电力供需缺口较大,"土耳其-2023"计划将全国总装机容量提高至125 000兆瓦。随着土耳其人口增长和经济发展,电力是其最具投资潜力的领域之一。因此,不仅是中国,其他国家如俄罗斯、德国也和土耳其在电厂方面达成一些合作。土耳其自己也在为电力能源不断探索新技术。但是这些项目相比较胡努特鲁电厂而言,存在着或这样或那样的缺陷。

1. 俄罗斯

俄罗斯是土耳其能源合作的重要部分,在土耳其承建了阿库尤核电站,该核电站于2018年4月动工,位于土耳其南部梅尔辛省,濒临地中海,由俄罗斯国家原子能公司承建,共包含4座核反应堆,总装机容量4 800兆瓦,总投资200亿美元。据俄罗斯国家原子能公司介绍,根据双方协议,该核电站计划于2025年开始稳定供电。[②]

(1)施工时间长

相比较于胡努特鲁电厂从2019年9月22日在土耳其南部阿达纳省正式开工,到2022年10月3日实现"双投",阿库尤核电站从开始动工到可以供电的周期为7年,远多于胡努特鲁电厂的3年,更长的施工周期无疑会导致更多的资源消耗,如人力、材料和设备费用致使施工成本增加,噪声污染、尘土飞扬使得环境受到污染等。

(2)投资额度大

阿库尤核电站的总投资为200亿美元,远多于胡努特鲁电厂的17亿美元,阿库尤核电站的高投资额使得土耳其政府面临巨大的财政压力。高昂的建设成本不仅增加了国家的债务负担,还可能限制其他重要基础设施项目的投资。

(3)技术要求高

不同于以新型的超超临界燃煤发电技术为主要发电方式,大量招收当地工人和技术人员的胡努特鲁电厂,阿库尤核电站以四座核反应堆为电力来源,其运营和维护更需要专业人才和技术支持。由于核技术的复杂性,对操作人员和维护团队的要求极高。土耳其在这方面的人才储备相对不足,这可能会影响核电站的长期稳定运行。

(4)安全隐患

阿库尤核电站的选址位于土耳其南部梅尔辛省,处于地震多发区域,最近一次地震就发生在2023年2月6日,这引发了人们对其安全性的质疑。并且梅尔辛省是地中海沿岸地

① 中国经济网.国际经济专题—CE资料卡《新钻11国》[EB/OL].2010—01—07.

② 王腾飞.土耳其首座核电站获准启动调试[EB/OL].新华网,2023—12—12.

区，地震往往引发海啸，阿库尤核电站还存在着对海洋环境造成污染的可能性。

2. 德国

按照 YEKA 2 协议，德国 ENERCON 公司将为土耳其提供阿科伊风力发电厂所需的风力涡轮机技术并交付总共 240×E-138 EP3 风力涡轮机，预计带来 1 000 兆瓦的陆上风电产能。风力发电虽然是当今时代新兴的发电方式，运用了很多先进技术，但也存在部分问题。

(1)生物危害

风力发电厂的建设和运营可能对当地的鸟类生存造成干扰。风力发电机附近的鸟类可能会因为不适应高速旋转的叶片而与之相撞，导致受伤甚至死亡。根据美国鱼类和野生动物协会 2014 年的数据，美国每年有 14 万至 32.8 万只鸟类因风力涡轮机而死亡。同时，风电场的建设通常需要占用大片土地，这对鸟类的栖息地和迁徙造成干扰。相比之下，胡努特鲁电厂对附近海龟生物的保护效果有目共睹。

(2)时间不稳定性

作为在 2022 年签订的合作协议，直到 2023 年 10 月，第一台风力涡轮机的主要部件才被确认将会运往土耳其。协议约定的交付期限是三年，却在一年后才开始交付工作，这种工作效率相比于同样三年按时完工的胡努特鲁电厂而言，有着明显不足。外界对于该协议是否可以妥当履行也存有疑虑。

(3)运营维护风险

风力发电机的塔筒高度通常在数十米到一百多米不等，因此在安装、维护和检修过程中，工作人员需要在高空环境中作业，使得危险系数相较于地面工作直线上升。并且风力发电机的组件(如叶片、轮毂、发电机等)重量巨大，对于通常建在风力资源丰富但气候条件较为恶劣地区的风力发电厂而言，后续维护和运营都存在不小的麻烦。

3. 土耳其发电船

土耳其的卡尔发电船公司是全球最大的浮动发电厂运营商，拥有 36 艘发电船，总发电功率达 6 000 兆瓦。虽然土耳其的发电船是为实现能源发展目标而寻找的“弯道捷径”，但依然在不少方面存在短板。

(1)技术限制

土耳其发电船在创意上具有一定的创新性，但它们仍然依赖于传统的燃料源，如天然气、燃料油等。海船因为海洋的不稳定性，存在泄露、倾覆等风险，这些燃料的使用可能会产生环境污染。胡努特鲁电厂建在陆地上，即使因不可控因素导致原料泄露，由于所使用的煤炭对环境影响较小，且泄漏后便于及时控制，环境风险较低。

(2)成本问题

土耳其发电船的建设和运营成本相对较高。这包括了船只建造、燃料采购、维护和管理等方面的费用。尽管发电船可以提供稳定的电力供应，但一艘发电船所能供给的电量仍然有限且高度依赖船外原料输入，此外对于缺乏电力的发展中国家来说，高昂的成本会成为他们选择发电船的一个重要阻碍。胡努特鲁电厂则不仅具有稳定的优点，大发电量和高持续性更是发电船难以比拟的长处。

(3)前景堪忧

土耳其发电船还面临着来自其他电力供应商的激烈竞争，虽然当前发电船在非洲、东欧等地开始拓展市场，但这些国家也在积极寻找其他方式，如发展自己的电力基础设施，来解决本国能源问题。发电船只是单纯的应急产品，可以在短时间内维持小部分地区的供电。胡努特鲁电厂则是依附于中国“一带一路”倡议，作为宏大经济计划的一环，有着充足的政策、资金和市场保障。

4. 土耳其海水发电

土耳其在2013年宣布，已成功利用达达尼尔海峡水流发电。[①] 这是土耳其自主开发技术，利用海水水流进行发电作业，证明其对自然环境的利用上升到了新台阶，但这项工程亦不全是好处，同样存在缺陷。

(1)技术挑战

时至今日，海水发电的技术仍尚未完全成熟。海洋环境对设备的耐久性提出了严峻挑战。海浪的长期冲刷、海水的腐蚀以及盐雾和海雾的侵蚀，海洋能源开发设备需要在恶劣的海洋环境下长期运行，对设备的稳定性和寿命产生不小影响。在将海水动能转化为电能的过程中，能量损失和转化效率问题也没有得到妥善解决，如何提高转化效率是技术挑战之一。相比较而言，胡努特鲁电厂作为煤电厂，平均寿命为40年，考虑到其使用了更为先进的技术和良好的维护措施，使用寿命还可能进一步增加10～15年，远长于土耳其企业碧佳对达达尼尔海峡定下的30年租期。

(2)地理限制

海水发电的地理位置对其开发有很大的影响。理想的海水发电站位置应具有较高的地势差异、深水域和良好的海岸线基础设施。这样的地理位置并不常见，土耳其也仅有达达尼尔海峡较为适宜，数量显然有限。

(3)经济问题

潮汐能发电的初期投资成本较高，但由于技术的限制，发电效率却并不高，一台水轮机的发电效率目前只有30千瓦，远少于胡努特鲁电厂的超超临界发电机组。这无疑让达达尼尔海峡海水发电的经济效益大打折扣。

(4)环境影响

海水发电站的建设可能会改变水流的速度和方向，改变水温、光照等环境因素，进而影响海洋生物的生存环境。胡努特鲁电厂虽然也临近海洋，但是并未直接利用海水进行发电

---

① 国家能源局. 土耳其成功利用达达尼尔海峡水流发电[EB/OL].[2013－12－31]. https://www.nea.gov.cn/2013-12/31/c_133009405.htm.

作业，还组织专门人员对电厂附近的海龟展开专门保护工作。

（二）财务角度

随着全球对环境保护、社会责任和公司治理（ESG）理念的日益重视，投资者、消费者和监管机构均要求企业不仅要追求经济效益，还要在环境、社会和治理方面做出积极贡献。在这一背景下，位于土耳其伊斯肯德伦湾畔的胡努特鲁混合电站项目（以下简称“胡努特鲁电厂”）以其卓越的ESG实践，成为中土两国经贸合作的典范。本案例将从财务角度出发，评估胡努特鲁电厂项目的绩效，并探讨ESG实践如何影响企业的财务健康、市场竞争力和投资吸引力。

1. 投资规模与经济效益

胡努特鲁电厂作为土耳其最大的直接投资项目，总投资额高达17亿美元，是中土两国建交以来中资企业在土耳其直接投资金额最大的项目。电厂投产后，每年可向土耳其供应电力超过90亿度，保障了400多万土耳其人的用电需求。这一庞大的投资规模和显著的经济效益，充分展示了胡努特鲁电厂项目的财务健康状态。

2. 成本控制与运营效率

胡努特鲁电厂在建设和运营过程中，通过采用中国最高端燃煤发电技术，引入“烟塔合一”二次循环冷却方案，以及选用国产设备等措施，有效降低了成本，提高了运营效率。这些举措不仅提升了项目的经济性，也增强了企业的财务稳健性。

3. 投资回报率

胡努特鲁电厂项目总投资额巨大，但通过采用先进的技术和管理手段，实现了高效运营和成本控制。项目投产后每年向土耳其供应电力超90亿度，保障了400多万土耳其人用电，并带动当地1 500多人就业。这些成果的取得，不仅提升了项目的经济效益，也增强了项目的市场竞争力。从投资回报率来看，胡努特鲁电厂项目具有良好的盈利能力，为投资者带来了稳定的回报。

4. 风险管理与应对能力

在风险管理方面，胡努特鲁电厂项目也表现出色。项目位于地震频繁的地区，但在面临强震冲击时，电厂通过专业组织机构和技术措施，成功解决了发电机氢气泄漏问题，保障了机组的正常运转。这种有效的风险管理能力不仅保证了项目的稳定运行，也提升了项目的财务健康水平。这一表现也充分证明了胡努特鲁电厂在应对自然灾害等风险方面的财务稳健性和韧性。

5. 财务结构

胡努特鲁电厂项目的财务结构合理，资金来源多元化。项目由中国国家电力投资集团公司子公司上海电力、中航国际成套设备有限公司和土耳其当地股东方共同开发建设，形成了稳定的股权结构。此外，项目还获得了政府和国际金融机构的支持，为项目的顺利实施提供了资金保障。这种多元化的资金来源降低了项目的财务风险,增强了项目的财务稳健性。

(三)ESG实践对财务健康的影响

胡努特鲁电厂项目的成功建设和运营,显著提升了项目的财务健康水平。总投资约17亿美元的项目,不仅为土耳其的能源事业贡献了重要力量,而且通过其高效的运营和先进的发电技术,实现了经济效益的最大化。项目投产后每年向土耳其供应电力超90亿度,确保了稳定的收入流。此外,电厂采用超超临界燃煤发电技术,有效降低了煤耗和运营成本,进一步提升了项目的财务表现。

1. 环境保护

胡努特鲁电厂项目在环境保护方面表现出色。项目采用了“烟塔合一”二次循环冷却方案,使烟气排放浓度降低到世界公认标准的1/5以下。这种先进的环保技术不仅减少了污染物的排放,也提升了项目的环保形象和市场竞争力。同时,项目还注重节能减排和资源循环利用,通过优化能源结构和提高能源利用效率,实现了经济效益和环境效益的双赢。这种环保实践不仅符合全球可持续发展的趋势,也为企业带来了长期的财务收益。

2. 社会责任

胡努特鲁电厂项目在履行社会责任方面也取得了显著成效。项目为当地提供了大量的就业机会,改善了当地居民的生活水平。同时,项目还积极参与当地的公益事业和社区建设,为当地社会发展做出了积极贡献。这种积极履行社会责任的行为不仅提升了企业的社会形象和声誉,也增强了企业的品牌价值和市场竞争力。

3. 公司治理

胡努特鲁电厂项目在公司治理方面也表现出色。项目采用了先进的管理模式和技术手段,实现了高效运营和成本控制。同时,项目还注重风险管理和内部控制,建立了完善的风险管理体系和内部控制机制。这种良好的公司治理结构不仅保证了项目的稳定运行和财务健康,也提升了企业的管理水平和市场竞争力。

(四)ESG实践对市场竞争力的影响

1. 环境保护与技术创新

胡努特鲁电厂在环保方面取得了显著成效。通过采用超超临界燃煤发电技术,电厂的烟气排放浓度降低到世界公认标准的1/5以下,超过了欧盟的环保标准。这种技术创新不仅提升了电厂的环保性能,也增强了其在土耳其电力市场中的竞争力。同时,胡努特鲁电厂的环保实践也为中资企业在海外市场树立了良好的形象,提升了中资企业的品牌价值和市场影响力。

2. 社会责任与员工福利

胡努特鲁电厂在社会责任方面也做出了积极贡献。电厂的建设和运营为当地创造了

1 500多个就业岗位,带动了当地经济的发展。同时,电厂还注重员工福利和安全生产,为员工提供了良好的工作环境和福利待遇。这些举措不仅增强了员工的归属感和凝聚力,也提高了企业的社会声誉和竞争力。

3. 公司治理与透明度

胡努特鲁电厂在公司治理方面秉承国际化、专业化的管理理念,建立了完善的公司治理结构和内部控制体系。同时,电厂还注重信息披露的透明度和及时性,定期向投资者和社会公众披露相关信息,增强了企业的公信力和市场竞争力。

所以胡努特鲁电厂项目在ESG实践方面的优秀表现不仅提升了项目的环保形象和社会声誉,也增强了项目的市场竞争力。在能源行业日益注重环保和可持续发展的背景下,具有先进环保技术和良好社会责任表现的企业更容易获得市场和投资者的认可和支持。这种市场认可和支持不仅为项目带来了更多的商业机会和合作伙伴,也提升了项目的市场地位和影响力。

(五)ESG实践对投资吸引力的影响

1. 投资者偏好变化

随着ESG理念的普及和投资者偏好的变化,越来越多的投资者开始关注企业的ESG表现。胡努特鲁电厂在环保、社会责任和公司治理方面的卓越表现,符合了投资者的期望和需求,增强了其投资吸引力。

2. 融资渠道拓宽

胡努特鲁电厂的ESG实践也为其拓宽了融资渠道。通过展示其在ESG方面的优秀表现,电厂更容易获得金融机构和投资者的青睐和支持,为其未来的融资和发展提供了更多可能性。

3. 长期投资价值凸显

ESG实践不仅关乎企业的短期经济效益,更关乎企业的长期可持续发展。胡努特鲁电厂在ESG方面的持续投入和努力,将为其带来更多的长期投资价值和回报。这种长期投资价值对于投资者来说具有重要的吸引力。

所以ESG实践对投资吸引力的影响主要体现在两个方面。首先,ESG实践可以提升企业的财务健康和盈利能力,为投资者带来稳定的回报和降低投资风险。其次,ESG实践还可以提升企业的社会形象和声誉,增强企业的品牌价值和市场影响力。这种良好的社会形象和声誉可以吸引更多的投资者关注和支持企业的发展。因此,对于投资者来说,关注企业的ESG实践不仅可以降低投资风险,还可以获得更好的投资回报和社会价值。

(六)结论

综上所述,土耳其胡努特鲁电厂项目在财务绩效和ESG实践方面都取得了显著成效。

通过采用先进的技术和管理手段、注重环境保护和社会责任履行、加强公司治理和风险管理等措施,项目不仅实现了高效运营和成本控制,还提升了环保形象和社会声誉。这些优秀表现不仅增强了项目的市场竞争力和投资吸引力,也为企业的长期发展奠定了坚实的基础。未来,随着全球经济的不断发展和环境保护意识的日益增强,企业的ESG实践将成为影响企业财务健康、市场竞争力和投资吸引力的重要因素之一。因此,企业应该高度重视ESG实践的建设和管理,不断提升自身的ESG表现水平,以应对日益严峻的市场挑战。

思考题

胡努特鲁电厂和其他电厂有什么不同?

参考文献

[1]Yüzereroğlu, T. A., Gök, G. & Çoğun, H. Y. et al. Heavy Metals in Patella Caerulea (Mollusca, Gastropoda) in Polluted and Non-polluted Areas from the Iskenderun Gulf (Mediterranean Turkey)[J]. Environ Monit Assess, 2010(167): 257—264. https://doi.org/10.1007/s10661-009-1047-x.

[2]Pekdogan, Tugce, Mihaela Tinca Udriştioiu & Hasan Yildizhan et al. From Local Issues to Global Impacts: Evidence of Air Pollution for Romania and Turkey[J]. Sensors, 2024(24): 1320. https://doi.org/10.3390/s24041320.

[3]Zanoletti, A. & Bontempi, E. The Impacts of Earthquakes on Air Pollution and Strategies for Mitigation: A Case Study of Turkey[J]. Environ Sci Pollut Res, 2024(31): 24662—24672. https://doi.org/10.1007/s11356-024-32592-8.

[4]欧洲环境署(EEA), https://www.eea.europa.eu/en, 访问日期:2024—5—18.

[5]土耳其将通过巴黎协议加强应对气候变化的斗争, https://baijiahao.baidu.com/s? id=1711957178021529913&wfr=spider&for=pc, 访问日期:2024—5—18.

[6] 上海电力股份有限公司2018可持续发展报告[R]. 第8页.

[7] 上海电力股份有限公司2021可持续发展报告[R]. 第7页.

[8] 上海电力股份有限公司2022ESG报告[R]. 第54页.

[9] 上海电力股份有限公司2018可持续发展报告[R]. 第46页.

[10] 上海电力股份有限公司2023ESG报告[R]. 第57页.

[11] 上海电力股份有限公司2022ESG报告[R]. 第52页.

[12] 上海电力股份有限公司2020可持续发展报告[R]. 第56页.

[13] 上海电力股份有限公司2023ESG报告[R]. 第4页.

[14] 中国经济网. 国际经济专题—CE资料卡《新钻11国》[EB/OL]. 2010—01—07.

[15] 王腾飞. 土耳其首座核电站获准启动调试[EB/OL]. 新华网, 2023—12—12.

[16] 国家能源局. 土耳其成功利用达达尼尔海峡水流发电[EB/OL]. [2013—12—31]. https://www.nea.gov.cn/2013-12/31/c_133009405.htm.